中国海域甲藻扫描电镜图谱

Atlas of Dinoflagellates in the China's Seas

杨世民　李瑞香　著
Yang S.M.　Li R.X.

海洋出版社
2014年·北京

内容简介

本书精选了我国海域 23 属 184 种海洋甲藻的扫描电子显微镜照片，对各物种的形态特点、壳面结构及采样的海域进行了简要的描述，展示了甲藻细胞壳面的横沟、纵沟、鞭毛孔、凹陷、孔、边翅、肋刺、脊状条纹、网纹等细小精美的结构，并对一些物种按照新的分类学观点进行了更名。书后附有学名索引和国内外参考文献。

本书可为海洋甲藻分类学、生态学等领域的科研工作者以及大专院校生物系、水产系、海洋系、环境生态等专业的师生提供参考。

图书在版编目(CIP)数据

中国海域甲藻扫描电镜图谱 / 杨世民, 李瑞香著.
— 北京：海洋出版社, 2014.2
 ISBN 978-7-5027-8798-1

Ⅰ.①中… Ⅱ.①杨… ②李… Ⅲ.①海域 – 甲藻门
– 电镜扫描 – 中国 – 图谱 Ⅳ.①Q949.24-64

中国版本图书馆CIP数据核字(2014)第017781号

责任编辑：于秋涛　高　英
责任印制：赵麟苏

海洋出版社　出版发行
http://www.oceanpress.com.cn
北京市海淀区大慧寺路8号　邮编：100081
北京旺都印务有限公司印刷　新华书店经销
2014年2月第1版　2014年2月北京第1次印刷
开本：889mm×1194mm　1/16　印张：14
字数：346千字　定价：120.00元
发行部：010-62132549　邮购部：010-68038093　总编室：010-62114335

海洋版图书印、装错误可随时退换

序 言

甲藻（dinoflagellate）是海洋初级生产者的重要组成部分，和硅藻并称为"海洋中的牧草"，在海洋生态系统中起重要的作用。某些甲藻在适宜环境下过度繁殖，形成藻华，导致生态系统失衡，有些甲藻会分泌毒素，致鱼、贝等大量死亡，并通过食物链危及人类健康和生命安全。

甲藻细胞形状各异、姿态优美，多数甲藻具有鞭毛，可以进行涡旋状运动，因而在早期的文献中称其为涡鞭毛藻或涡鞭藻。甲藻的鉴定主要采用传统的形态学分类方法，即利用光学显微技术，根据观察到的形态来对它们进行种类鉴别。随着科技的发展与技术的进步，分类学日趋完善。电镜技术将形态分类学研究扩展到了细胞亚显微结构和超显微结构。传统的甲藻分类，根据细胞壁的不同把甲藻分为裸露的（unarmoured = naked）或具甲的（armoured = thecate）两大类，但从其亚显微结构来看，基本构造是相似的，都是由质膜、囊体及微管组成。从超显微结构水平来看，甲藻普遍具有壳板（theca），壳板有厚薄之分，可以是平滑和没有花纹的，如一些裸甲藻（*Gymnodinium*），凯伦藻（*Karenia*），也可以是由多块甲板构成，其上有刺、棘、翅、眼纹、网纹、脊状纹等精美的结构，如亚历山大藻（*Alexandrium*）及鳍藻（*Dinophysis*）等，这些构造成为甲藻形态分类的依据。

英国甲藻分类学家Dodge（1985）发表了第一部《Atlas of Dinoflagellates》电镜图集，展示了130种具甲甲藻。1993年林永水、周近明出版了我国第一部甲藻专著《南海甲藻（一）》，展示了61种甲藻，100幅电镜照片。

本书《中国海域甲藻扫描电镜图谱》是继林永水等（1993）之后又一部我国较为全面的甲藻电镜分类专著，它的出版将为甲藻的分类学、生态学以及甲藻进化等科研、教学领域提供参考。

本专著是李瑞香、杨世民教授及他们的同事们积累多年工作所得，是对海洋事业的一项有益的贡献，必为大家所欢迎。

中国藻类学会副理事长

2013年12月

前言

应用扫描电子显微镜对甲藻进行分类研究只有短短几十年，但由于扫描电镜放大范围广、分辨率高，使人们能更深入地研究甲藻的形态结构，因此深受国内外藻类学者的青睐。Dodge（1985）在其所著《Atlas of Dinoflagellates》一书中，首次反映了甲藻细胞大量的扫描电镜图片及研究结果，记载了130种甲藻（其中包括了部分淡水物种）。我国学者林永水和周近明（1993）也在《南海甲藻（一）》一书中发布了大量甲藻扫描电镜图片，记载了南海甲藻61种（包括变种、变型）。

通过对近几年在中国海域科研调查时所采得的样品进行扫描电镜研究分析，作者获得了大量海洋甲藻的扫描电镜图片，本书中收录的图片即是从此数千张甲藻电镜图片中挑选出来的，共23属184种（包括变种），其中首次记录的物种45种。采样海域主要包括渤海、黄海北部海域、青岛沿海、长江口附近海域、浙江舟山群岛附近海域、冲绳海槽西侧（东海大陆架边缘海域）、钓鱼岛附近海域、台湾海峡、吕宋海峡北部海域（台湾南侧）、南海北部海域、海南岛附近海域、西沙群岛附近海域、中沙群岛附近海域、黄岩岛附近海域、南沙群岛附近海域。

在甲藻物种定名方面，对于鳍藻属 Dinophysis 和秃顶藻属 Phalacroma，作者采用了两属合并的观点，并将原来秃顶藻属的物种 Phalacroma complanatum 更名为平面鳍藻 Dinophysis complanata。对于原先角藻属 Ceratium 的物种，除了对已经在国际上接受更名为新角藻属 Neoceratium 的物种采用新的命名外，作者还将本书中记述的其他海洋物种一同并入到新角藻属中，进行了新的命名（为方便读者查阅，原种名附于新种名之后）。对于伞甲藻属 Corythodinium，作者采用 Taylor（1976）的观点，将其与尖甲藻属 Oxytoxum 分离。对于物种 Peridinium lomnickii，作者将其并入原多甲藻属，更名为罗姆科原多甲藻 Protoperidinium lomnickii。

本书得到海洋公益性行业科研专项"我国海洋浮游生物分类鉴定技术及在生物多样性保护中的应用"（项目号：201005015）和中国海洋大学本科生研究发展计划项目"中国海域常见浮游甲藻亚显微结构的研究"的支持。海洋甲藻扫描电镜拍摄得到了青岛大学附属医院谭金山老师的指导和协助，电镜样品的制备由中国海洋大学范瑞青老师完成，荀小罡等同学也在资料的整理方面做了大量工作，另外，中国海洋大学"东方红2"号调查船全体工作人员在样品采集过程中提供了大力的支持与帮助，在此一并致谢。

由于作者水平有限，难免有错误和疏漏之处，敬请批评指正。

著者
2013年2月

目 录

扫描电子显微镜在海洋甲藻分类研究中的应用……1
扫描电镜在甲藻分类研究中的优点……2
海洋甲藻样品的采集、分离、制备和观察……3
原甲藻属 *Prorocentrum*……5
双管藻属 *Amphisolenia*……14
音匣藻属 *Citharistes*……19
鳍藻属 *Dinophysis*……21
鸟尾藻属 *Ornithocercus*……43
帆鳍藻属 *Histioneis*……52
新角藻属 *Neoceratium*（角藻属 *Ceratium*）……64
角甲藻属 *Ceratocorys*……119
古秃藻属 *Palaeophalacroma*……121
屋甲藻属 *Goniodoma*……124
膝沟藻属 *Gonyaulax*……127
舌甲藻属 *Lingulodinium*……139
螺沟藻属 *Spiraulax*……140
原角藻属 *Protoceratium*……141
异甲藻属 *Heterodinium*……143
中甲藻属 *Centrodinium*……148
伞甲藻属 *Corythodinium*……149
尖甲藻属 *Oxytoxum*……153
斯比藻属 *Scrippsiella*……159
拟翼藻属 *Diplopsalopsis*……160
囊甲藻属 *Blepharocysta*……162
足甲藻属 *Podolampas*……164
原多甲藻属 *Protoperidinium*……168
参考文献……203
学名索引……208

扫描电子显微镜
在海洋甲藻分类研究中的应用

德国科学家 Max Knoll 和 Ernst Ruska 于 1932 年首次发表了关于电子显微镜的实验和理论研究的文章，标志着电子显微镜的诞生。此后，电子显微镜已被广泛地应用于生物学、医学、化学、地质学、物理学等自然科学的各个领域。20 世纪 70 年代扫描电子显微镜（SEM）开始在海洋甲藻分类研究中应用，先后有 Dodge (1973，1981，1982，1985，1988，1995)，Taylor (1971，1973，1976，1980)，Andreis (1975，1982)，Loeblich Ⅲ (1979，1982)，Couté 和 Iitis (1985)，Hernández-Becerril (1989)，Faust (1990，1991，1997，2000)，Faust 等 (1999)，福代康夫等 (1990) 等国外学者对原甲藻属 *Prorocentrum*、鳍藻属 *Dinophysis*、鸟尾藻属 *Ornithocercus*、膝沟藻属 *Gonyaulax*、角藻属 *Ceratium*、尖甲藻属 *Oxytoxum*、裸甲藻属 *Gymnodinium*、原多甲藻属 *Protoperidinium* 等甲藻物种进行了扫描电子显微镜的观察和研究，近年来更有许多国外学者借助扫描电子显微镜发现和记述了许多海洋甲藻新种，如 Montresor (1988，1995) 记述了新种 *Scrippsiella precaria*，*S. ramonii*；Faust (1993，1994，1995) 记述了新种 *Prorocentrum maculosum*，*P. foraminosum*，*P. formosum*，*P. sabulosum*，*P. sculptile*，*P. arenarium*，*Gambierdiscus belizeanus*，*Coolia tropicalis*；Selina (2004) 记述了新种 *Sinophysis minima*；Chang (2004) 记述了新种 *Karenia concordia*；Yoshimatsu (2000，2004) 记述了新种 *Amphidiniopsis hexagona*，*Thecadinium arenarium*，*T. ovatum*，*T. striatum*，*T. yashimaense*；Murray (2007) 记述了新种 *Prorocentrum fukuyoi*；Chomérat (2008，2010) 记述了新种 *Protoperidinium bolmonense*，*Prorocentrum consutum*。

我国学者于 20 世纪 90 年代开始借助扫描电子显微镜研究海洋甲藻 (林永水和周近明，1993；陆斗定和 Gobel，2001)，并借此发现了新种 *Karenia digitata, K. longicanalis* (Yang，2000，2001)。

相信随着扫描电镜应用的普及和深入，会有更多的海洋甲藻新物种被发现，会有更详实精细的甲藻结构展现在我们面前。

扫描电镜在甲藻分类研究中的优点

　　扫描电镜的优点在于具有较大的景深，其景深可达普通光学显微镜的 300 余倍，能获得具真实感的三维藻体黑白图像。其次，扫描电镜放大范围广，最大有效放大倍数可达 30 万倍，并可连续改变放大倍数；且其分辨率高，最大分辨率达 4 nm，是普通光学显微镜的 500~700 倍。另外，藻体细胞可以在样品室中作立体的平移和旋转，便于从某一角度对藻体的一定区域进行观察分析。还有，扫描电镜样品的制备过程和观察时的操作步骤也较简单。这些特点使得扫描电镜能准确细致地展现海洋甲藻细胞壁甲板、横沟、纵沟、鞭毛孔、刺、肋、边翅、眼纹、孔等壳面结构，大大提高了甲藻分类研究的可靠性和准确性，也使我们得以在更微细的水平上对甲藻形态进行研究，并基于此建立更可靠的分类系统。

海洋甲藻样品的采集、分离、制备和观察

在以往海洋甲藻样品的采集过程中，对于浮游甲藻国内学者多采用网目 76 μm 浮游生物网拖网的方法，但这种方法常会漏掉一些个体较小的甲藻细胞，尤其是一些稀有种。因此作者在采集样品时除用上述方法外还结合了采水和网目 20 μm 浮游生物网拖网的方法，其中采水主要是在中国近岸甲藻细胞丰度较高的海域进行的，在大洋甲藻细胞丰度较低的海域，则主要采用 20 μm 浮游生物网拖网的方法。从结果来看，这三种采集方法相结合取得了不错的效果，作者采集到了多个个体较小且稀有的物种（如帆鳍藻属 *Histioneis* 的物种）。

海洋甲藻样品采集之后用 2%～5% 中性福尔马林溶液固定保存，在实验室内进行分离。作者采用的分离方法有两种，一种是取网采样品或水样沉降浓缩后的样品置于凹形载玻片上，在普通光学显微镜下用毛细吸管将甲藻细胞吸出，装入塑料指管中备用。这种方法的优点是备用样品中杂质较少，在观察摄像过程中获得无杂质干扰的优质甲藻图片的概率较高，缺点是在光学显微镜下观察和用毛细吸管吸出的甲藻的物种数量和细胞数量相对较少，即信息量小，有些稀有物种未必能被收入备用样品中。另一种方法是采集的甲藻样品先用 1 mm 分样筛过滤一次，初步除去样品中个体较大的动物和杂质，再用 200 μm 孔径的筛绢过滤两次，滤液装入塑料指管中备用。这种方法的优点是备用液信息量大，能获得许多稀有物种的珍贵图像资料，缺点是备用液中杂质较多，甲藻细胞受其干扰的几率大。作者在分离样品时，采用上述两种方法相结合的方式，获取的备用液分别进行扫描电镜样品的制备，以期最大限度的获得样品中海洋甲藻扫描电镜图像资料。

扫描电镜样品的制备采用了两种方法，具体如下：

方法一

① 2.5% 戊二醛或甲醛固定；

② 0.1 mol 磷酸缓冲液清洗三次，每次 20 分钟；

③ 梯度酒精脱水：50%（20 分钟）、70%（20 分钟）、90%（20 分钟）、100%（两次共 30 分钟）；

④ 临界点干燥仪干燥；

⑤ 离子溅射仪镀金。

方法二

① 2.5% 戊二醛或甲醛固定；

② 0.1 mol 磷酸缓冲液清洗三次，每次 20 分钟；

③ 梯度酒精脱水：50%（20 分钟）、70%（20 分钟）、90%（20 分钟）、100%（两次共 30 分钟）；

④ 自然干燥；

⑤ 离子溅射仪镀金。

林永水和周近明（1993）曾介绍过四种扫描电镜样品的制备方法，作者所采用的两种方法与其中的第（3）、（4）种方法类似，可作为绝大多数甲藻扫描电镜样品的制备方法。

所有电镜样品均在 JEOL 公司生产的 JSM-810 型扫描电子显微镜下观察，挑选清晰、杂质少、个体完整的甲藻细胞进行摄像，摄像时电压不超过 15 kV。

拍摄的甲藻原始图片采用 Adobe Photoshop 软件进行处理，深化背景，去除背景中的杂质，但甲藻细胞（包括细胞上的杂质）不作任何改动。

原甲藻属 *Prorocentrum*

扁形原甲藻
Prorocentrum compressum (Ostenfeld) Abé, 1967

藻体细胞扁椭圆形或扁卵圆形，细胞壳面具浅凹陷，凹陷内具孔。样品采自南海北部海域。

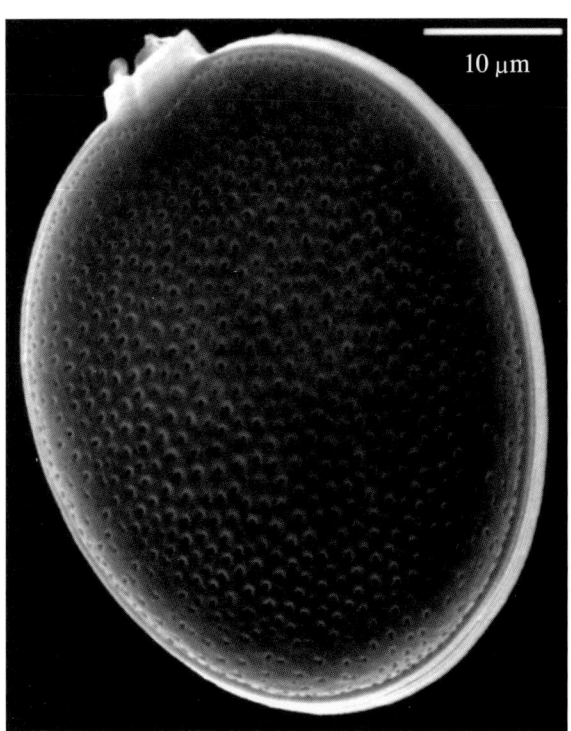

示左壳面观

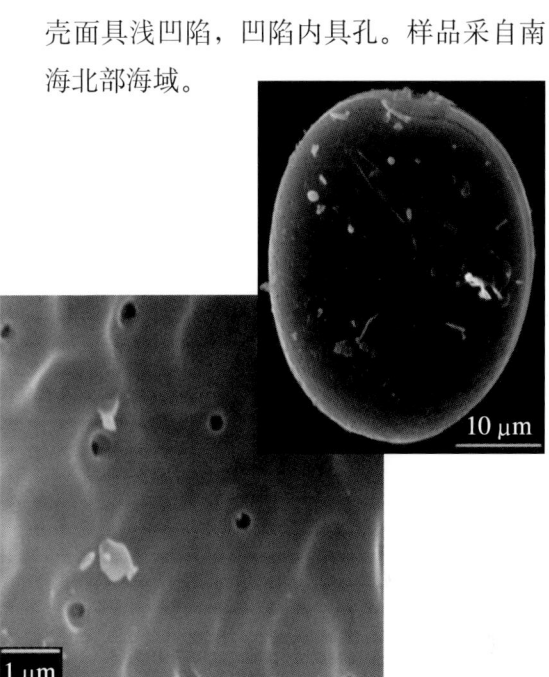

示壳面浅凹陷及孔

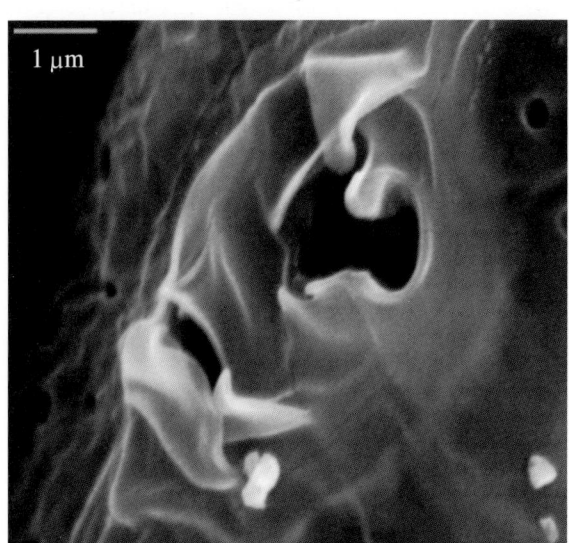

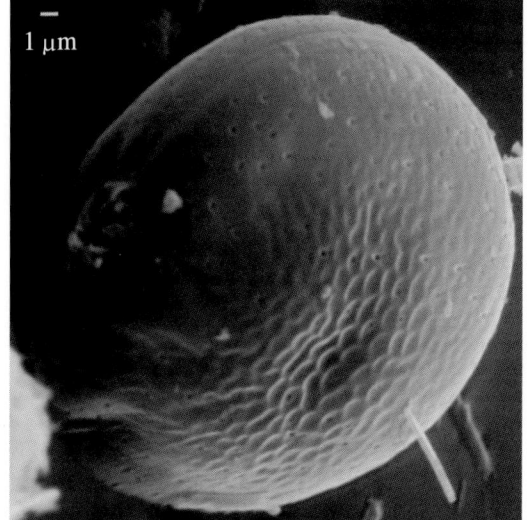

示鞭毛孔及顶面观

具齿原甲藻
Prorocentrum dentatum Stein, 1883

藻体细胞较小，壳面具许多小棘刺。样品采自浙江舟山群岛附近海域。

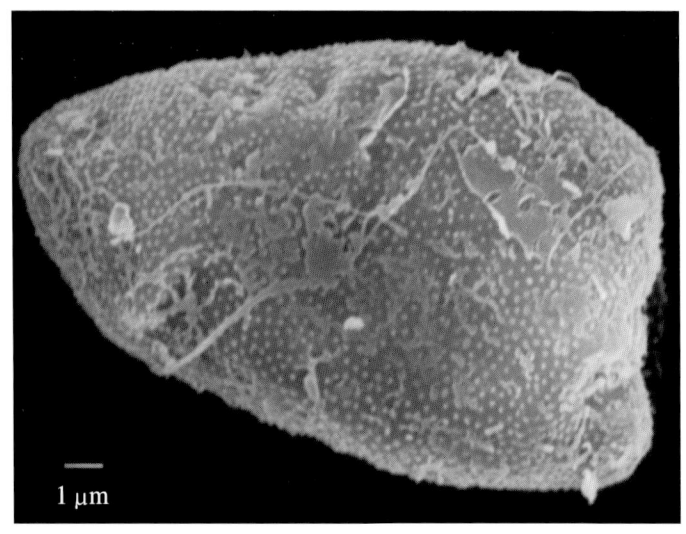

示右壳面观

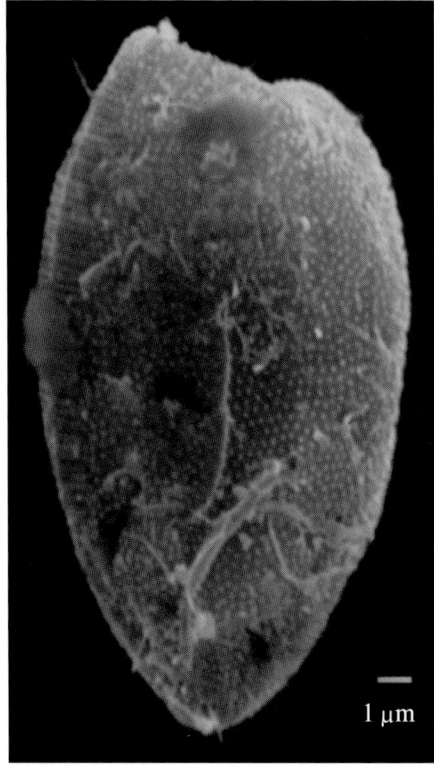

示左壳面观

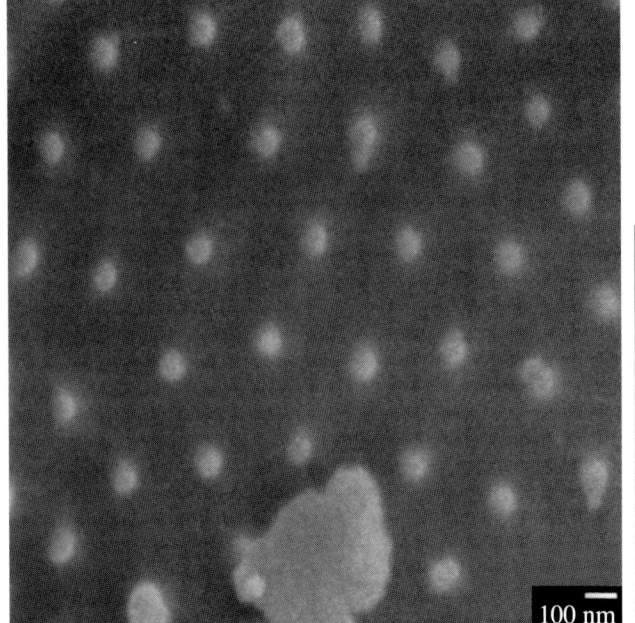

示壳面小棘刺

扁豆原甲藻
Prorocentrum lenticulatum (Matzenauer) Taylor, 1976

藻体细胞较小，呈扁圆球状，细胞壳面有许多排列规则的浅凹陷，凹陷内具孔。样品采自中沙群岛附近海域。

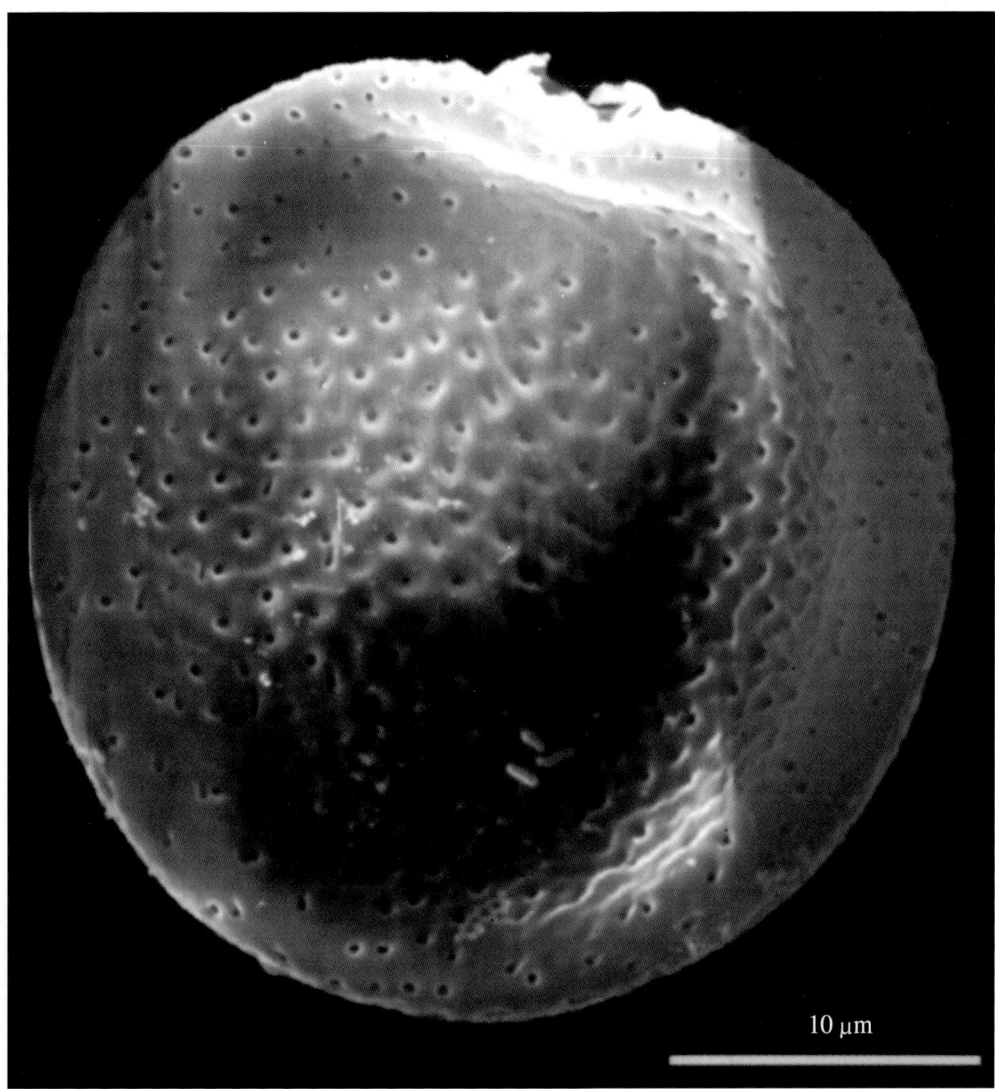

示左壳面观

利玛原甲藻
Prorocentrum lima (Ehrenberg) Dodge, 1975

藻体细胞倒卵形，壳面具刺丝胞孔。

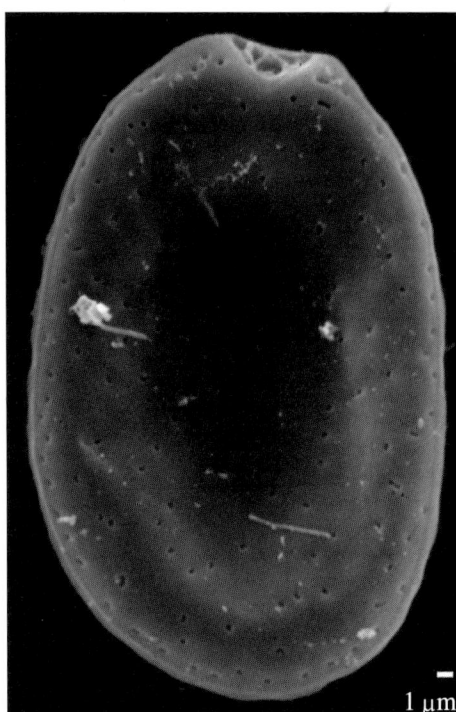

示右壳面观

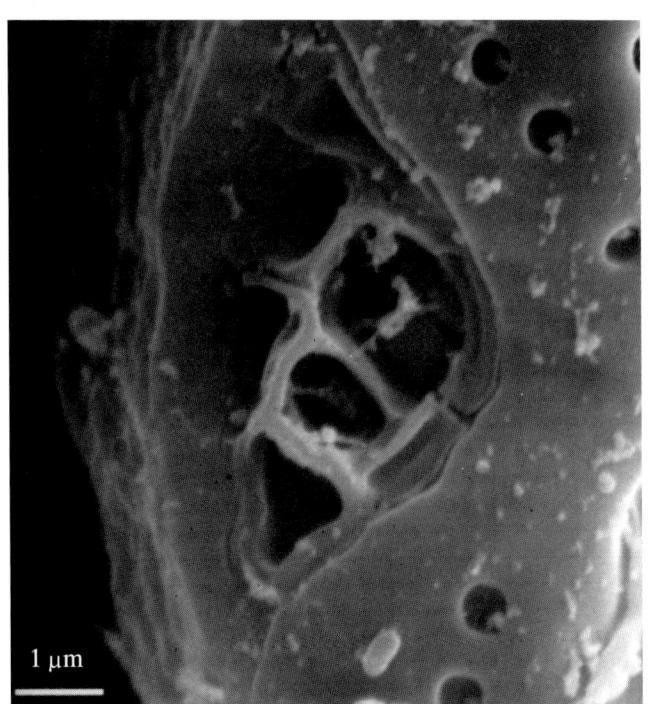

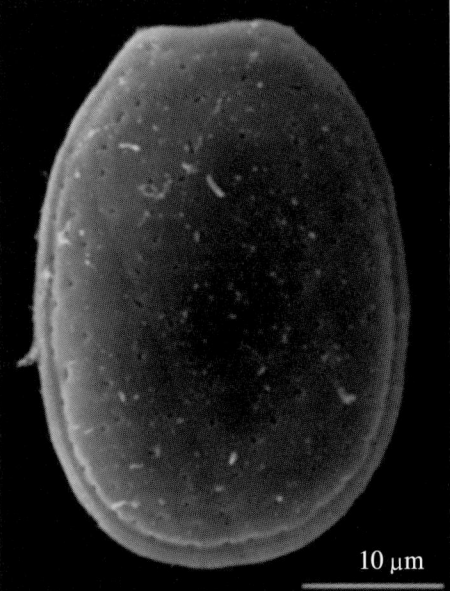

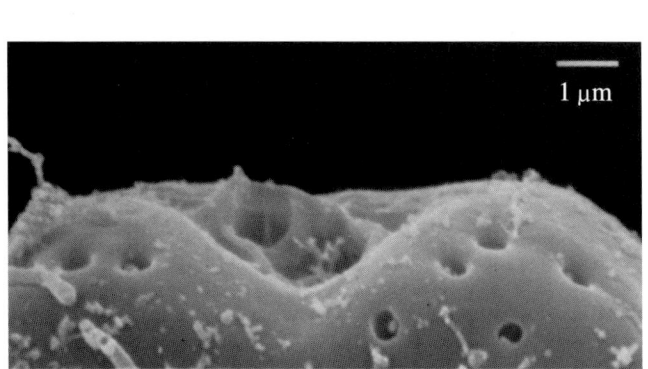

示鞭毛孔、左壳面观

墨西哥原甲藻
Prorocentrum mexicanum Tafall, 1942

藻体细胞椭圆形，壳面具许多放射状排列的刺丝胞孔。样品采自山东半岛荣成近岸海域，系中国首次记录。

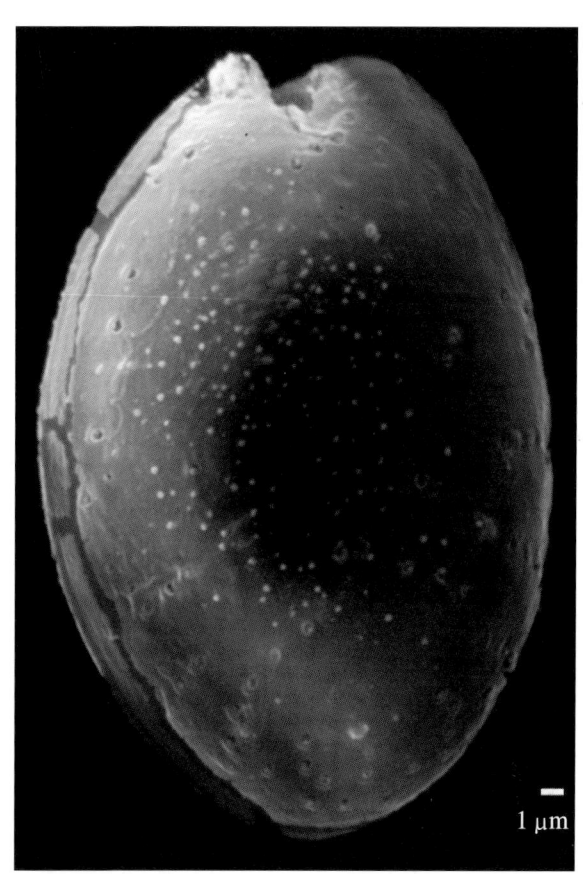

示右壳面观

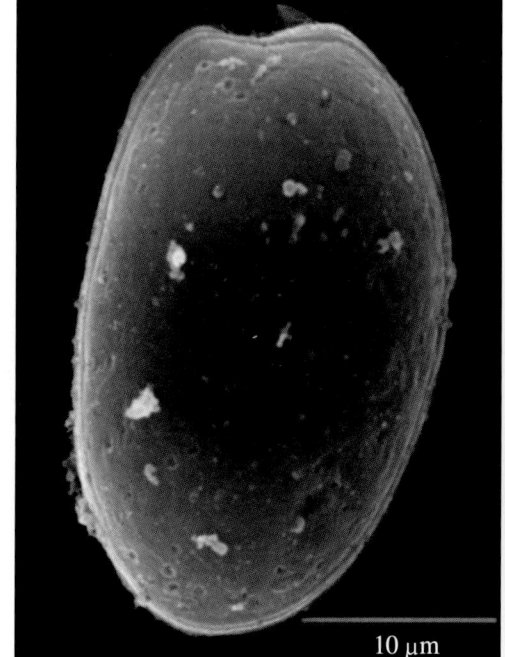

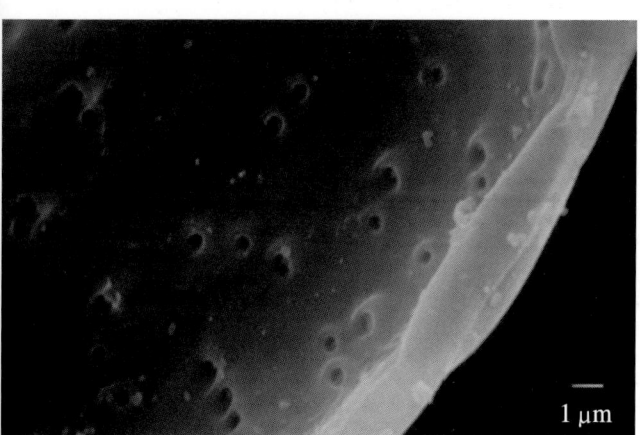

示左壳面观、刺丝胞孔

闪光原甲藻
Prorocentrum micans **Ehrenberg, 1833**

藻体细胞瓜子形，壳面具许多孔及刺丝胞孔。
样品采自黄海、东海、南海。

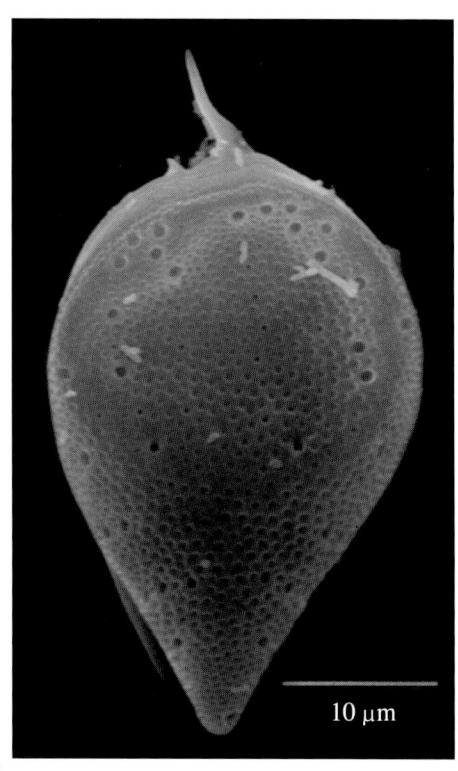

示左壳面观

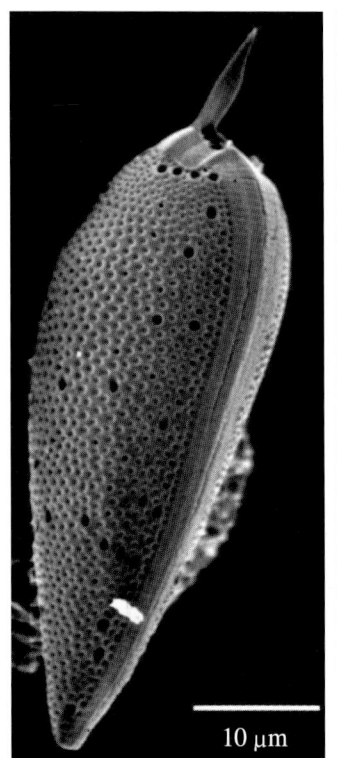

示腹面观

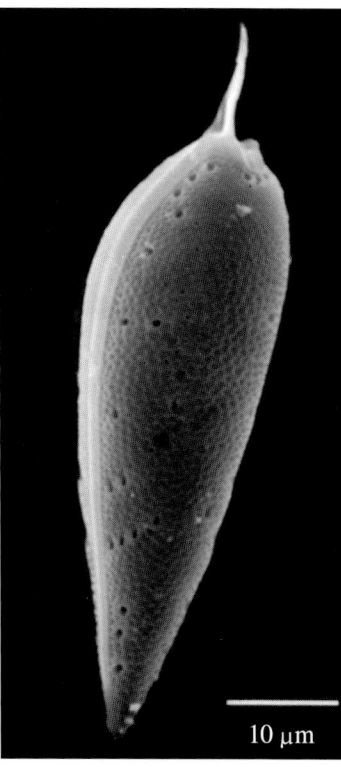

示背面观

诺里斯原甲藻
Prorocentrum norrisianum **Faust & Morton, 1997**

藻体细胞较小，大体呈椭圆形，壳面具许多孔。
样品采自黄海北部海域，系中国首次记录。

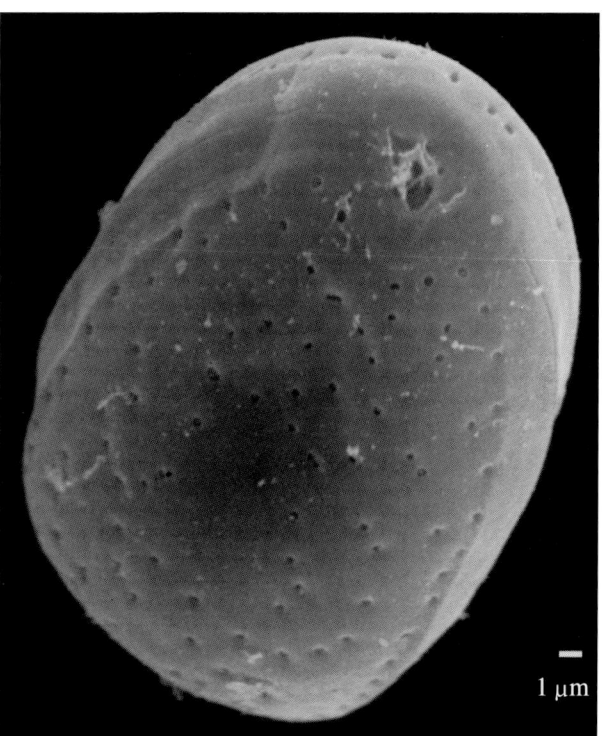

示右壳面观

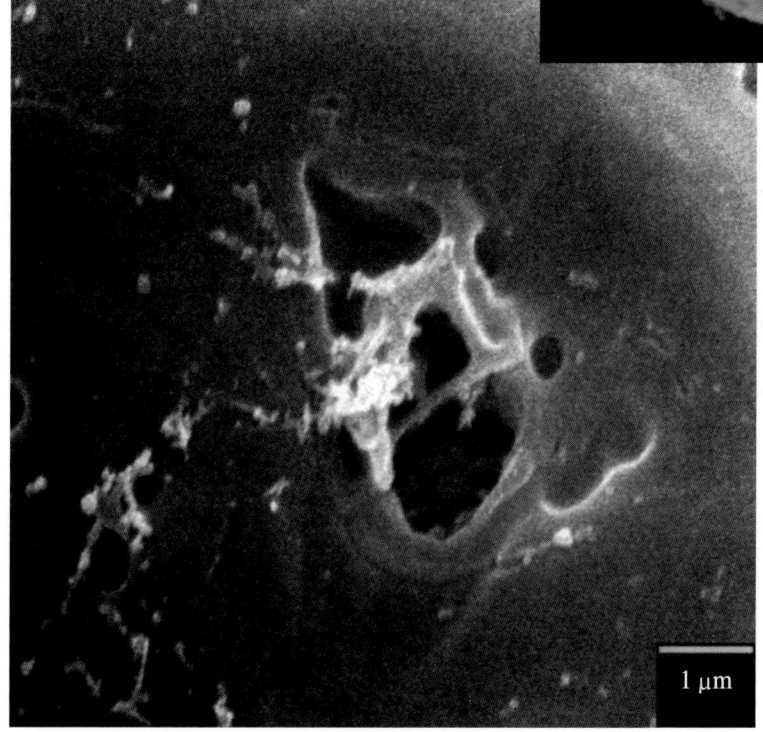

示鞭毛孔

反曲原甲藻
Prorocentrum sigmoides Böhm, 1933

藻体细胞略呈"S"形，较大。
样品采自海南岛近岸海域。

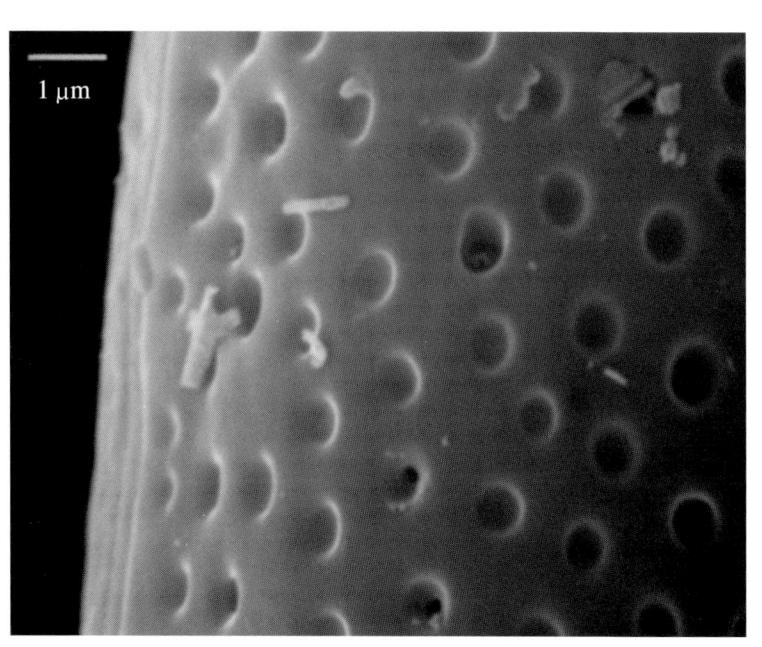

示浅凹陷及孔

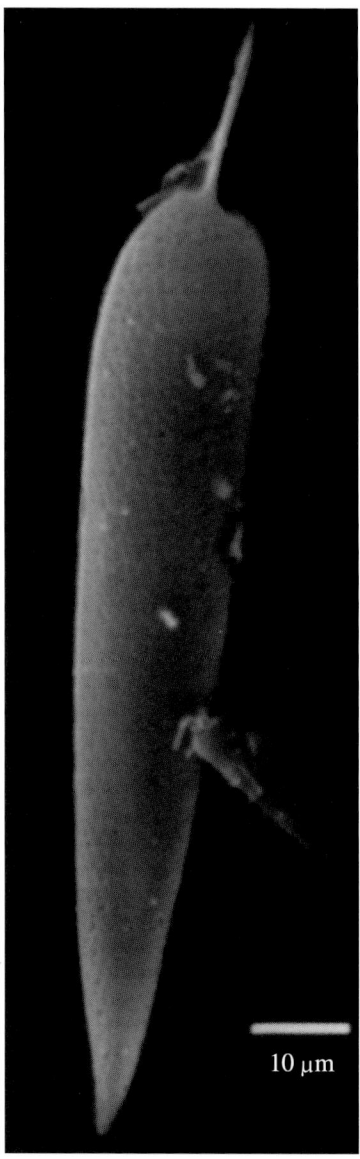

示右壳面观

三鳍原甲藻
Prorocentrum triestinum Schiller, 1918

藻体细胞较小，壳面较平滑，具少数刺丝胞孔。

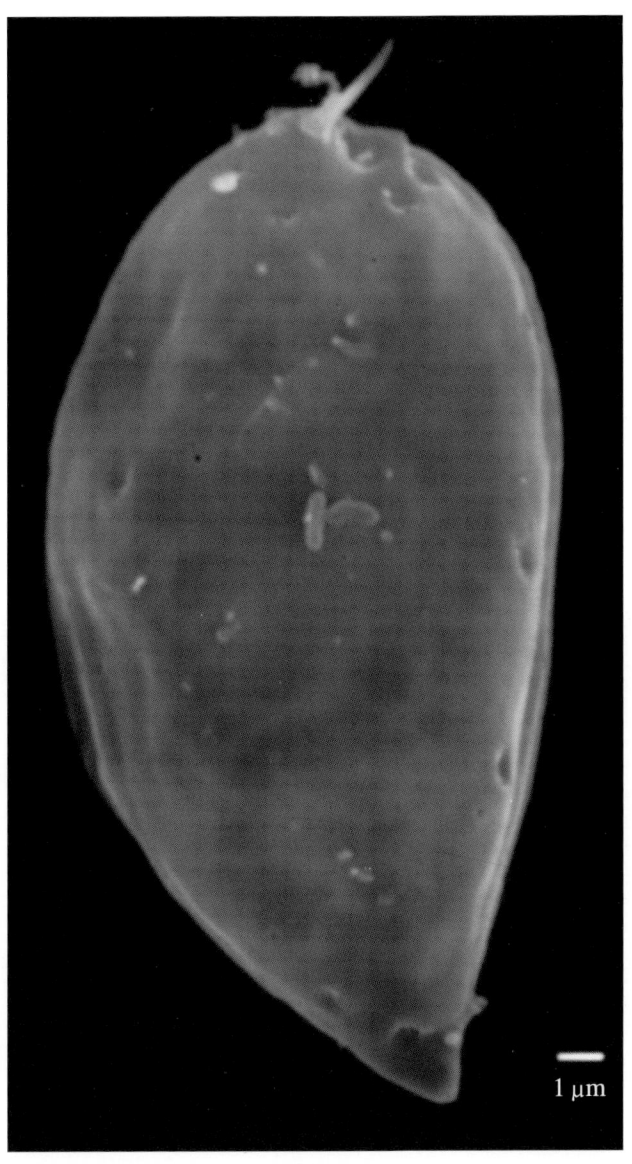

示右壳面观

双管藻属 *Amphisolenia*

歪突双管藻
Amphisolenia asymmetrica Kofoid, 1907

藻体细胞较大，头部扁平，后突末端呈非常长的"足"状。

样品采自南海北部海域，系中国首次记录。

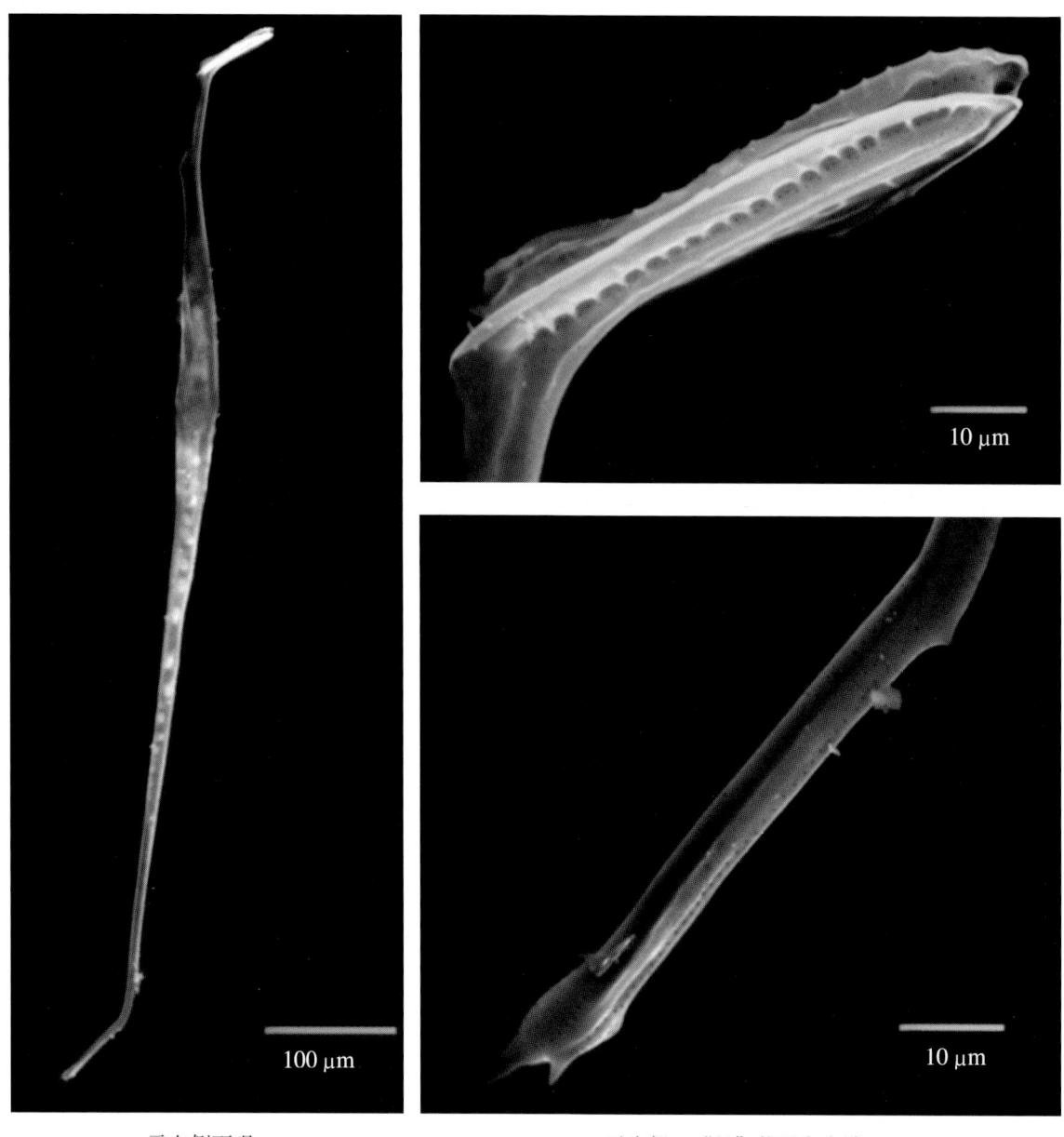

示左侧面观　　　　　　　　　　示头部、"足"状后突末端

二齿双管藻
Amphisolenia bidentata Schröder, 1900

藻体略呈"S"形,后突末端呈"足"状,"足跟"处有一个小刺,"足"末端两侧各有一个小刺。

样品采自南海北部海域。

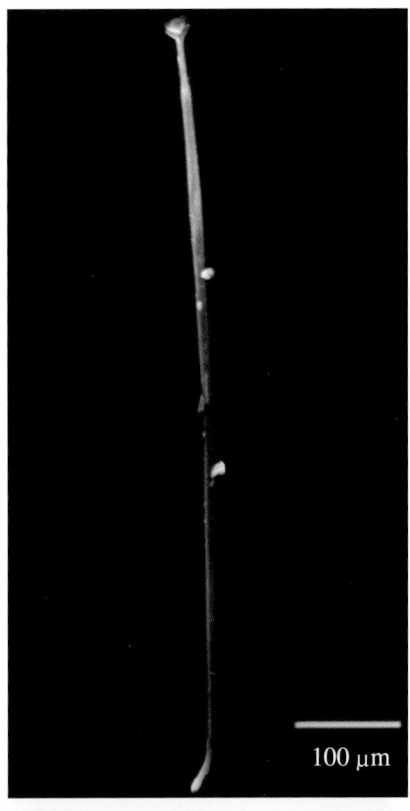

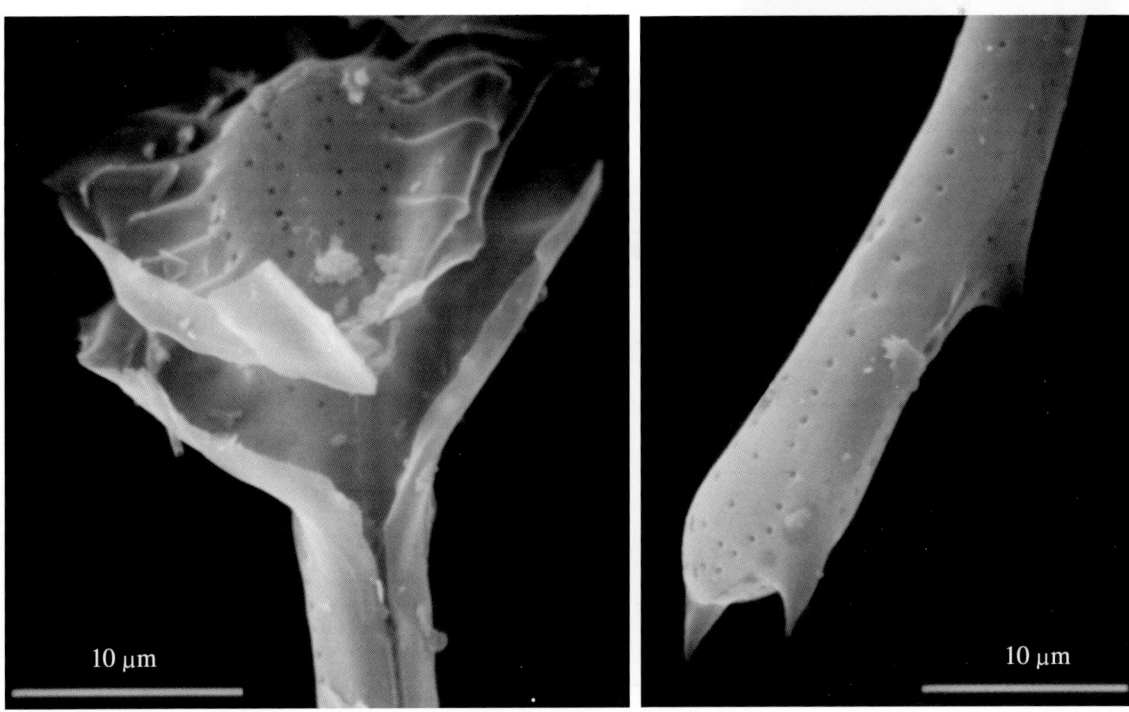

示头部、"足"状后突末端

二球双管藻
***Amphisolenia globifera* Stein, 1883**

藻体细胞较小，后突末端膨大如球状，其底部有四个小刺。样品采自西沙群岛附近海域。

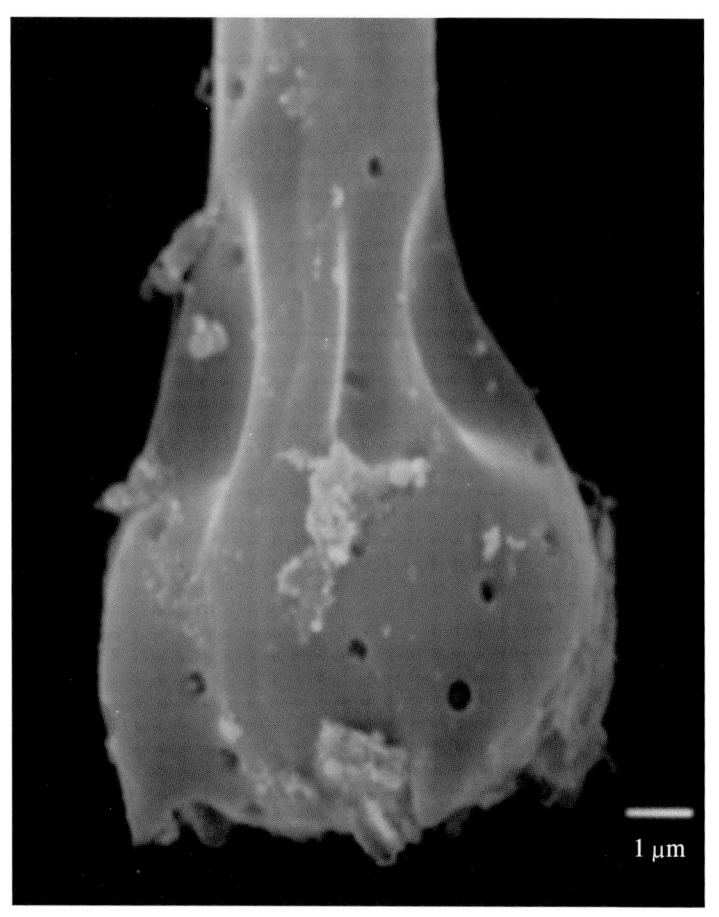
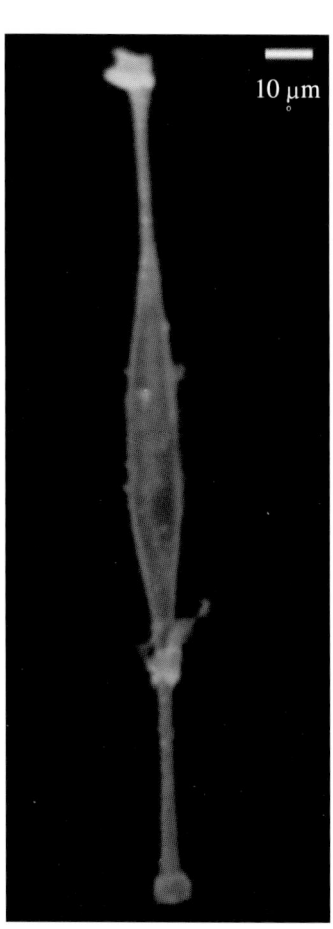

示球状后突末端、右侧面观

锥形双管藻
Amphisolenia schroederi Kofoid, 1907

藻体后突直，末端生有两个小刺。
样品采自中沙群岛附近海域。

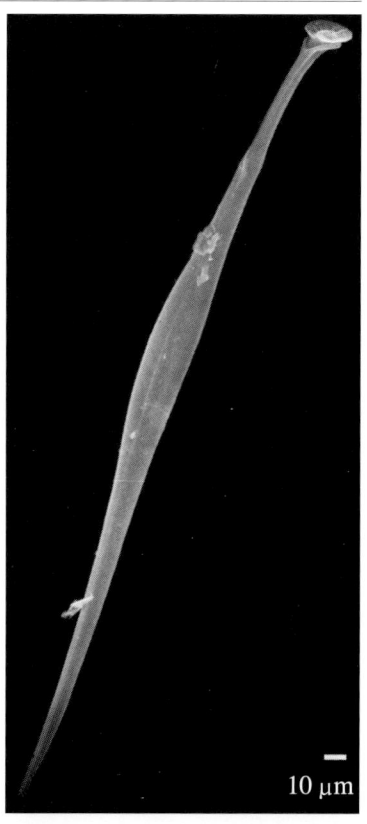
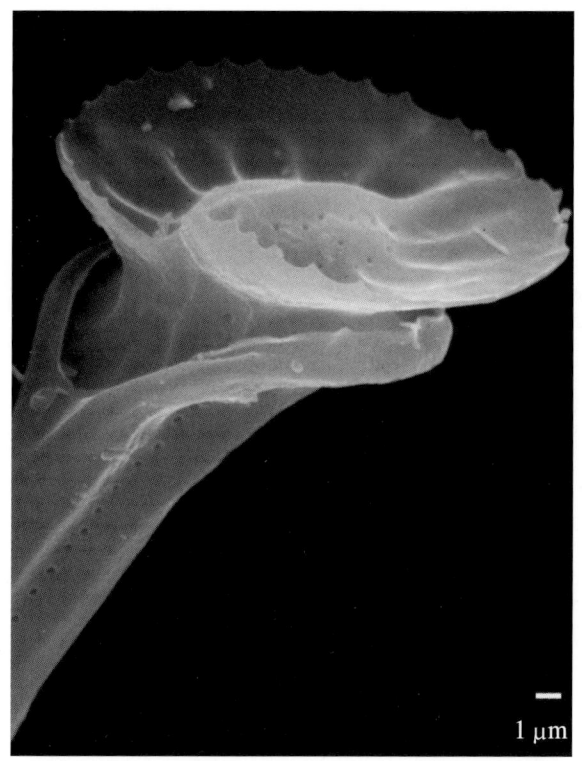
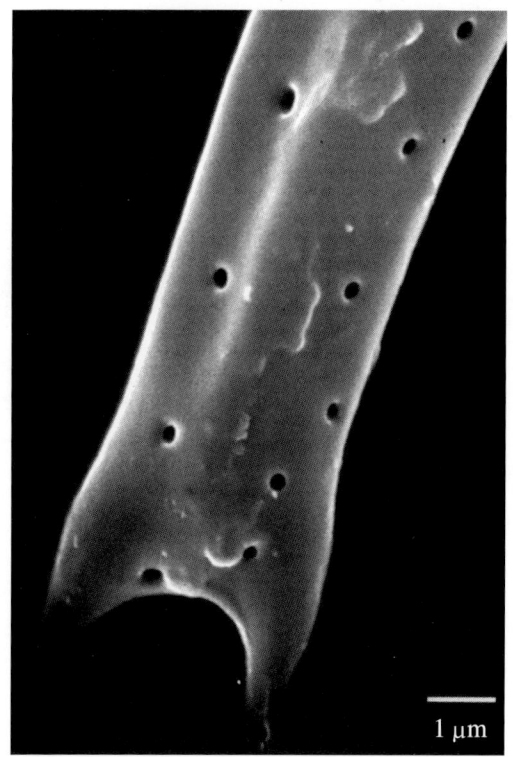

头部、后突末端

双管藻
Amphisolenia sp.

藻体细胞中等大小，较粗壮，后突末端弯曲呈"足"状。

样品采自中沙群岛东部海域。

注：本种由 Taylor 于 1976 年在印度洋发现，但并未命名。

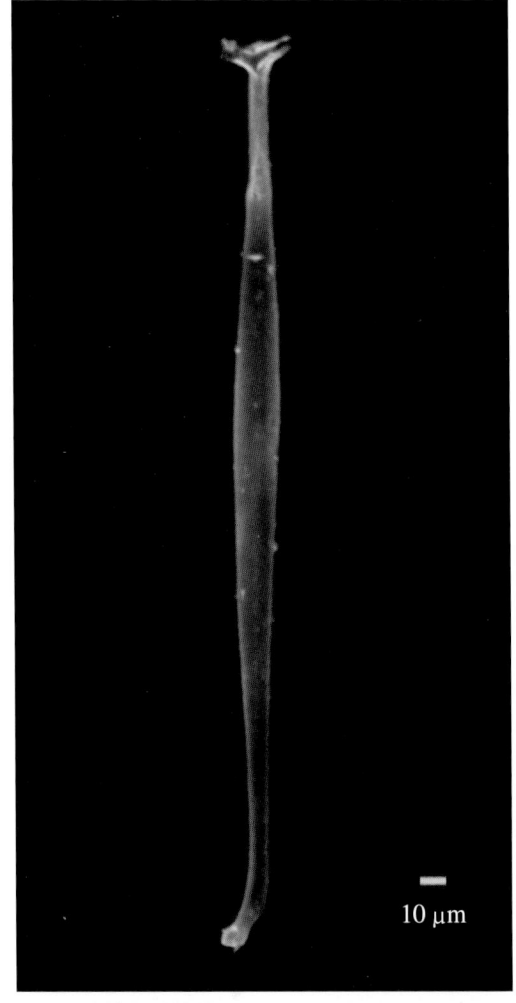

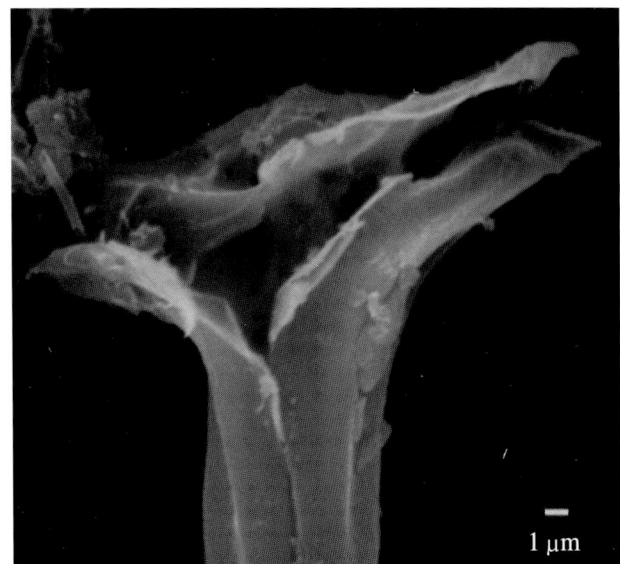

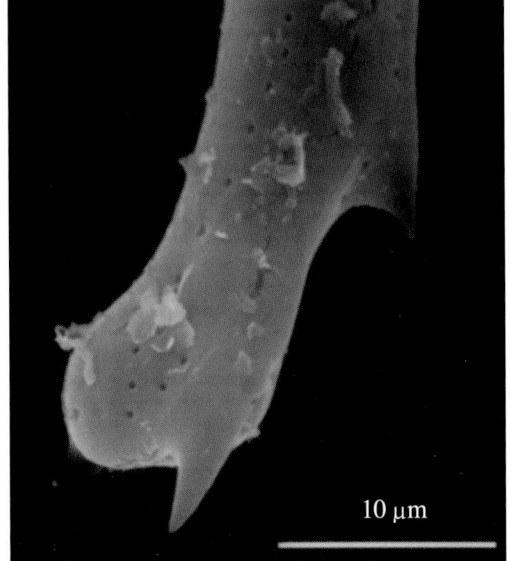

示头部、"足"状后突末端

音匣藻属 *Citharistes*

阿斯坦音匣藻
***Citharistes apsteini* Schütt, 1895**

藻体细胞"C"形，壳面具明显的眼纹结构，眼纹内具孔。
样品采自中沙群岛以东海域，系中国首次记录。

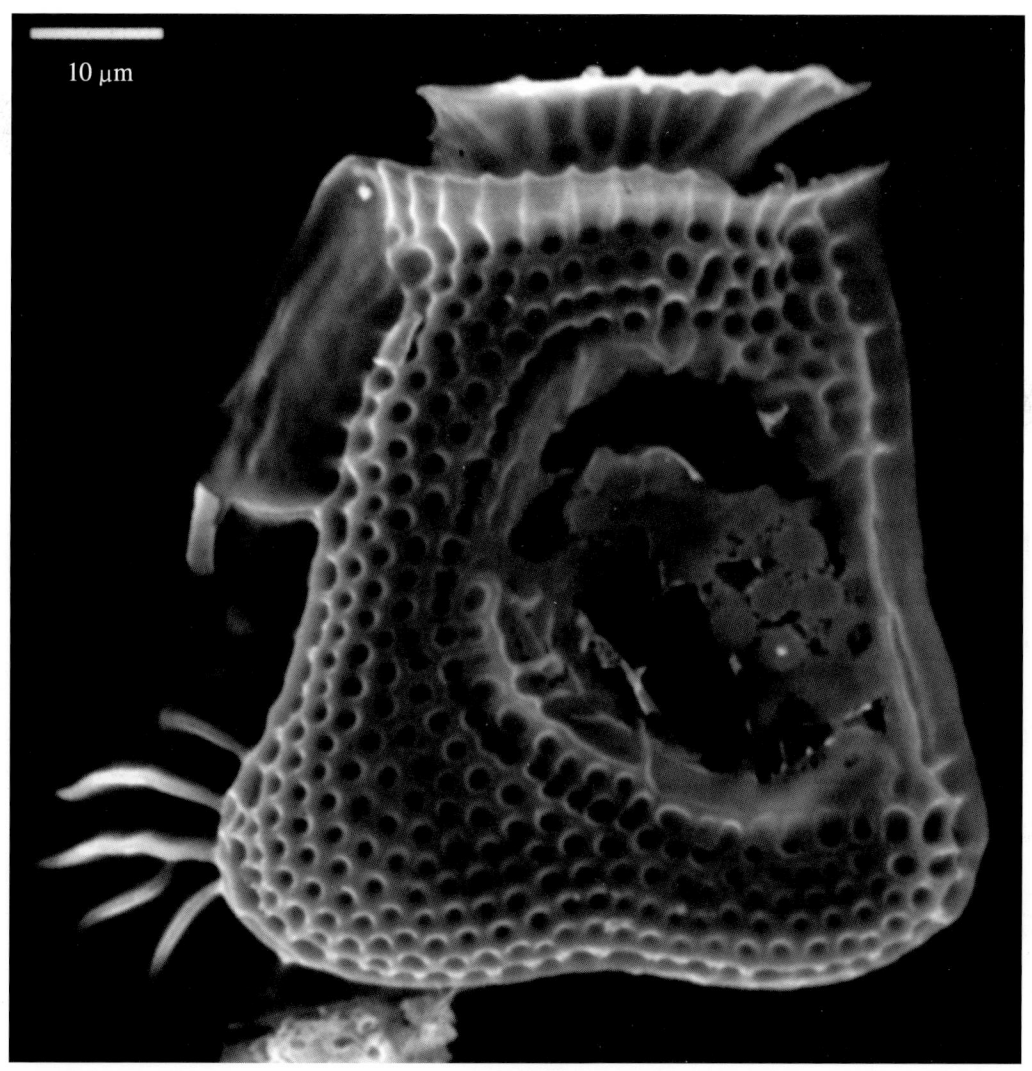

示左侧面观

王室音匣藻
Citharistes regius Stein, 1883

藻体细胞 "C" 形，壳面眼纹结构较浅，孔散布。

本种相比阿斯坦音匣藻 *C. apsteini* 共生室较小，且底部较圆钝，而后者底部较平直。

样品采自西沙群岛西南部海域，系中国首次记录。

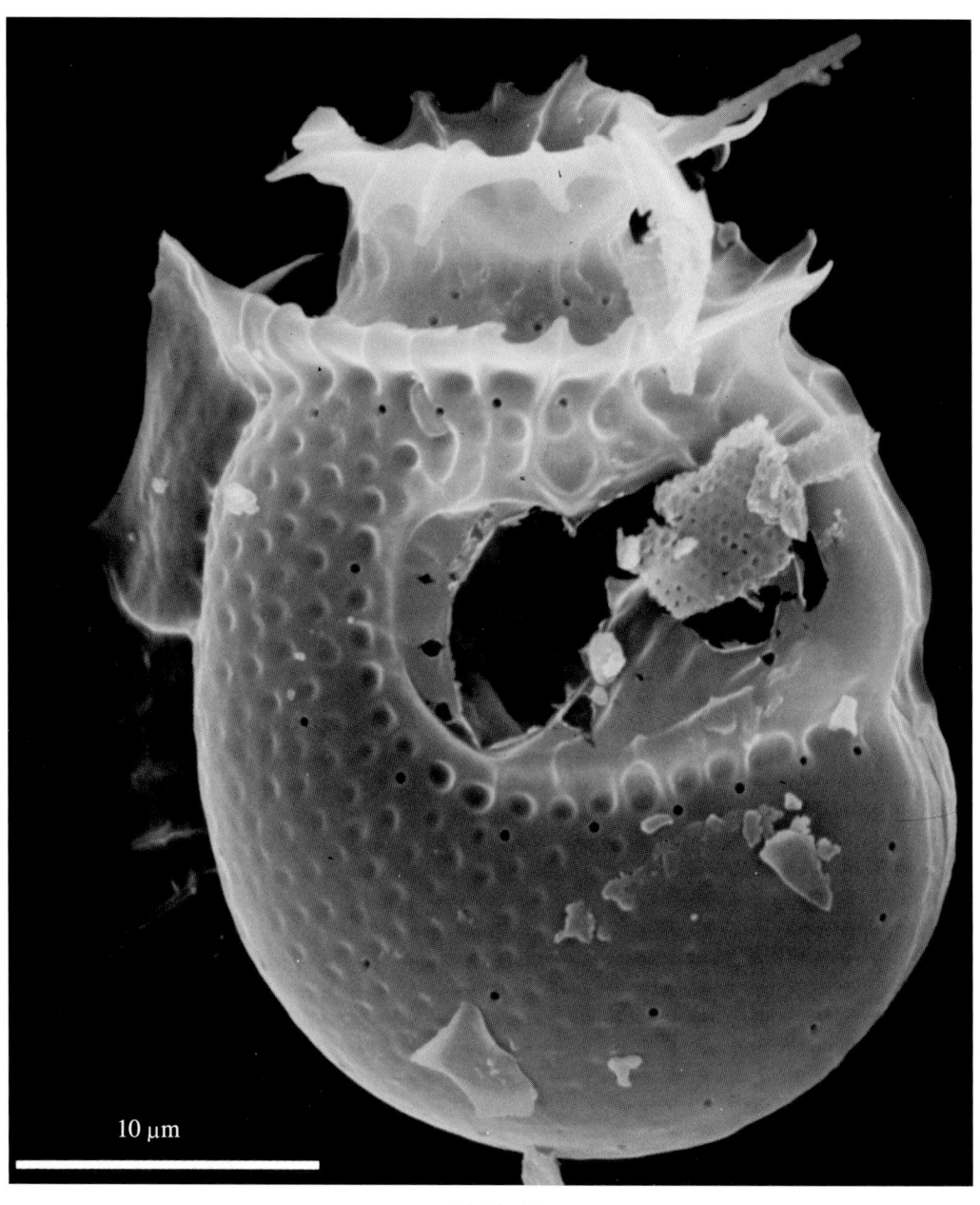

示左侧面观

鳍藻属 Dinophysis

锋利鳍藻
Dinophysis acutoides **Balech, 1967**

藻体细胞中至大型，下壳背缘后部稍向内凹，壳面眼纹细密而明显，孔分散其中。样品采自南海北部海域、吕宋海峡。

示左侧面观

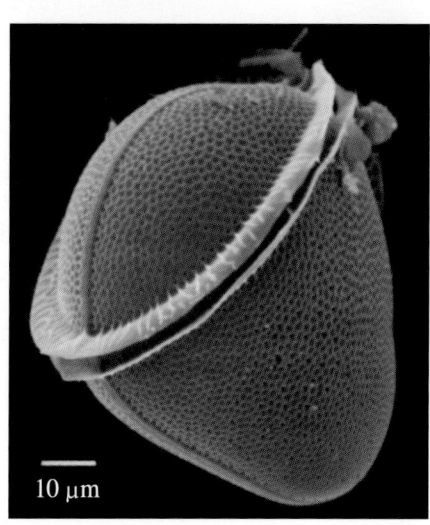
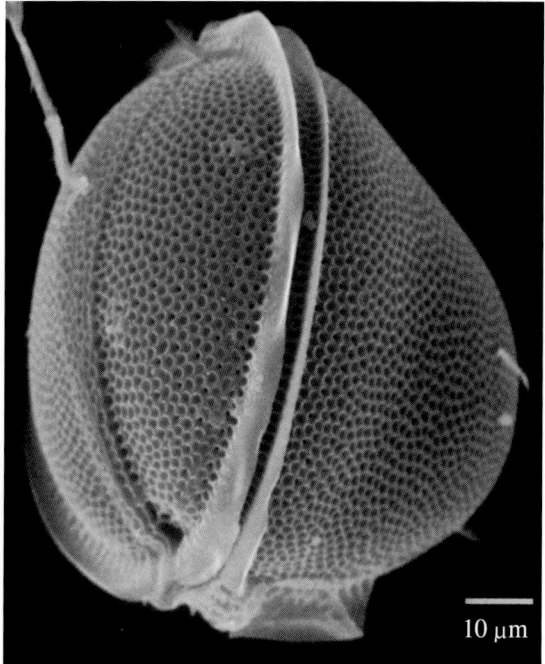

示右侧面观、左侧面观

阿曼达鳍藻

Dinophysis amandula **(Balech) Sournia, 1973**

藻体细胞中等大小，侧面观窄卵圆形，纵沟左边翅上部稍向内凹，壳面眼纹较细密。样品采自南海北部海域。

示左侧面观

顶生鳍藻
Dinophysis apicata (Kofoid & Skogsberg) Abé, 1967

藻体上壳中部稍向内凹，壳面眼纹平且粗大。
样品采自南海北部海域。

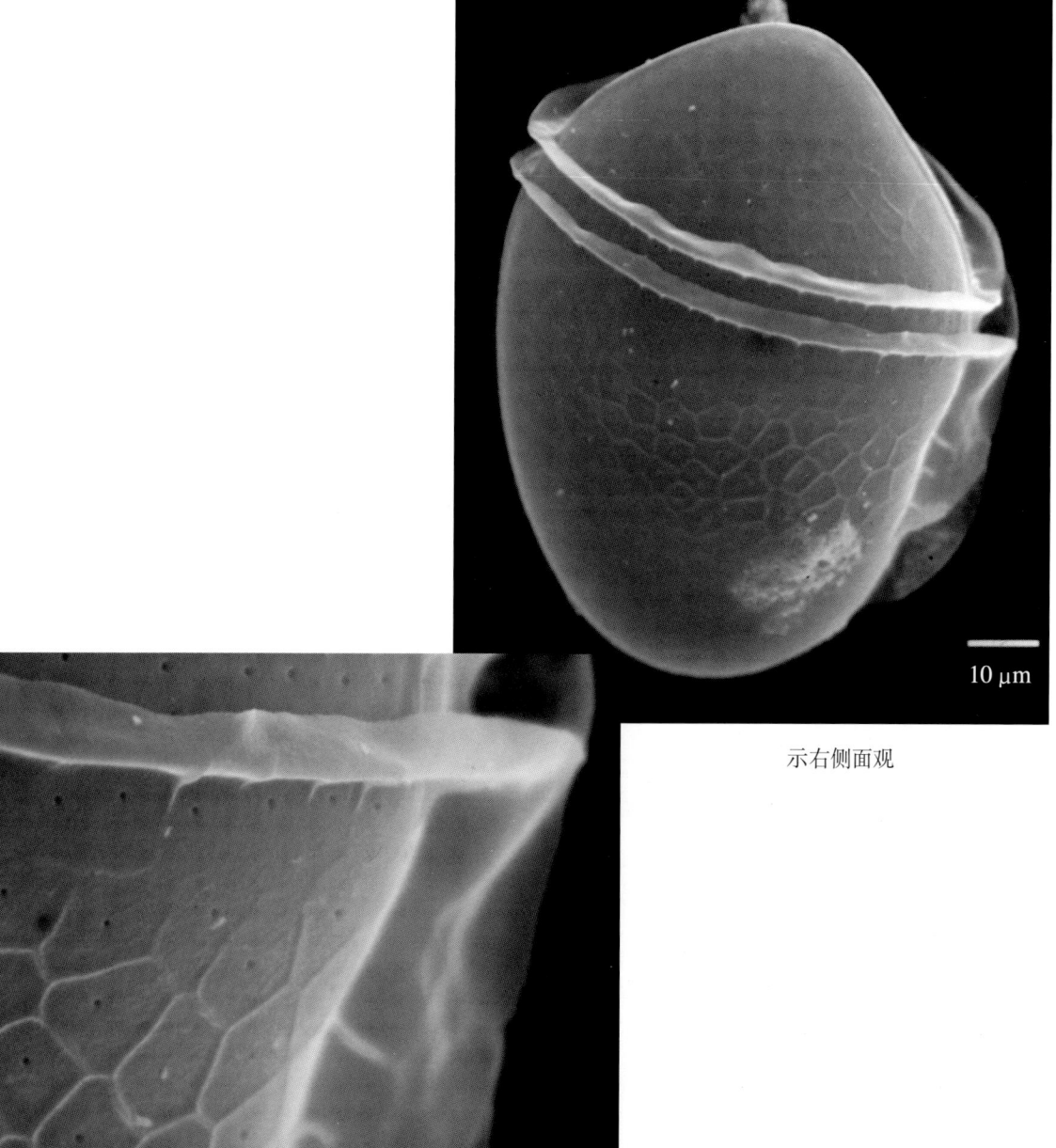

示右侧面观

示眼纹及孔

光亮鳍藻
Dinophysis argus (Stein) Abé, 1967

藻体细胞较大，壳面眼纹粗大且形状不规则，其内具孔。
样品采自东海冲绳海槽西侧、南海北部海域。

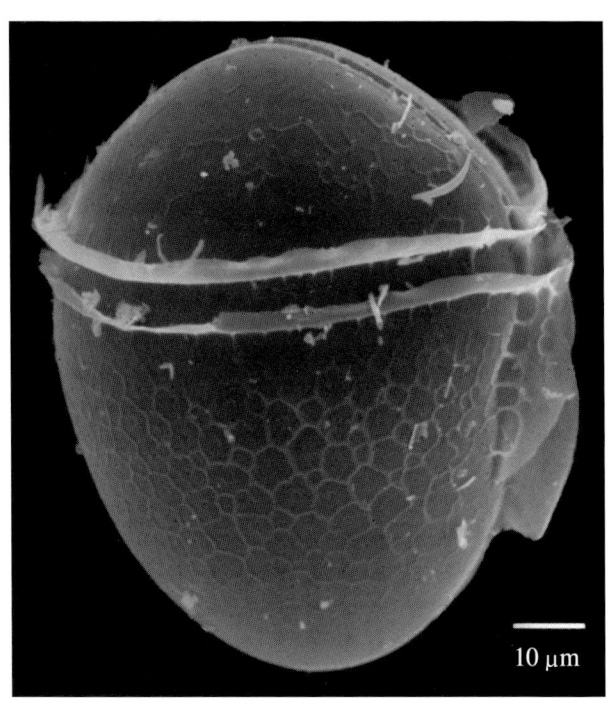

示右侧面观

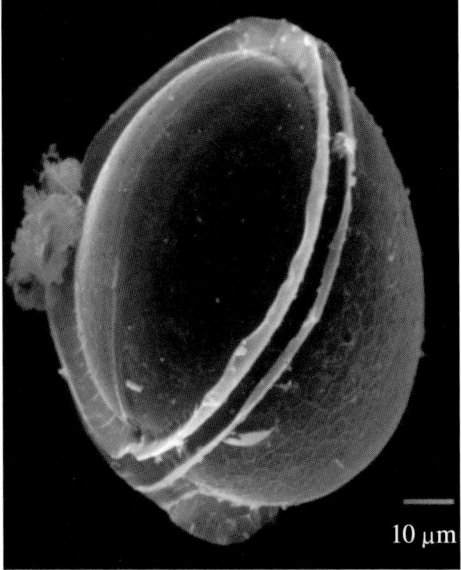

示壳面眼纹、孔、顶面观

平面鳍藻
Dinophysis complanata (Gaarder)
同种异名：*Phalacroma complanatum* Gaarder, 1954

藻体细胞中等大小，纵沟左边翅边缘直，壳面眼纹不明显，孔分散其中。样品采自南沙群岛北部海域，系中国首次记录。

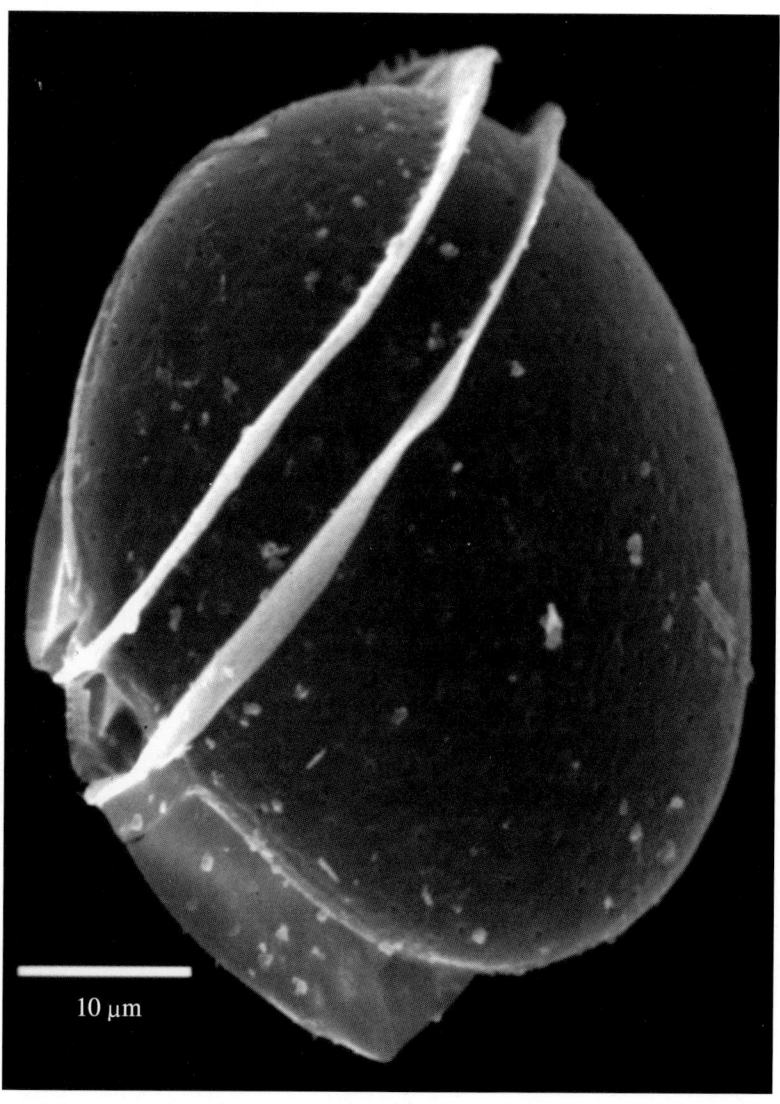

示左侧面观

楔形鳍藻
Dinophysis cuneus (Schütt) Abé, 1967

藻体细胞中等大小，侧面观楔形，壳面眼纹粗大。
样品采自南海、吕宋海峡。

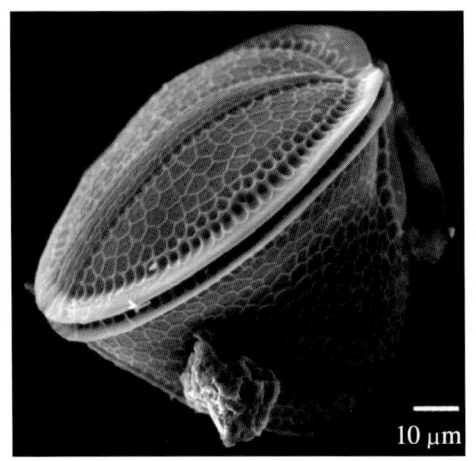

示右侧面观

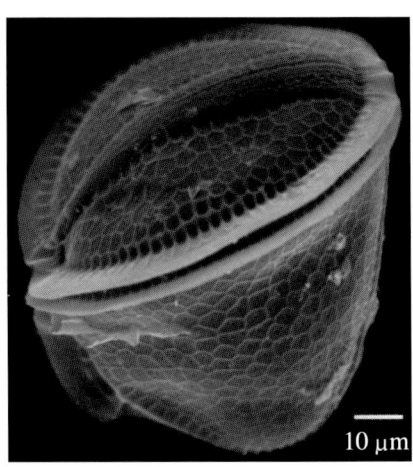

示左侧面观

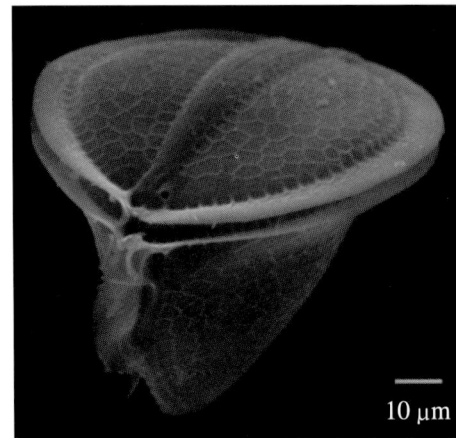

上壳左半部靠近腹侧处具有一个大而明显的顶孔。
示腹面观。

不成熟细胞个体壳面眼纹不清晰（左图）。
示右侧面观、底面观。

驱逐鳍藻
Dinophysis expulsa **Kofoid et Michener, 1911**

藻体下壳底部弯向腹面，腹面观中部缢缩呈倒葫芦状，壳面眼纹粗大。样品采自南沙群岛北部海域，系中国首次记录。

示左侧面观

蜂窝鳍藻
Dinophysis favus (Kofoid & Michener) Balech, 1967

藻体下壳底部呈手指状凸起,壳面眼纹及孔粗大。
样品采自东海、南海。

示背面观

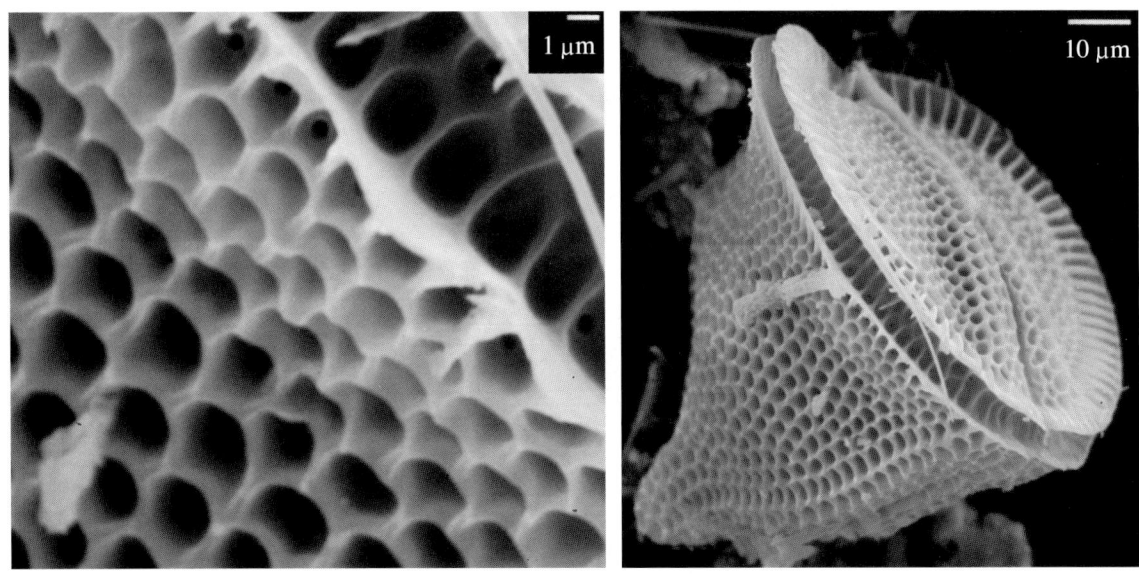

示壳面眼纹及孔、左侧面观

平滑鳍藻
Dinophysis laevis **Claparède & Lachmann, 1859**

藻体细胞较小，侧面观近圆形，纵沟左边翅边缘稍向外凸，壳面眼纹细密，孔分散其中。样品采自黄岩岛附近海域，系中国首次记录。

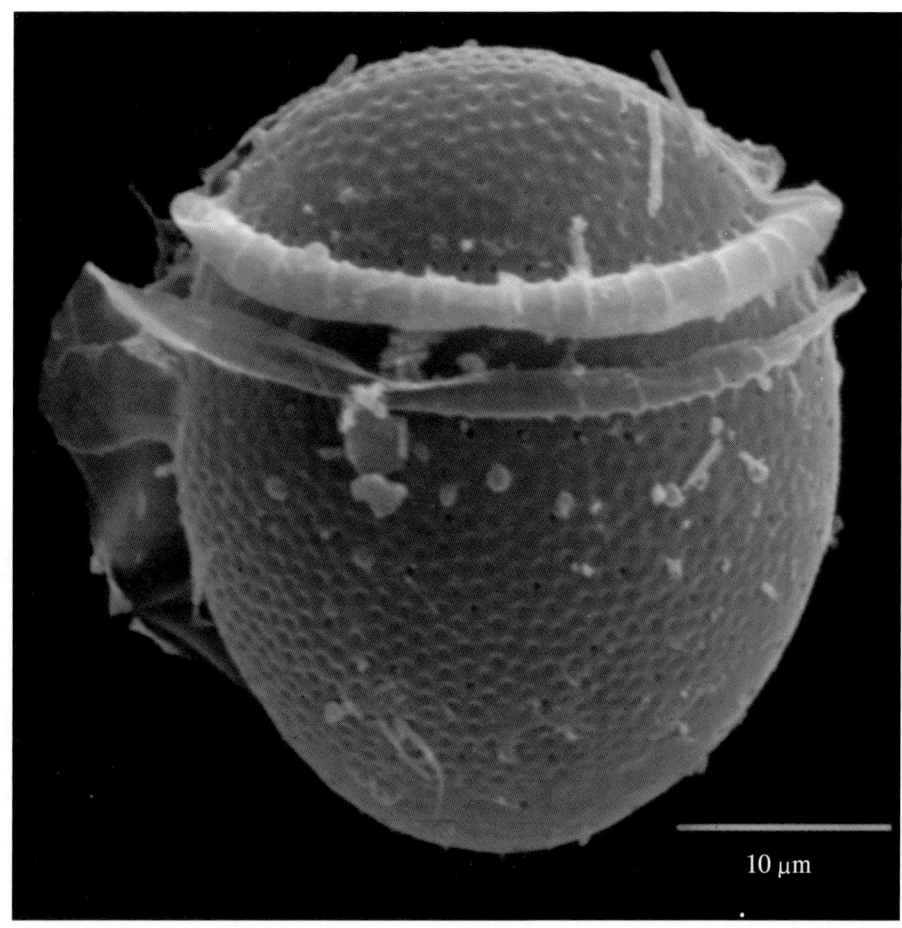

示左侧面观

帽状鳍藻
Dinophysis mitra (Schütt) Abé, 1967

藻体细胞中等大小，下壳底端较尖，壳面眼纹粗大。
样品采自三亚附近海域。

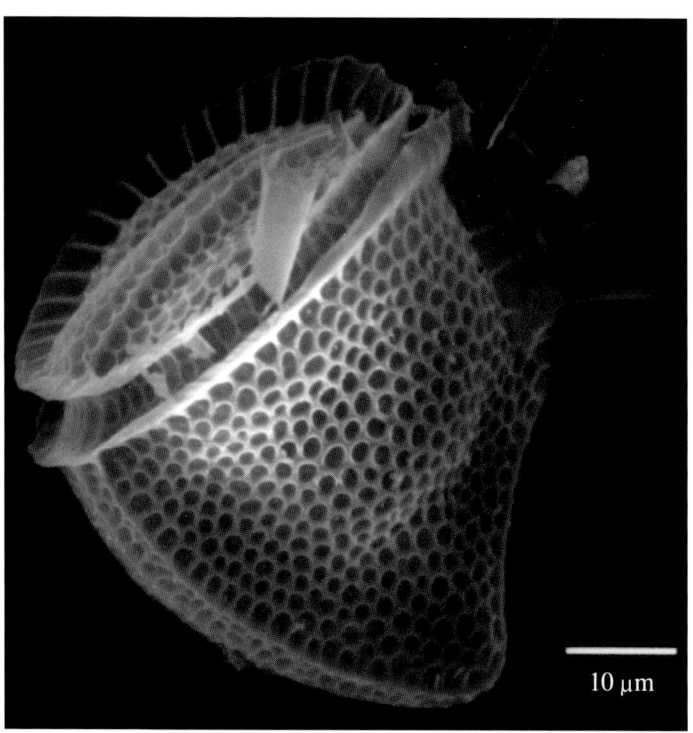

示右侧面观

 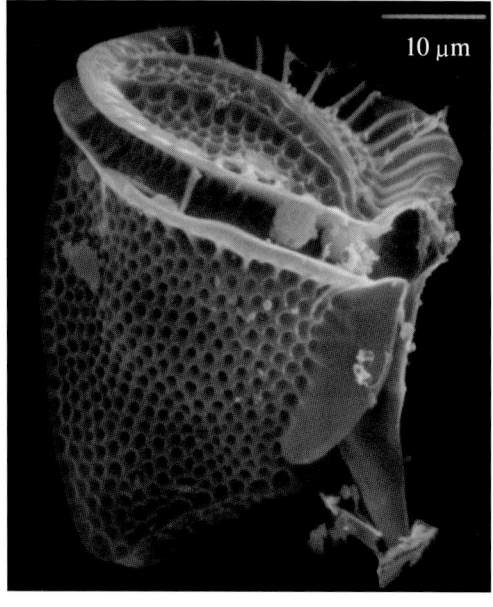

示底面观、右侧面观

孔状鳍藻
Dinophysis porodictyum (Stein) Abé, 1967

藻体中等大小，下壳腹缘较直，背缘明显向内弯曲。壳面眼纹较细密，孔分散其中。样品采自吕宋海峡。

示右侧面观

萝卜鳍藻
Dinophysis rapa (Stein) Abé, 1967

藻体腹缘在 R3 处外凸，下壳底端三角形。壳面眼纹非常粗大。
样品采自东海、南海。

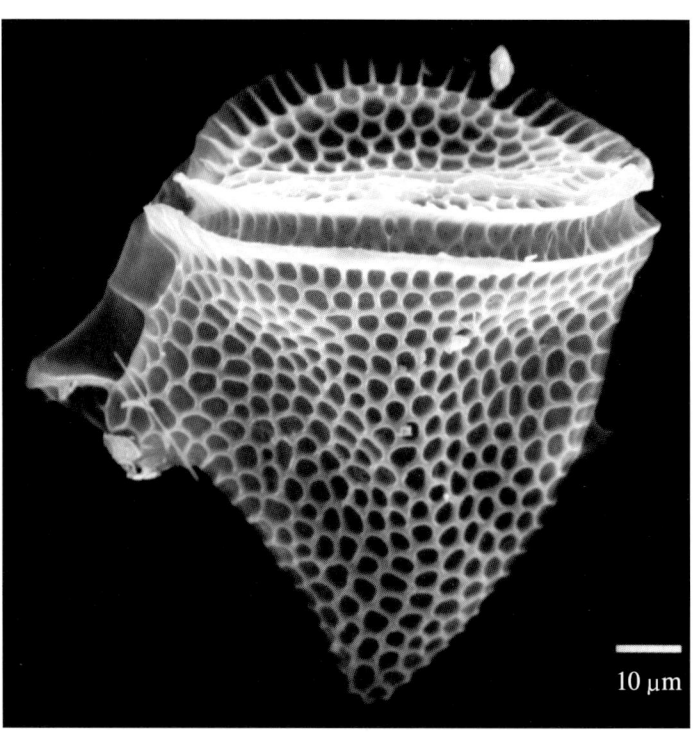

示左侧面观

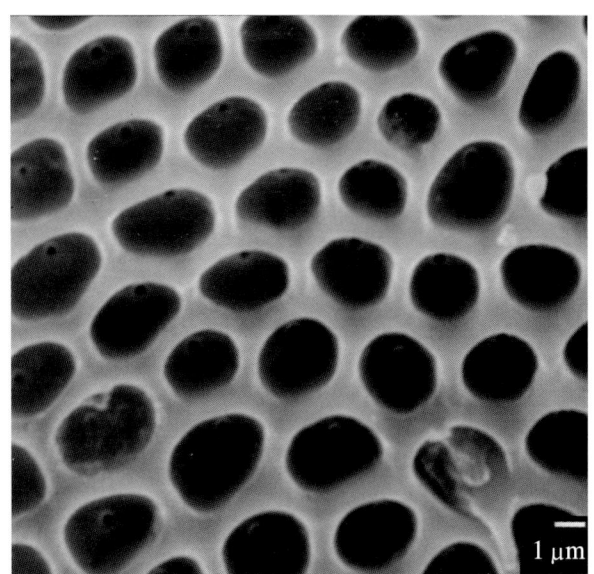

示壳面眼纹及孔、左侧面观

圆鳍藻
Dinophysis rotundata Claparède & Lachmann, 1859

藻体细胞中等大小，侧面观近圆形，壳面眼纹细密明显。
样品采自长江口附近海域。

示右侧面观

示右侧面观

弱小鳍藻
Dinophysis exigua **Kofoid & Skogsberg, 1928**

藻体细胞较小，侧面观近圆形，纵沟左边翅 R3 长，使得左边翅末端呈尖锐三角形，壳面眼纹细密。

样品采自海南岛附近海域，系中国首次记录。

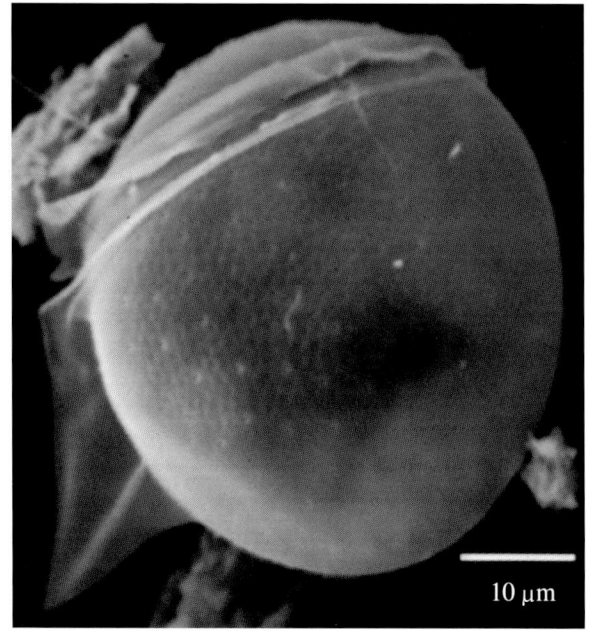

示左侧面观

宽阔鳍藻
Dinophysis lativelata **(Kofoid & Skogsberg) Balech, 1967**

藻体细胞较小，纵沟左边翅长且宽，非常发达，末端三角形，壳面眼纹细密。

样品采自中沙群岛附近海域，系中国首次记录。

示左侧面观

具刺鳍藻
Dinophysis doryphorum (Stein) Abé, 1967

藻体下壳底端有一单独的、三角形的底部边翅。壳面眼纹细密，孔分散其中。样品采自东海、南海、吕宋海峡。

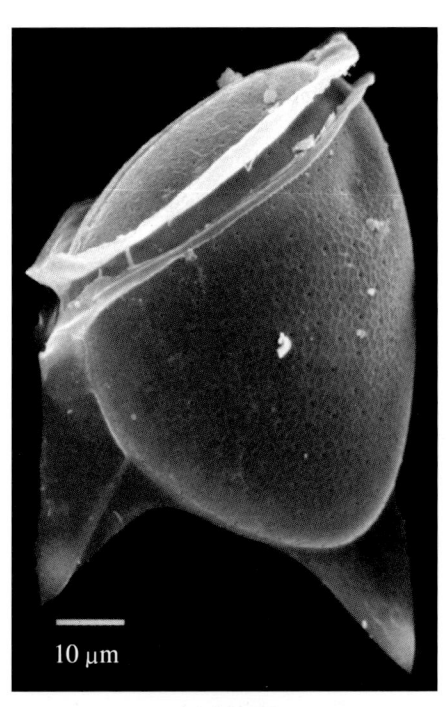

示左侧面观

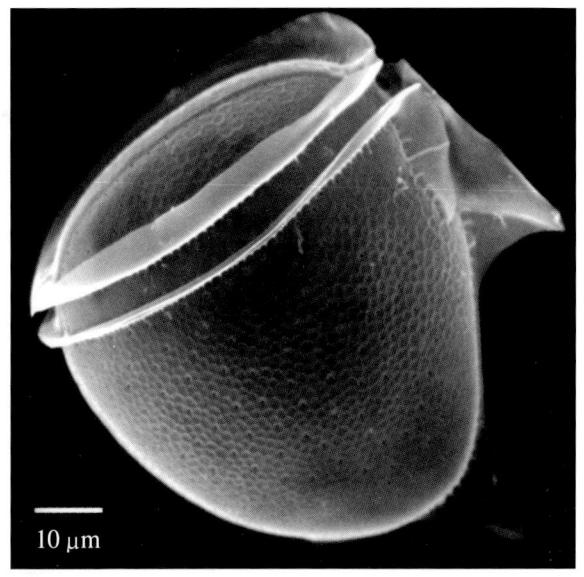

示右侧面观

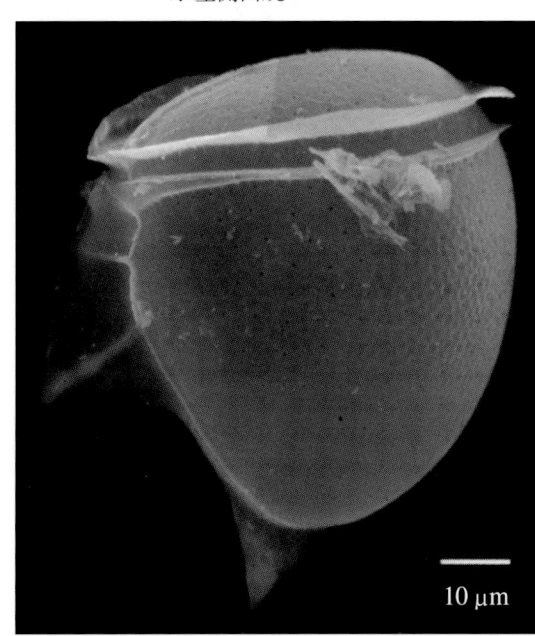

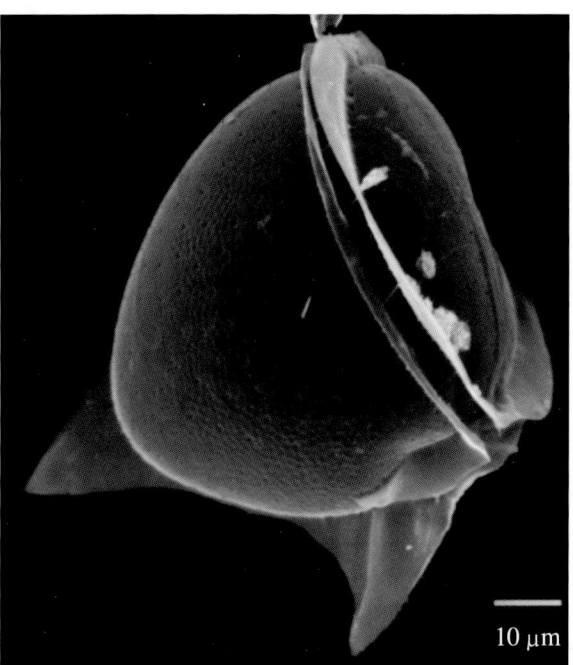

示左侧面观、右侧面观

渐尖鳍藻
Dinophysis acuminata Claparède & Lachmann, 1859

藻体细胞小型至中等大小，侧面观椭圆形，纵沟右边翅末端较圆钝，壳面眼纹清晰，孔分布其中。

样品采自青岛沿海、黄海北部海域、渤海。

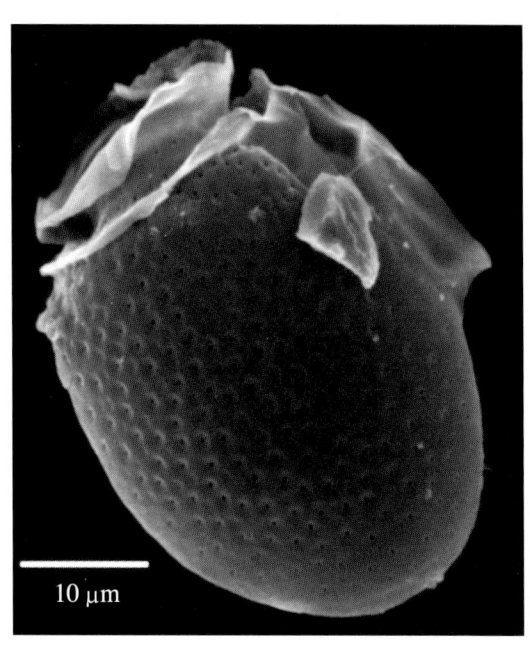

示右侧面观

示腹面观

示右侧面观

示左侧面观

具尾鳍藻
Dinophysis caudata Saville-Kent, 1881

藻体细胞中等大小，下壳后部呈手指状，壳面眼纹及孔清晰。
样品采自青岛沿海、东海、南海。

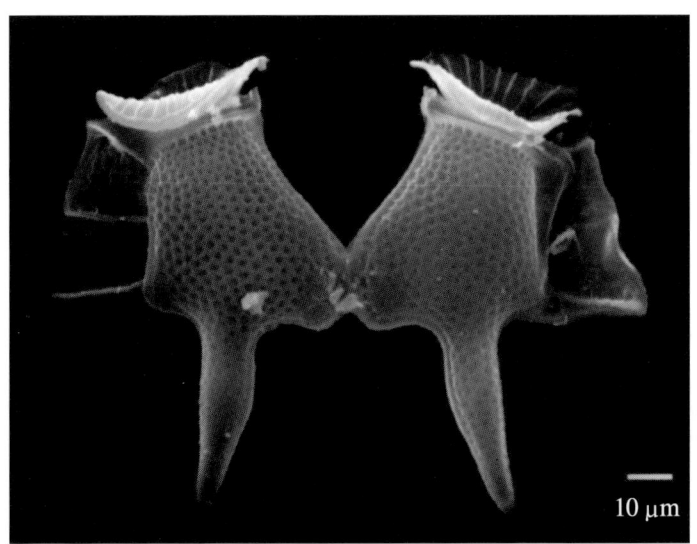

示群体、右侧面观

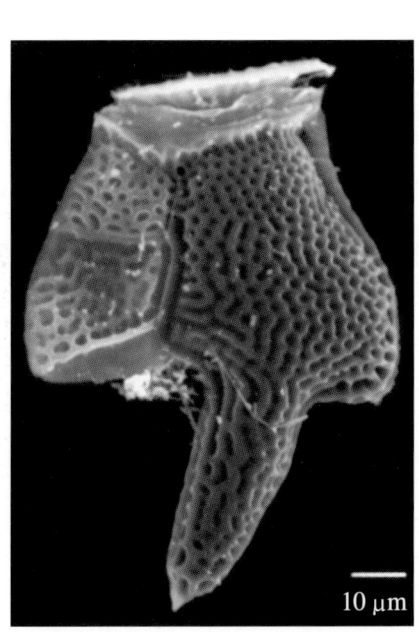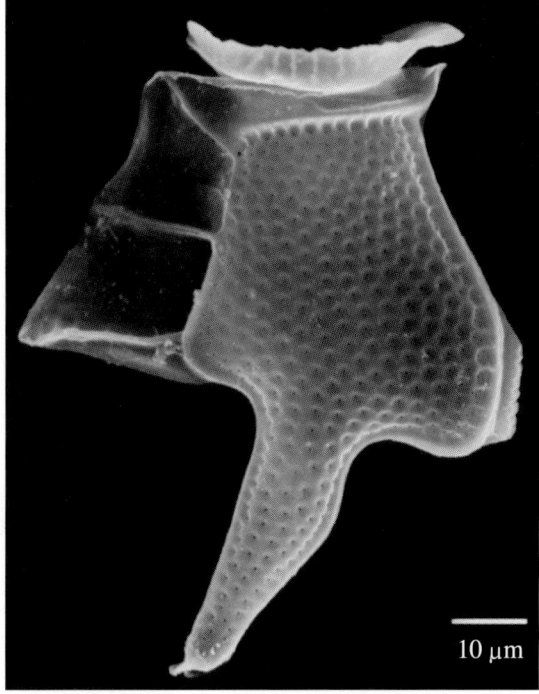

示左侧面观

椭圆鳍藻
Dinophysis ellipsoidea Mangin, 1926

藻体细胞较小，侧面观扁椭圆形，壳面眼纹细弱，孔分散其中。

样品采自海南岛近岸海域、黄岩岛附近海域，系中国首次记录。

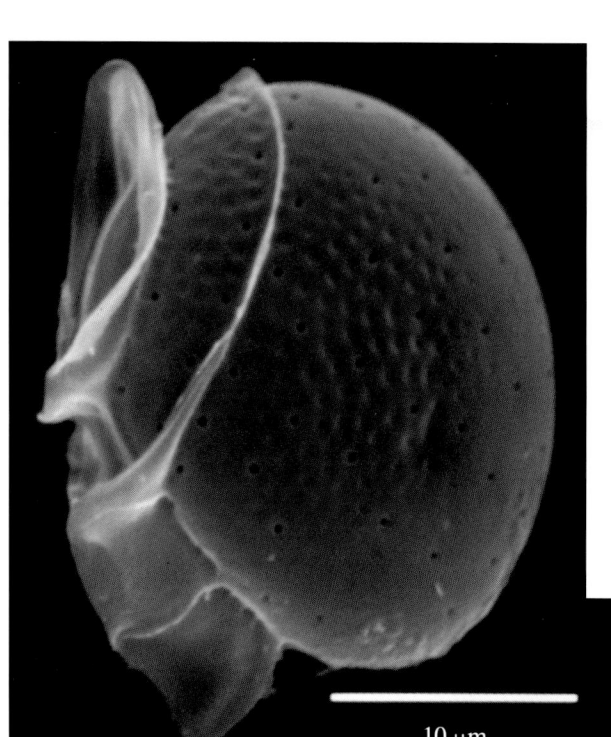

示左侧面观

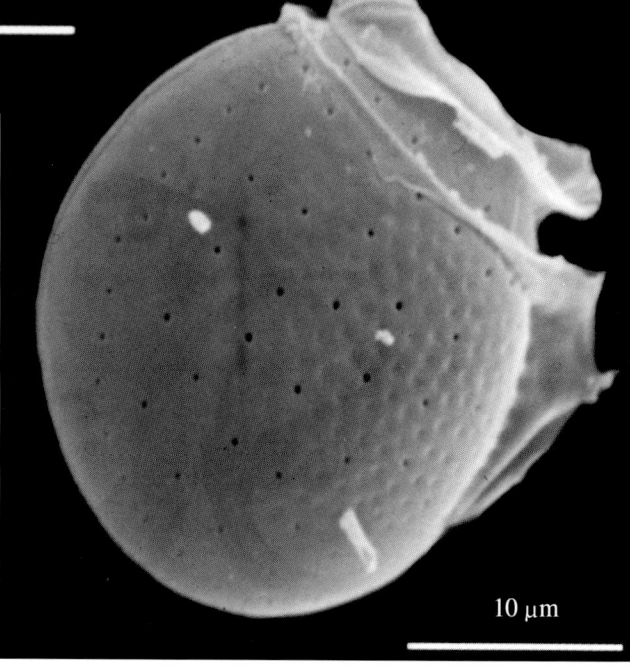

示右侧面观

勇士鳍藻
Dinophysis miles Cleve, 1900

藻体较大，侧面观呈叉状，壳面眼纹清晰。
样品采自南沙群岛附近海域。

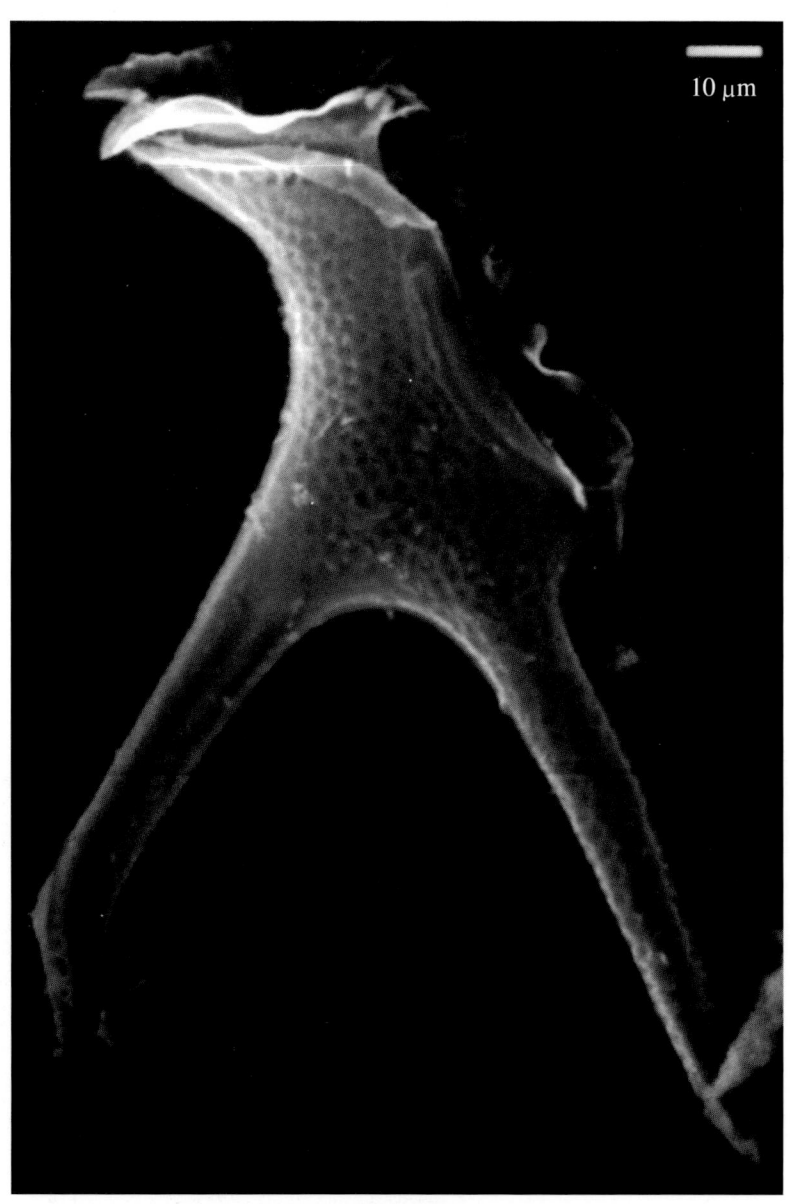

示右侧面观

相似鳍藻
Dinophysis similis **Kofoid & Skogsberg, 1928**

藻体细胞中等大小，纵沟左边翅无 R3，其末端圆钝，壳面眼纹不明显，孔分散其中。样品采自黄岩岛附近海域。

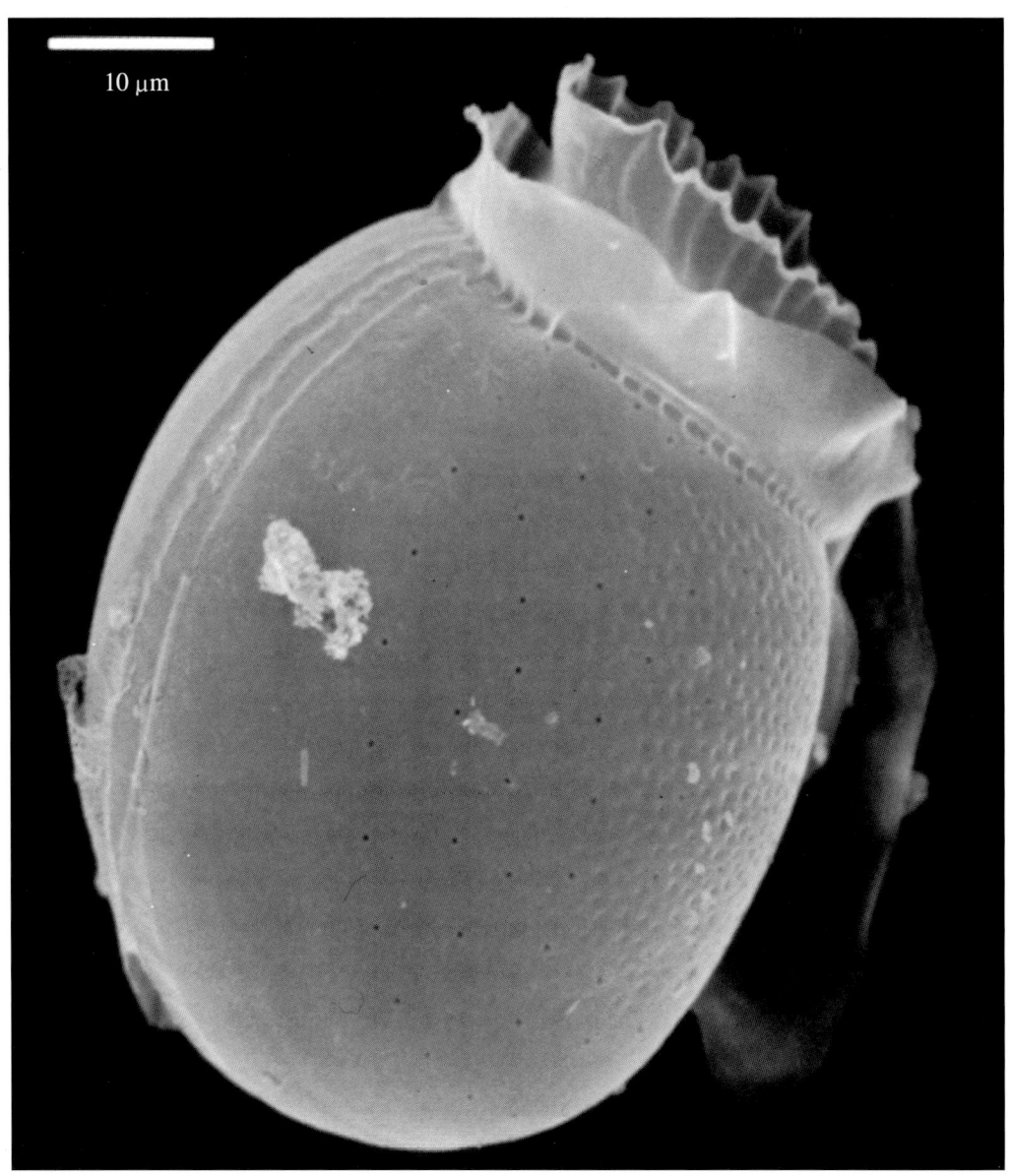

示右侧面观

矛形鳍藻
Dinophysis hastata Stein, 1883

藻体细胞中等大小，侧面观卵圆形，下壳底部有一个三角形的底部边翅。壳面眼纹细密，孔分散其中。

样品采自台湾海峡、南海。

示左侧面观

 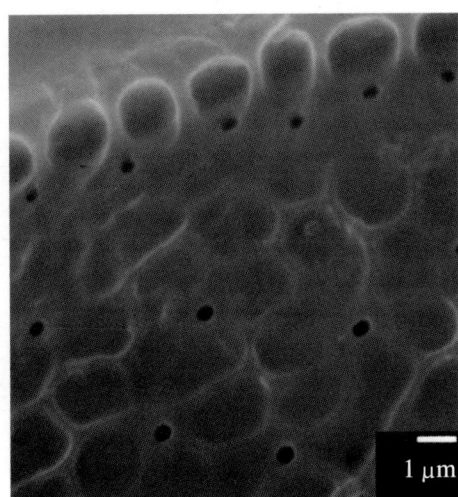

示顶面观、壳面眼纹及孔

斯氏鳍藻

Dinophysis schuettii **Murray & Whitting, 1899**

藻体细胞较小，侧面观卵圆形，纵沟左边翅 R2、R3 非常长，底部边翅三角形，亦有一非常长的肋刺支撑。

样品采自南海北部海域、吕宋海峡。

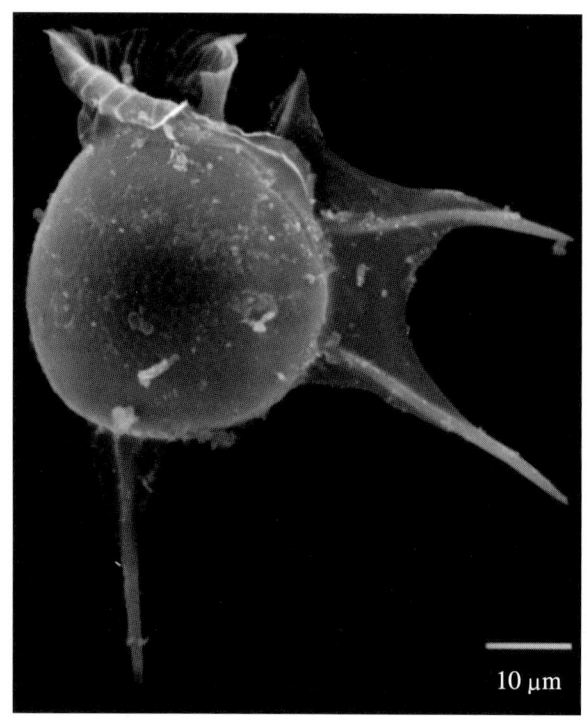
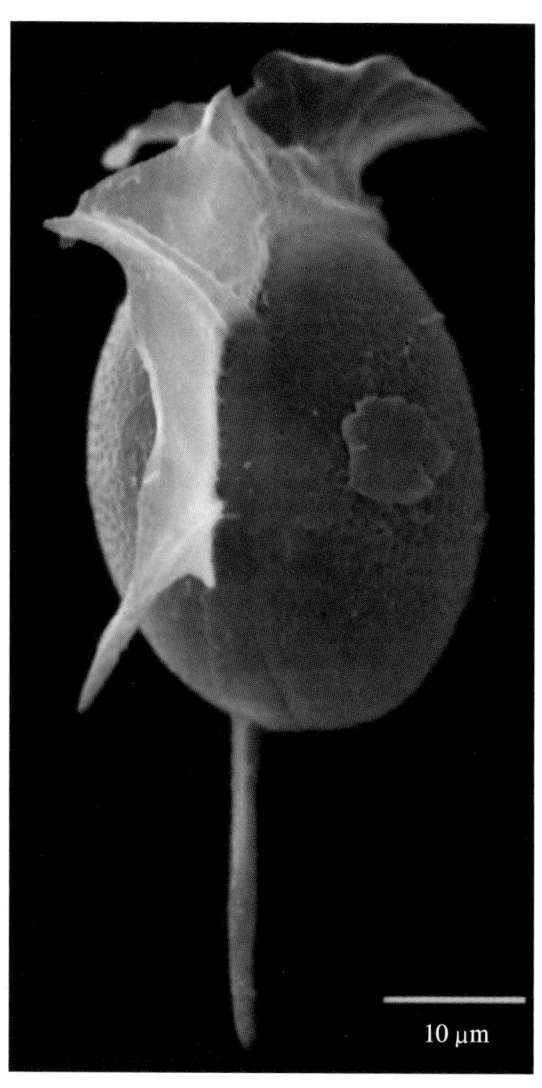

示右侧面观、腹面观

鸟尾藻属 *Ornithocercus*

异孔鸟尾藻
Ornithocercus heteroporus **Kofoid, 1907**

藻体细胞较小,侧面观椭圆形,右下体边翅至下壳底部中段,具两个网结,壳面眼纹及孔清晰。样品采自南海北部海域,系中国首次记录。

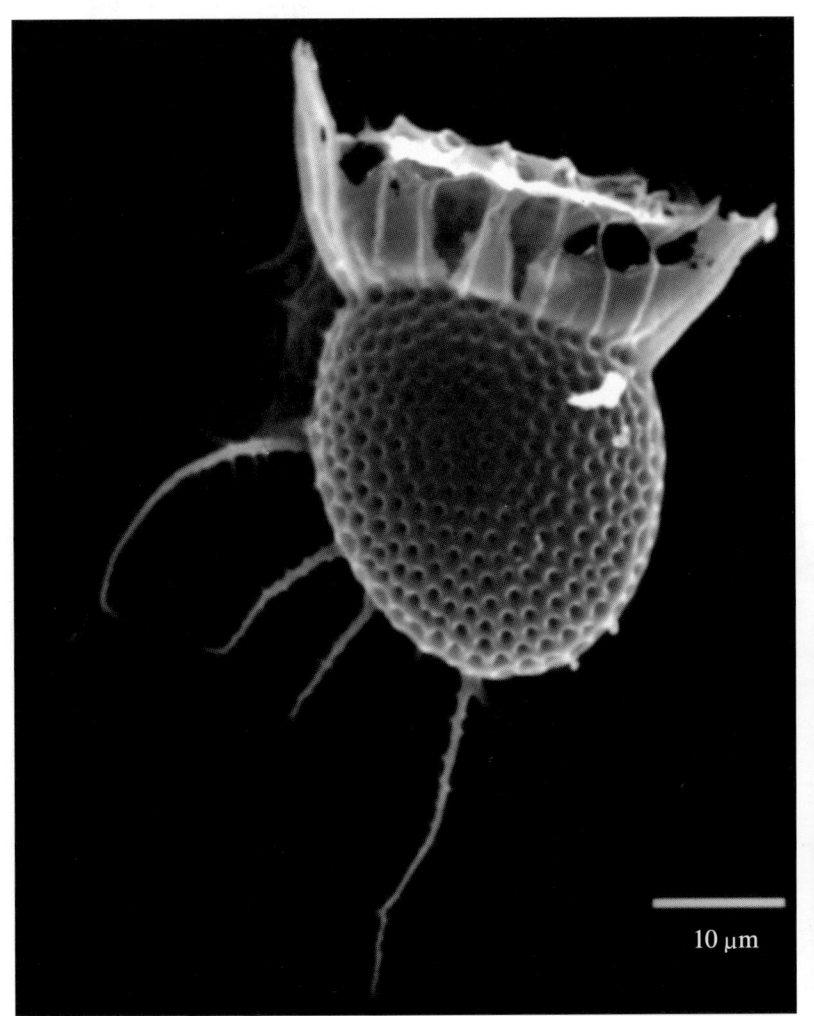
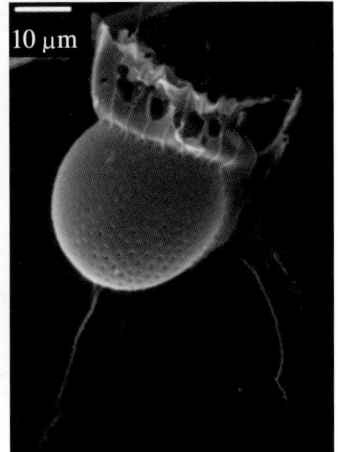

示左侧面观、右侧面观

大鸟尾藻
Ornithocercus magnificus Stein, 1883

藻体细胞较小，右下体边翅呈倒"山"形，具三个网结，壳面眼纹清晰。样品采自钓鱼岛附近海域、南海北部海域。

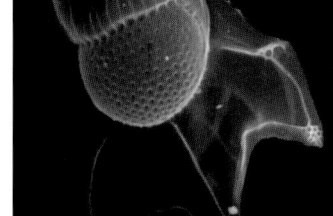
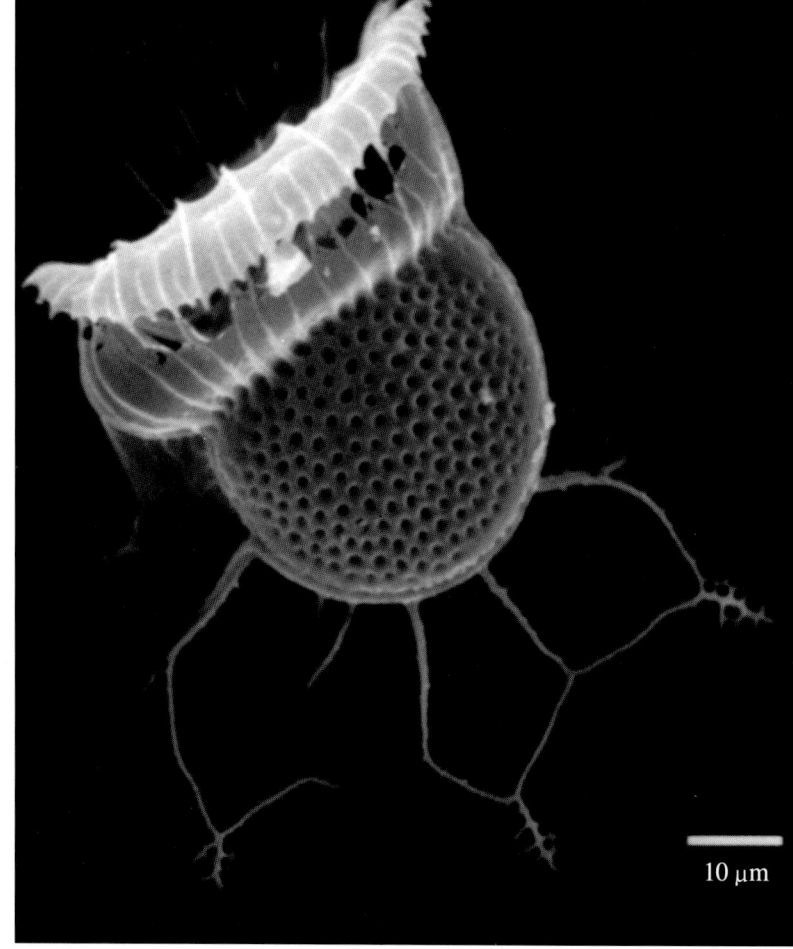

示右侧面观、左侧面观

方鸟尾藻
Ornithocercus quadratus Schütt, 1900

藻体细胞较大，右下体边翅底角处网结发达，壳面近背缘处无眼纹结构，无眼纹结构的区域较狭窄。

样品采自台湾东部海域。

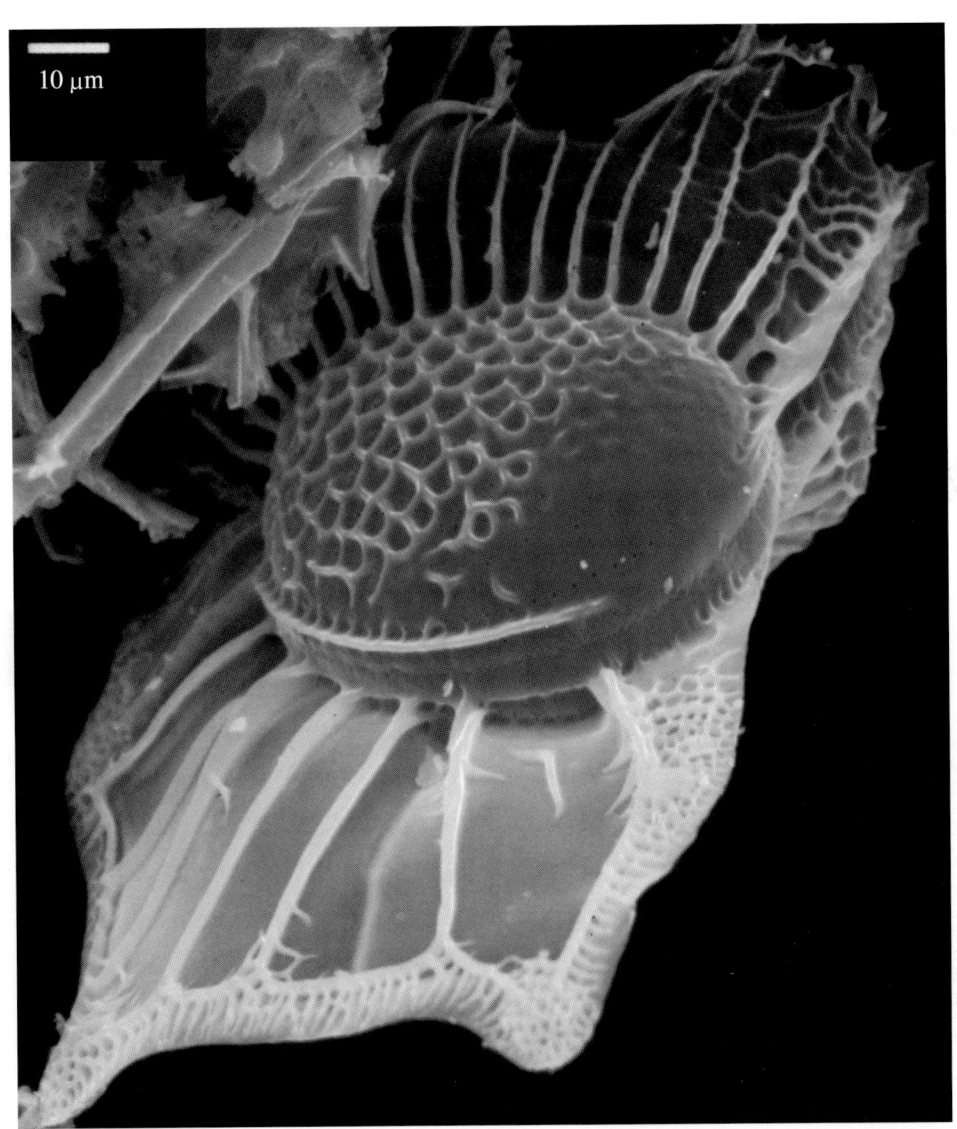

示左侧面观

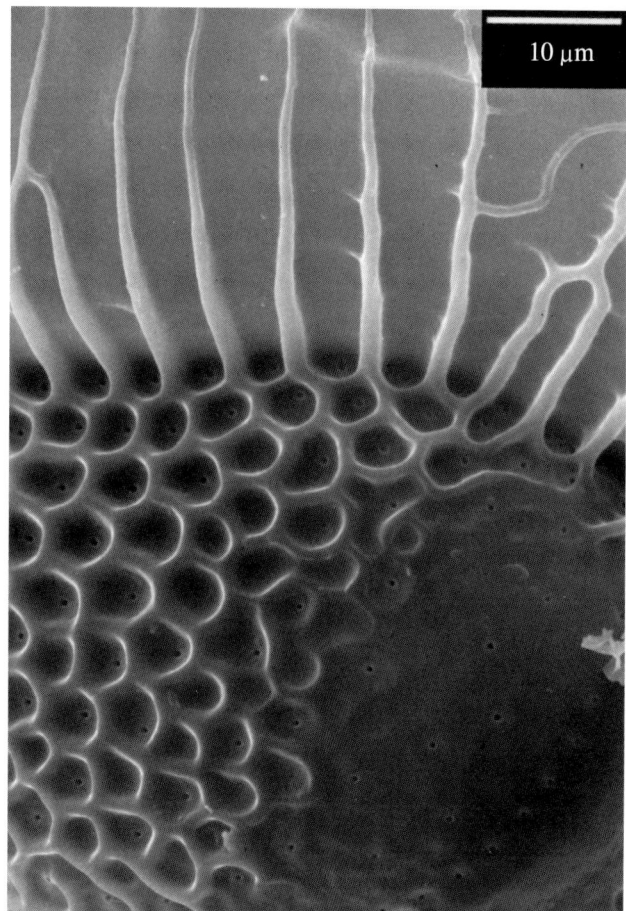

示壳面眼纹、孔

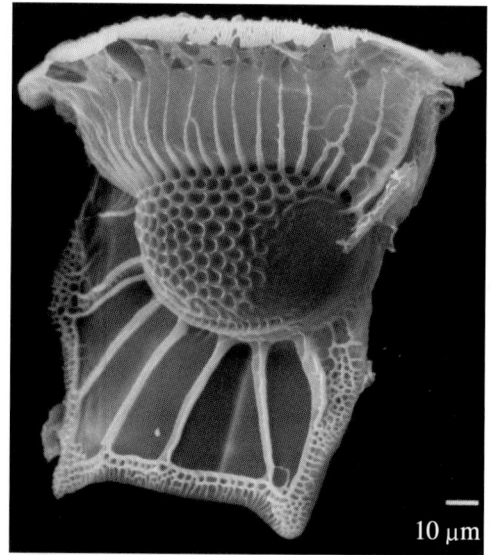

示左侧面观

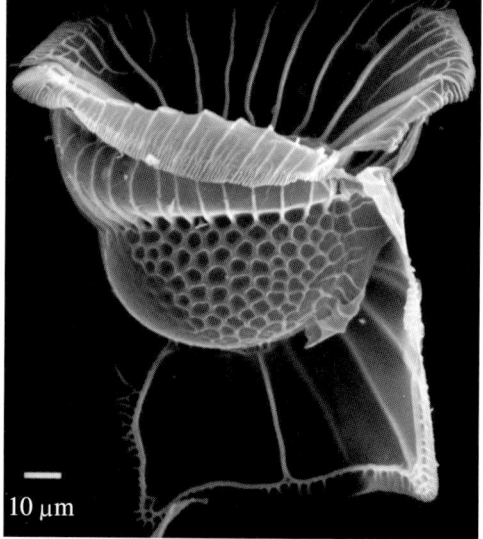

示右侧面观

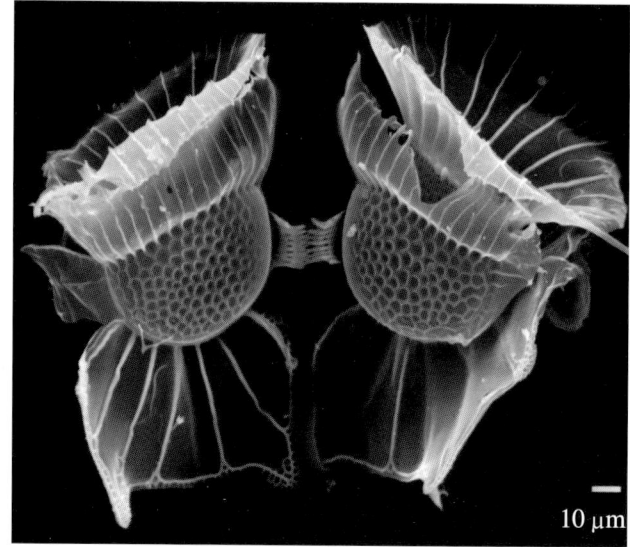

示细胞分裂、右侧面观

方鸟尾藻简单变种
***Ornithocercus quadratus* var. *simplex* Kofoid & Skogsberg, 1928**

藻体细胞较小，横沟边翅直径小，右下体边翅主肋较平滑细弱，壳面眼纹大而清晰。样品采自南沙群岛北部海域。

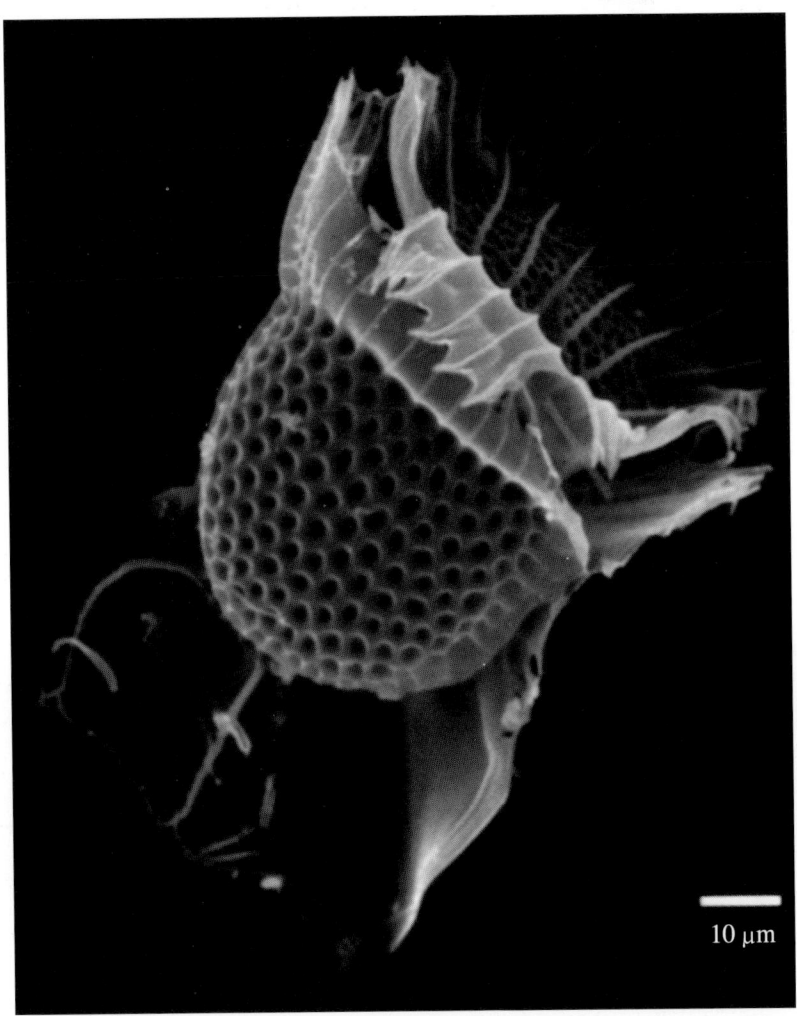

示右侧面观

美丽鸟尾藻
Ornithocercus splendidus Schütt, 1895

藻体细胞中等大小，侧面观椭圆形，横沟边翅极为发达，壳面无眼纹结构，孔散布在壳面上。样品采自东海、南海、吕宋海峡。

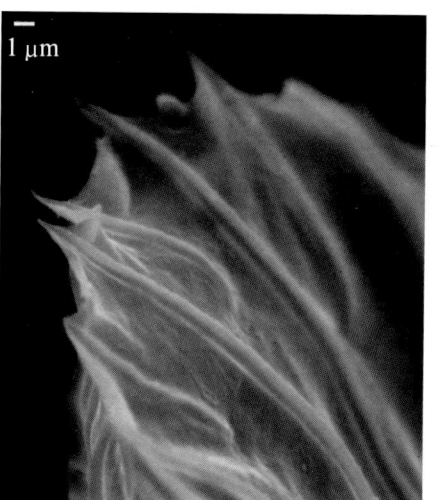

示底面观、横沟上边翅

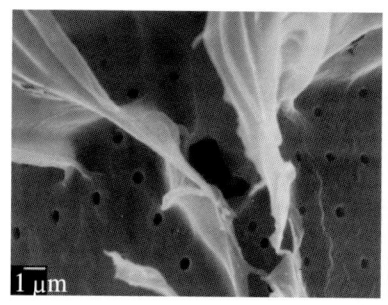

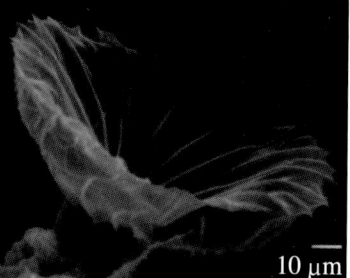

示鞭毛孔、横沟边翅主肋及小肋、腹面观

斯氏鸟尾藻
Ornithocercus steinii Schütt, 1900

藻体细胞中等大小,侧面观近圆形,右下体边翅具四个网结和 5~7 主肋,壳面眼纹粗大,但在近背缘处无眼纹结构。

样品采自吕宋海峡。

示左侧面观

中距鸟尾藻

Ornithocercus thumii (Schmidt) Kofoid & Skogsberg, 1928

藻体细胞中等大小，侧面观近圆形，右下体边翅具三个网结和4~6主肋，壳面眼纹粗大，但在腹缘、背缘处均有一块狭小的区域无眼纹结构。

样品采自东海冲绳海槽西侧海域、台湾海峡、南海、吕宋海峡。

示右侧面观

示左侧面观

示右侧面观

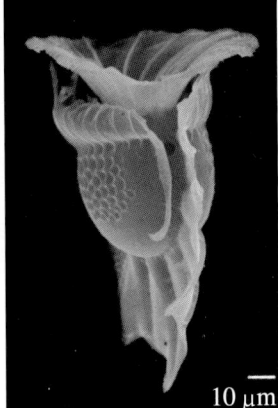

示腹面观及鞭毛孔

鸟尾藻属 *Ornithocercus*

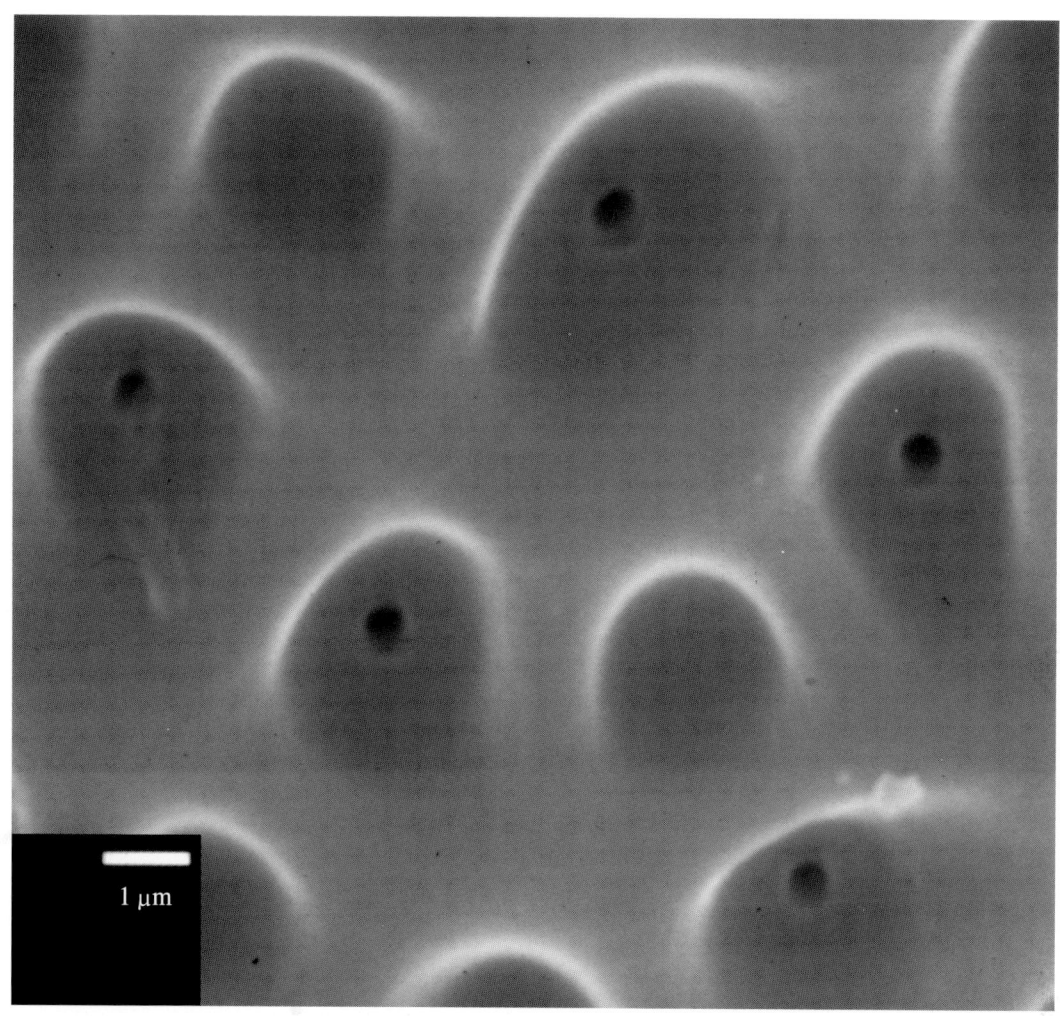

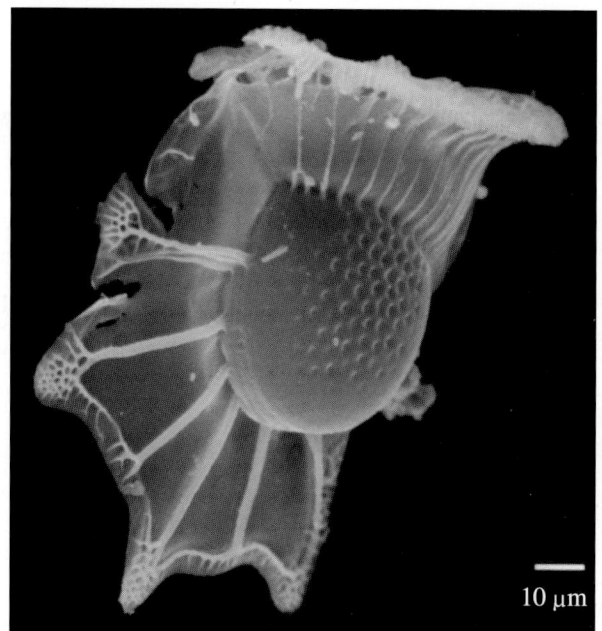 

示壳面眼纹及孔、腹面观

帆鳍藻属 Histioneis

刀形帆鳍藻
Histioneis cleaveri **Rampi, 1952**

藻体细胞小，侧面观马鞍形，壳面平滑，散布小孔，纵沟左边翅平滑无网状结构，透明窗四边形。

样品采自中沙群岛附近海域，系中国首次记录。

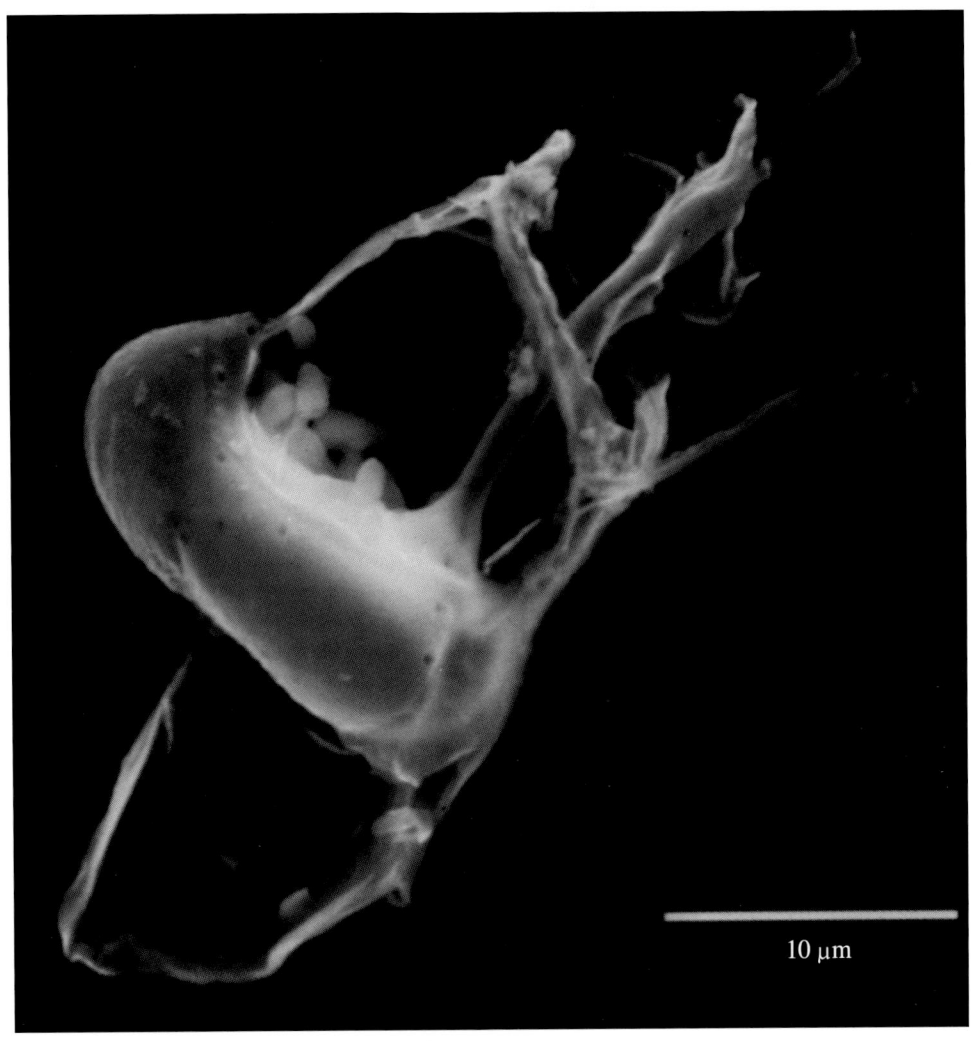

示右侧面观

扁形帆鳍藻
Histioneis depressa **Schiller, 1928**

　　藻体细胞较小，侧面观马鞍形，壳面较平滑，散布小孔，纵沟左边翅有许多肋刺连成的网状结构，透明窗近四边形。

　　样品采自南海北部海域。

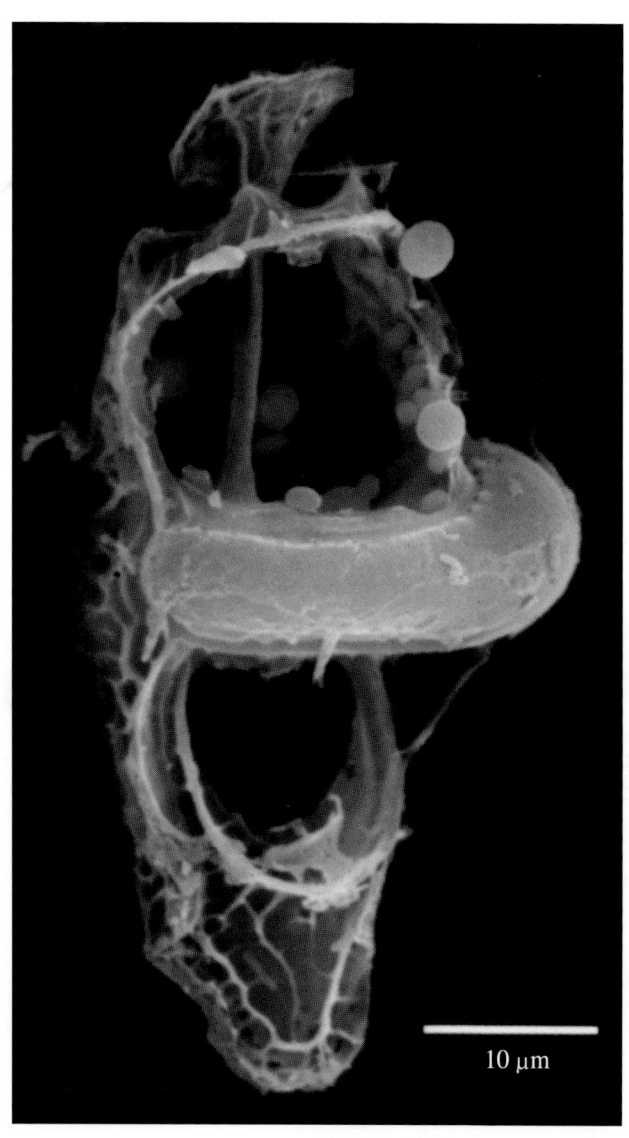

示左侧面观

米切尔帆鳍藻

Histioneis mitchellana **Murray & Whitting, 1899**

藻体细胞较大，侧面观马鞍形，壳面较平滑，其上有小孔，纵沟左边翅网状结构非常发达，透明窗扁四边形。

样品采自西沙群岛附近海域。

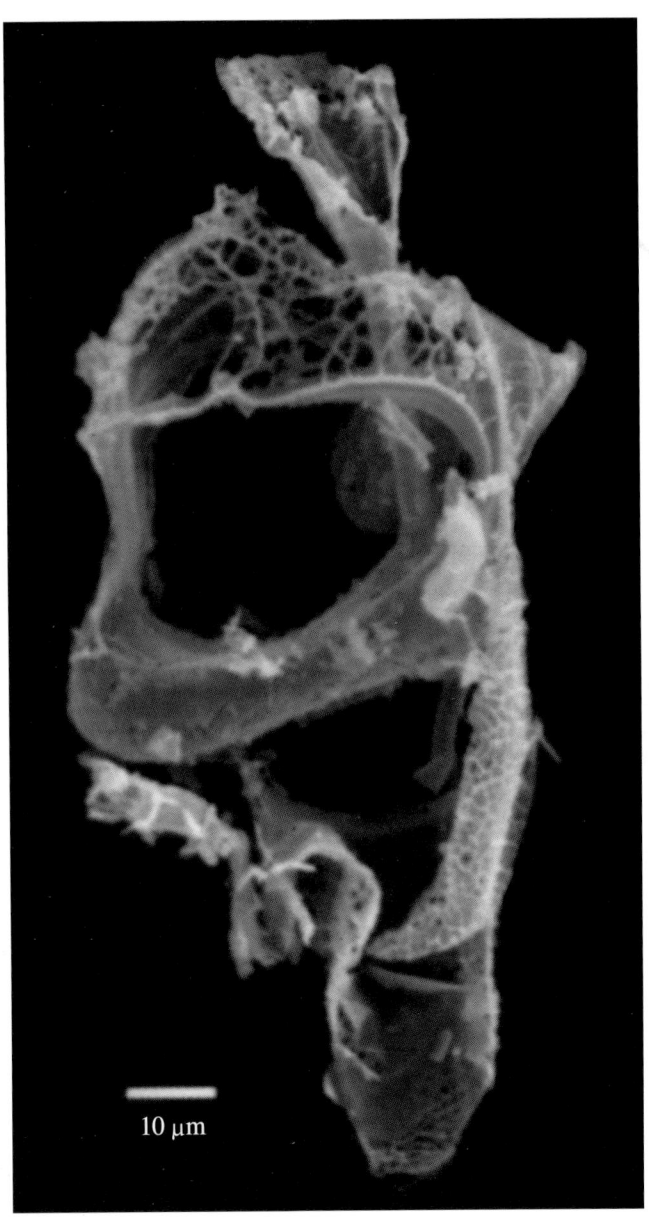

示右侧面观

皮氏帆鳍藻
Histioneis pietschmannii Böhm, 1933

藻体细胞中等大小，侧面观马鞍形，背面观扁椭圆形，壳面平滑无眼纹结构，孔细小，纵沟左边翅具肋刺连成的网状结构。

样品采自南沙群岛附近海域、中沙群岛附近海域、黄岩岛附近海域。

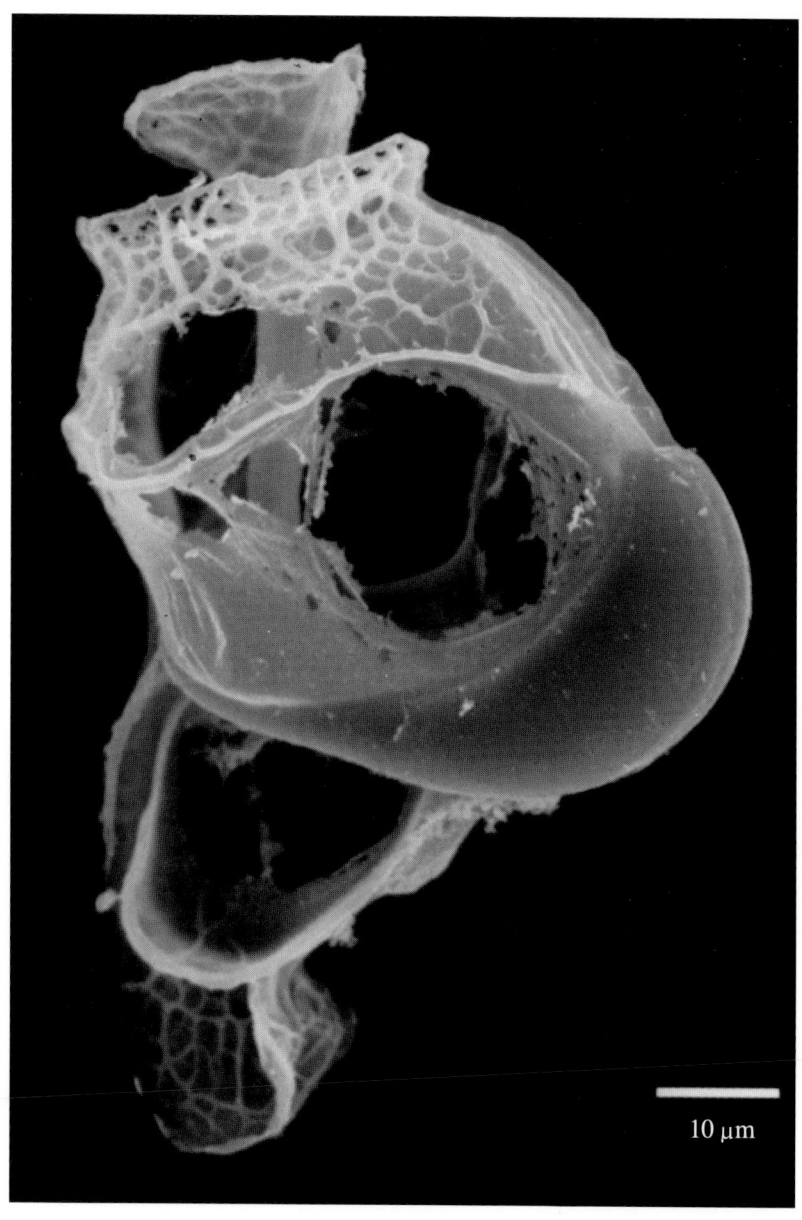

示左侧面观

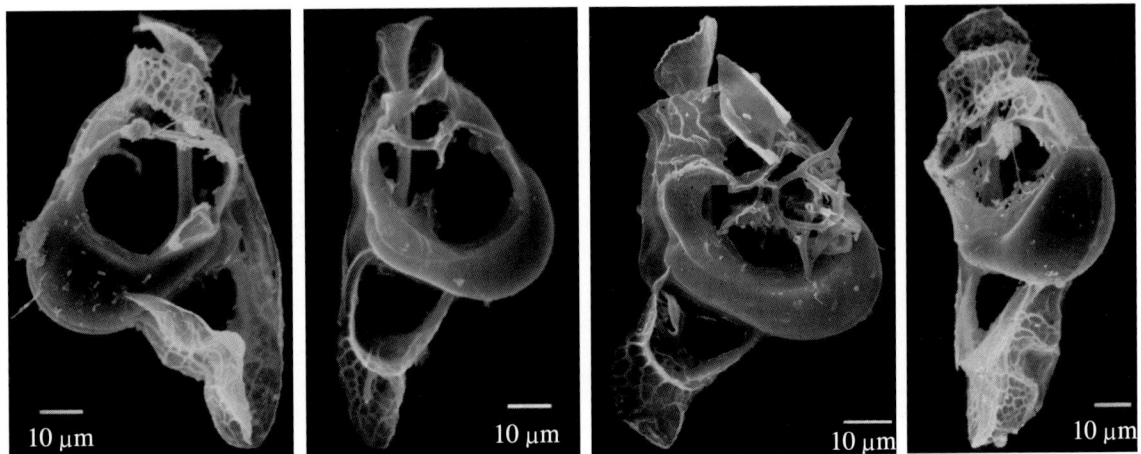

示右侧面观、左侧面观、背面观

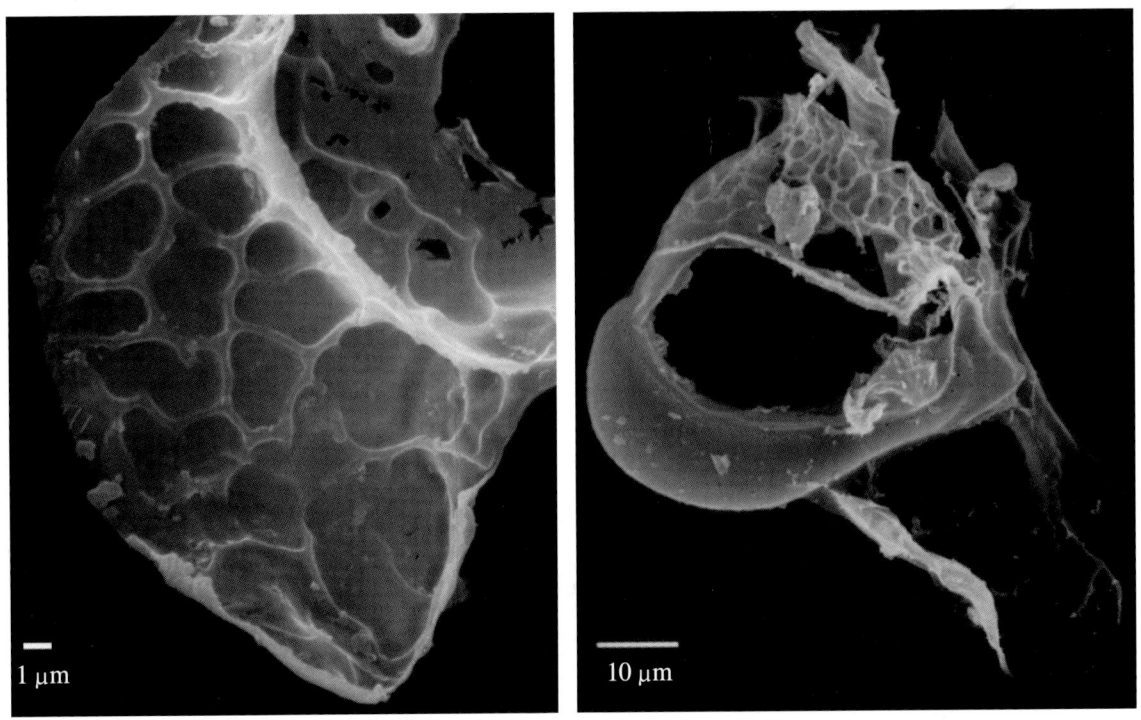

示纵沟左边翅由肋刺连成的网状结构、右侧面观

席勒帆鳍藻
Histioneis schilleri Böhm, 1933

藻体细胞中等大小，侧面观马鞍形，壳面平滑，散布小孔，纵沟左边翅宽大且向外突出，网状结构非常发达，透明窗近四边形。

样品采自中沙群岛附近海域，系中国首次记录。

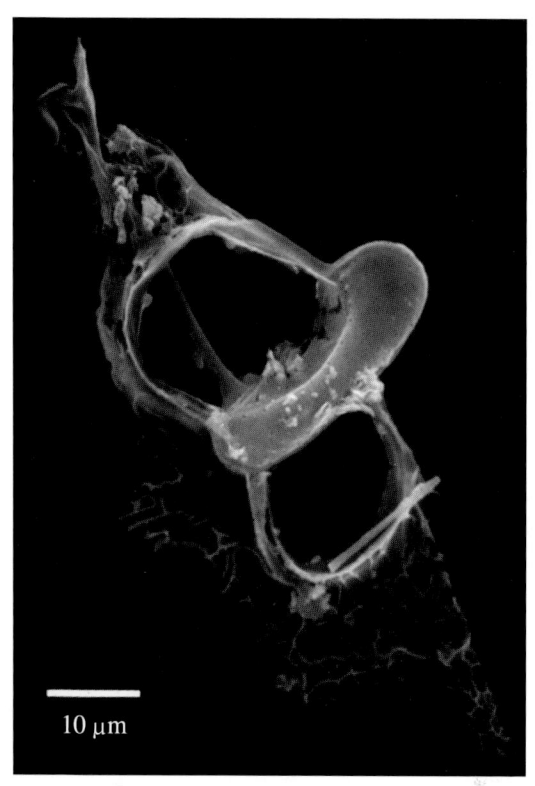

示左侧面观

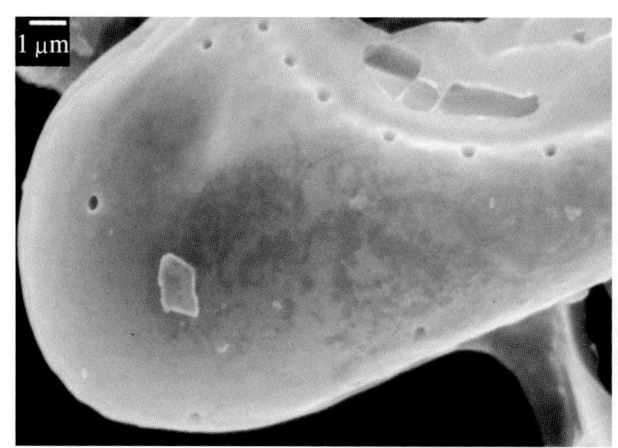
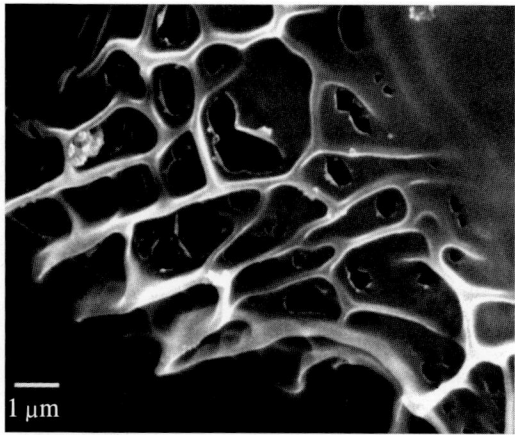

示壳面小孔、纵沟左边翅网状结构

锥形帆鳍藻
Histioneis para **Murray & Whitting, 1899**

藻体细胞中等大小，侧面观圆锥形，壳面眼纹及孔清晰，纵沟左边翅具网状结构。样品采自中沙群岛附近海域。

示左侧面观

拟锥形帆鳍藻
Histioneis paraformis (Kofoid & Skogsberg) Balech, 1971

藻体细胞中等大小，侧面观近圆形，纵沟左边翅具网状结构。
样品采自中沙群岛附近海域，系中国首次记录。

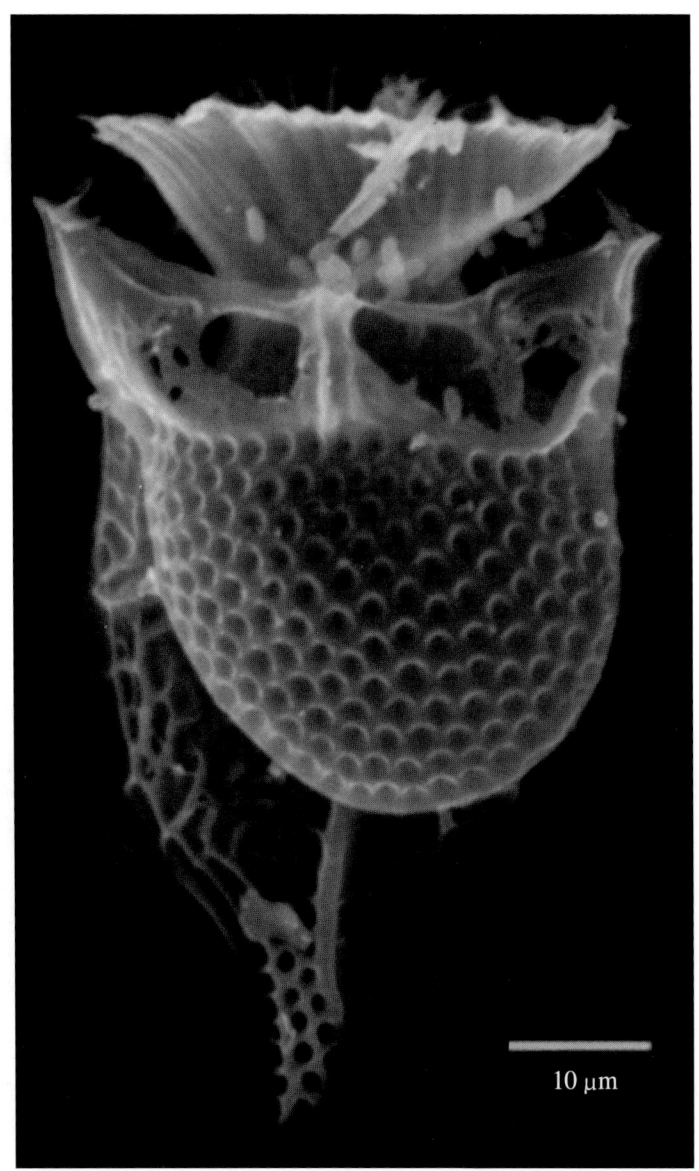

示左侧面观

格雷戈里帆鳍藻
Histioneis gregoryi Böhm, 1936

藻体细胞较小，侧面观近圆形，壳面眼纹及孔清晰，纵沟左边翅腹缘直，左边翅上无网状结构。

样品采自中沙群岛附近海域、黄岩岛附近海域、南沙群岛北部海域，系中国首次记录。

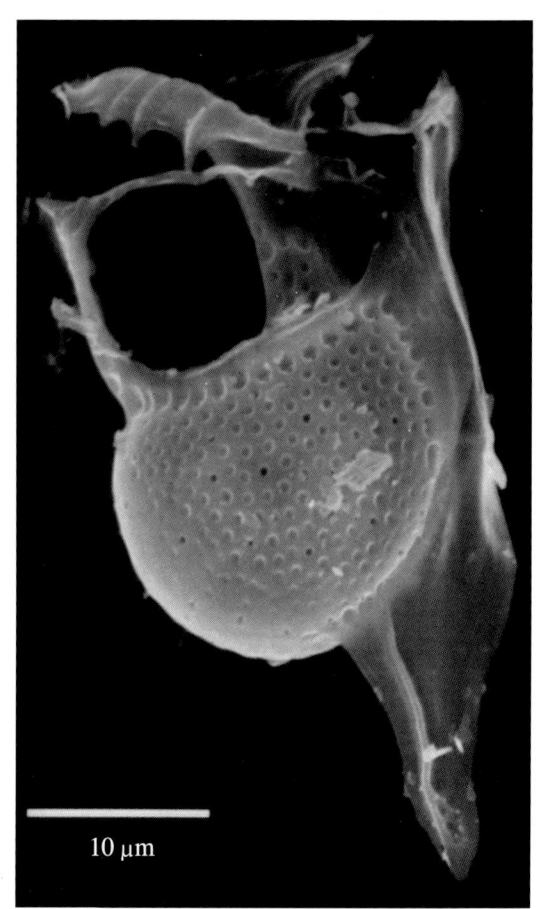

示右侧面观

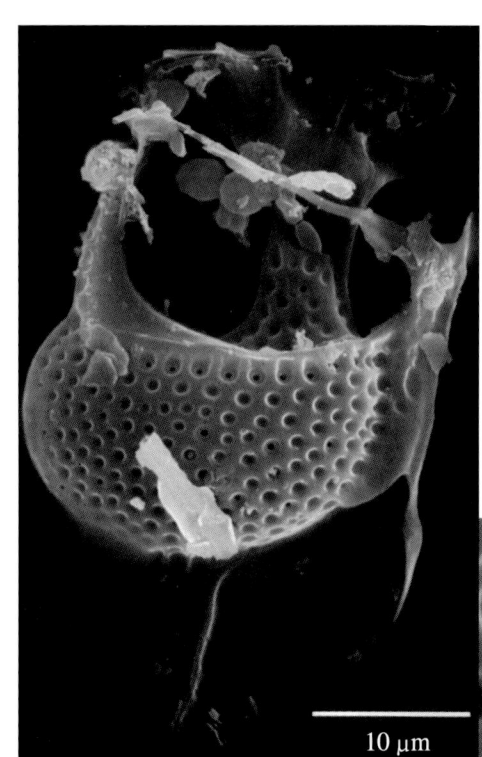

示右侧面观、壳面眼纹及孔

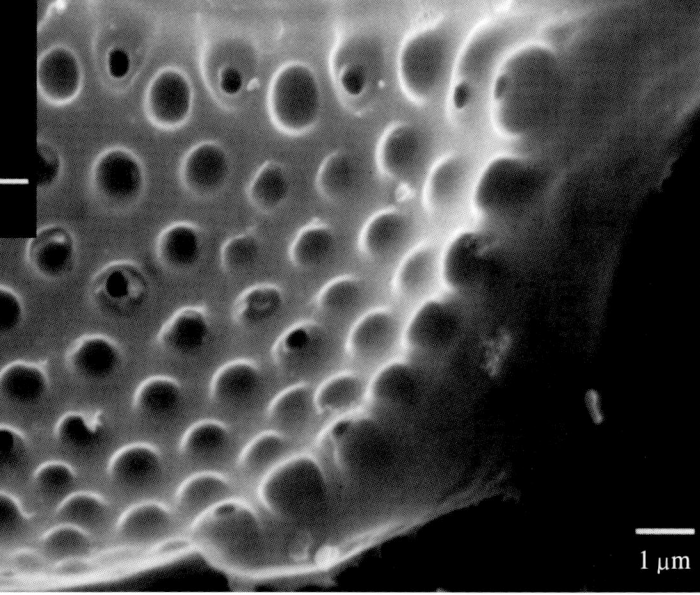

皮坦尼帆鳍藻
Histioneis pieltainii Osorio-Tafall, 1942

　　藻体细胞较小，侧面观近圆形，壳面眼纹结构明显，孔散布其中，纵沟左边翅在 R2 以下明显向外凸出，左边翅上具网状结构。

　　样品采自中沙群岛附近海域，系中国首次记录。

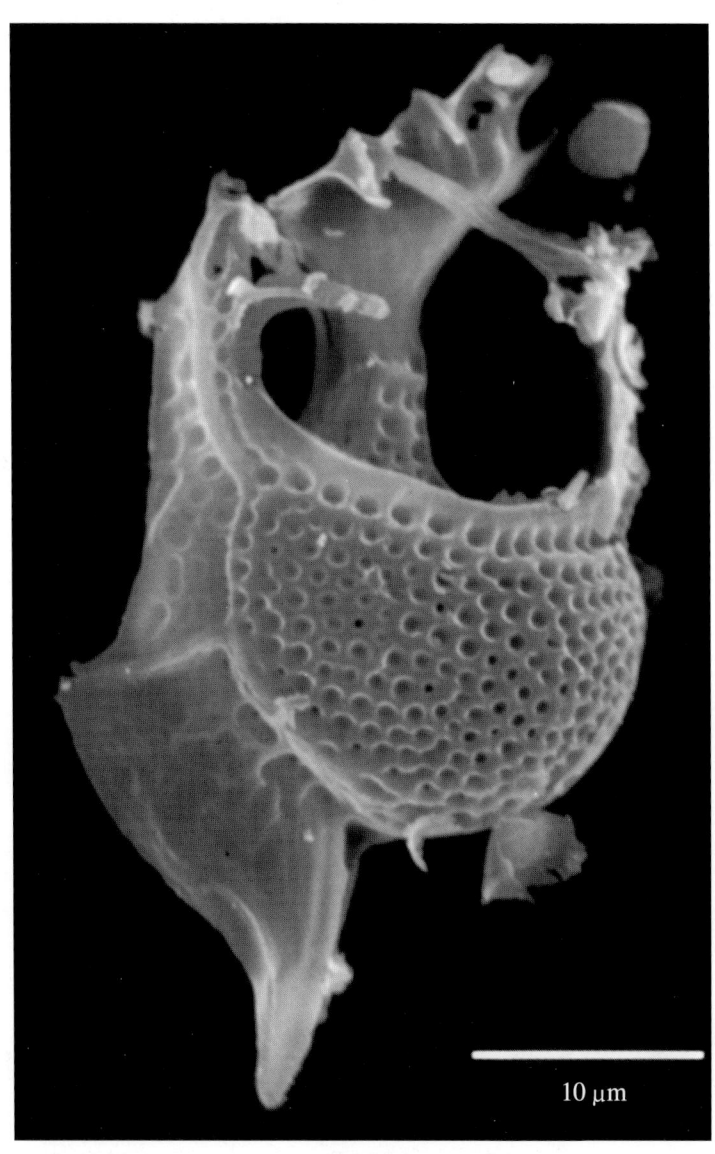

示左侧面观

杯状帆鳍藻
Histioneis crateriformis Stein, 1883

藻体细胞较小，侧面观近圆形，壳面眼纹结构及孔清晰，纵沟左边翅底端呈三角形。样品采自中沙群岛附近海域，系中国首次记录。

示右侧面观

亚龙骨帆鳍藻
Histioneis subcarinata **Rampi, 1947**

藻体细胞较小，侧面观近圆形，壳面具眼纹结构及孔，纵沟左边翅 R3 长且末端稍弯向背侧。

样品采自南海北部海域，系中国首次记录。

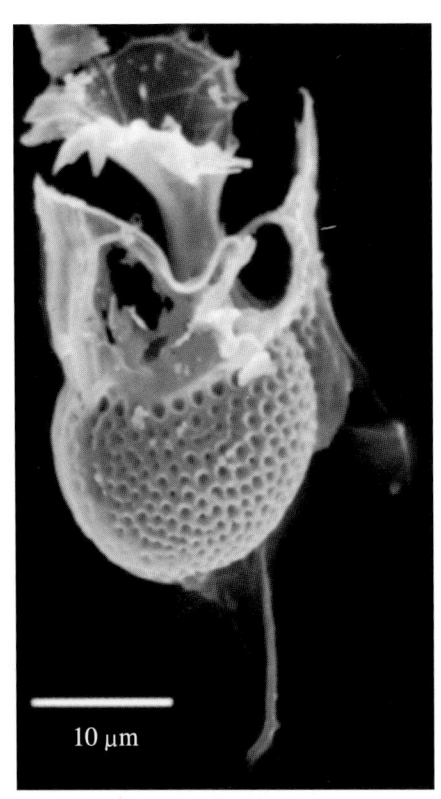

示右侧面观

高地帆鳍藻
Histioneis highleyi **Murray & Whitting, 1899**

藻体细胞中等大小，侧面观"Y"形，壳面眼纹结构及孔清晰，纵沟左边翅锐三角形。

样品采自西沙群岛附近海域，系中国首次记录。

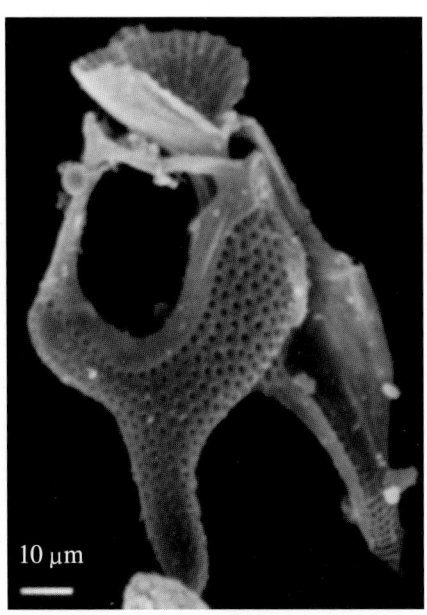

示右侧面观

新角藻属 *Neoceratium*（角藻属 *Ceratium*）

脑形新角藻

Neoceratium cephalotum (Lemmermann) Gómez, Moreira & López-Garcia, 2010 = 脑形角藻 *Ceratium cephalotum* (Lemmermann) Jörgensen, 1911

藻体细胞大，上体部呈扁圆形，壳面较平滑，在上体部边缘处具许多短而细小的脊状条纹，孔较细密。

样品采自中沙群岛附近海域。

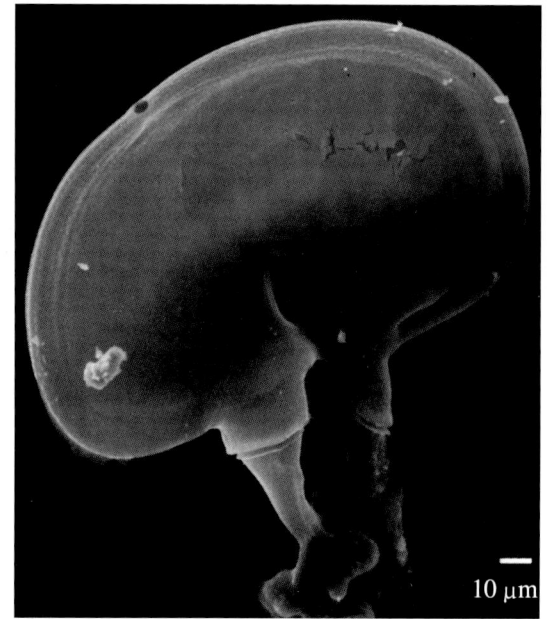

示腹面观

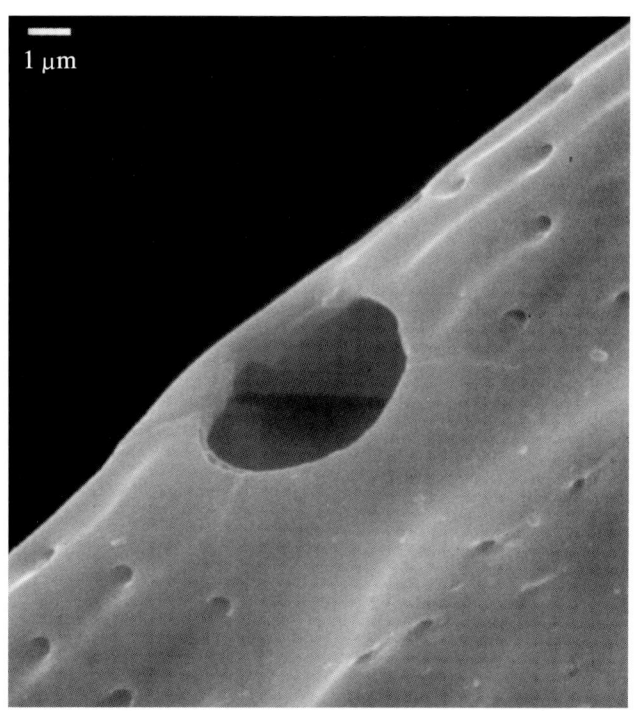

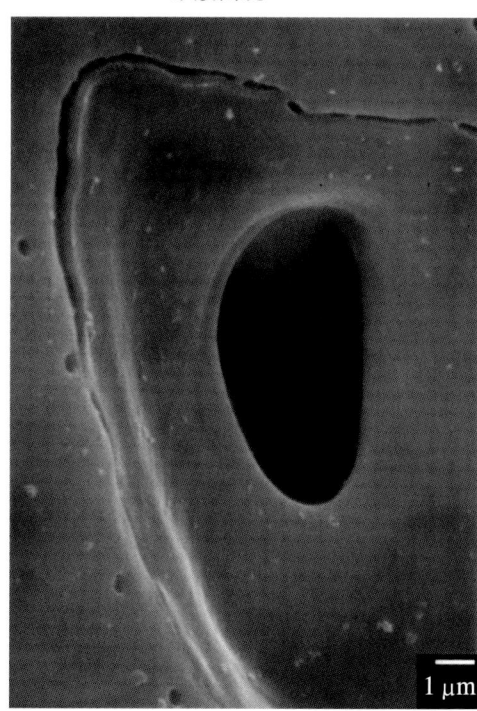

示顶孔、环孔

圆头新角藻

Neoceratium gravidum (Gourret) Gómez, Moreira & López-Garcia, 2010 = 圆头角藻 *Ceratium gravidum* Gourret, 1883

藻体细胞大，上体部椭圆形，壳面较平滑，无明显的脊状条纹，孔较细密。样品采自中沙群岛附近海域。

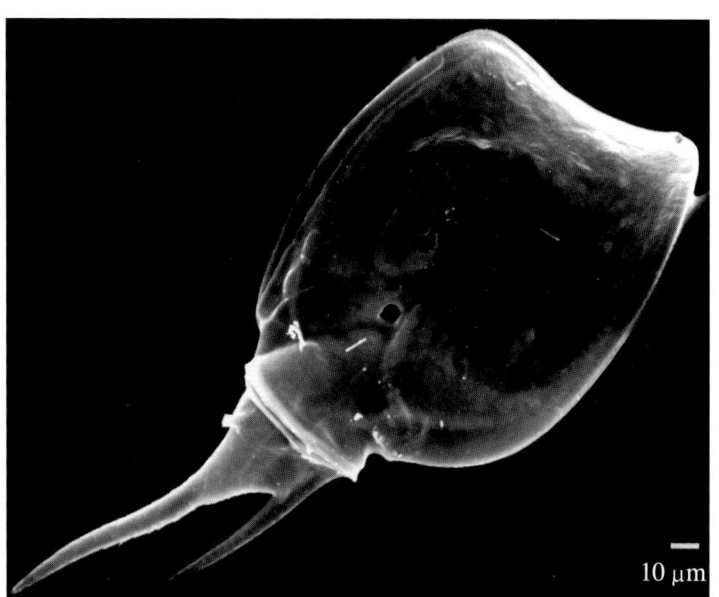

示背面观

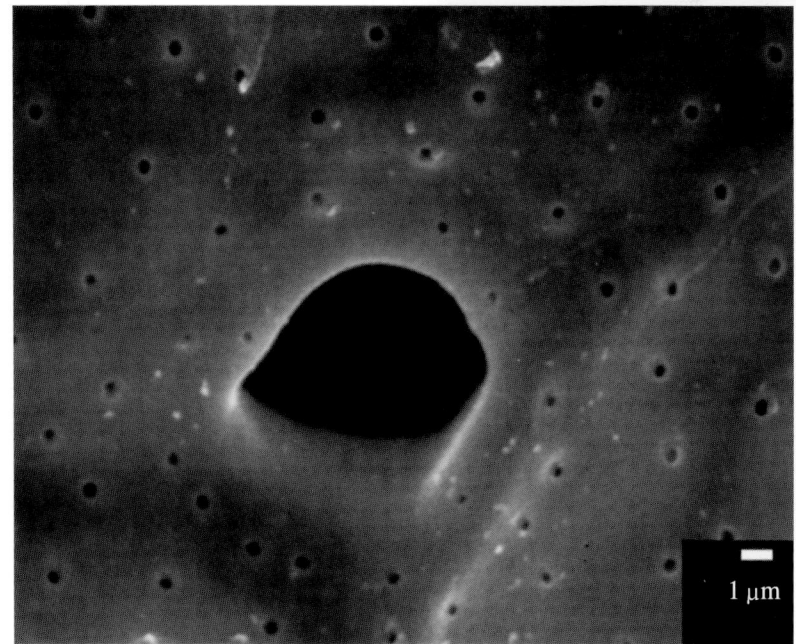

示环孔

长头新角藻

Neoceratium praeolongum (Lemmermann) Gómez, Moreira & López-Garcia, 2010 = 长头角藻 *Ceratium praelongum* (Lemmermann) Kofoid et Jörgensen, 1911

藻体细胞较大，无顶角，上体部呈舌状，两底角稍稍弯向左边，壳面无明显脊状条纹，孔清晰。

样品采自南海北部海域。

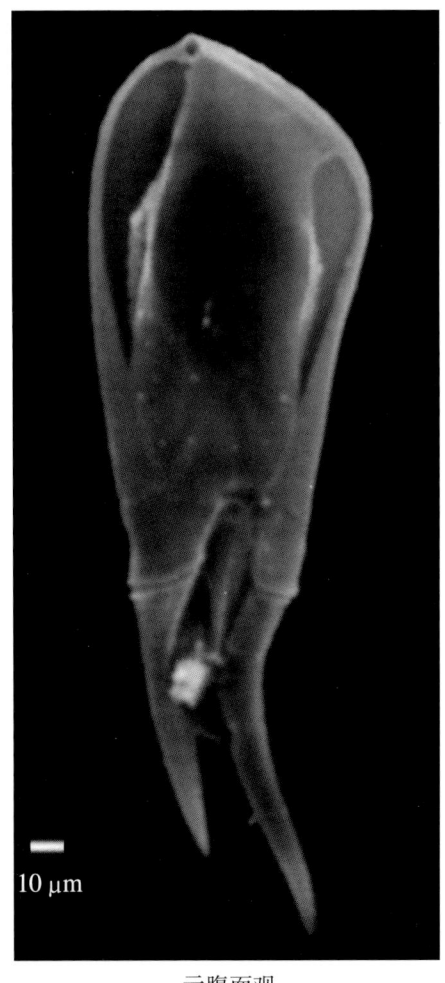

示腹面观

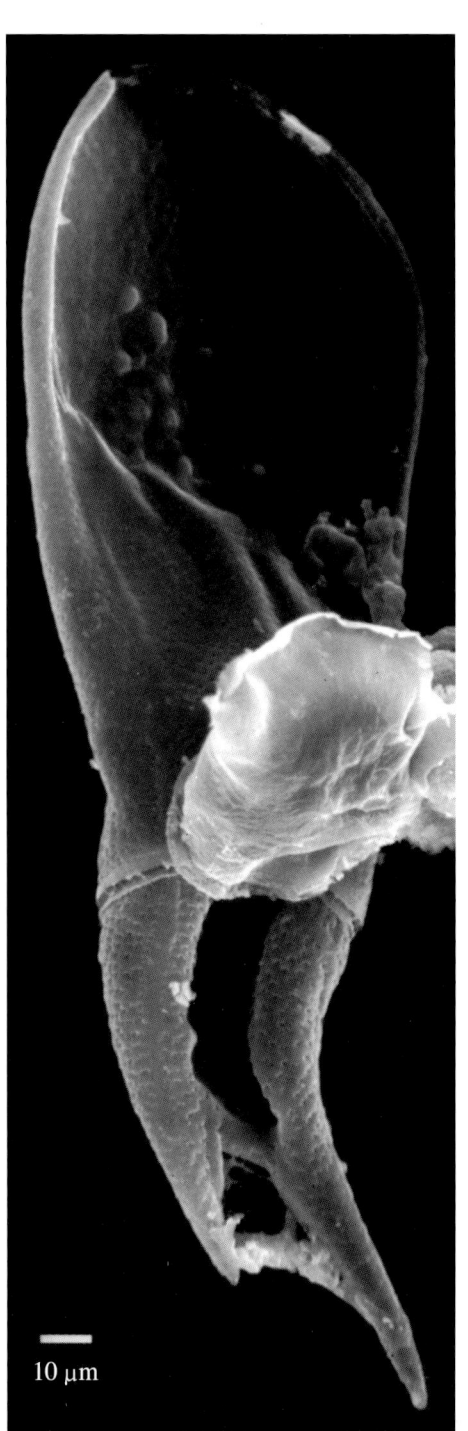

示腹面观

蜡台新角藻

Neoceratium candelabrum (Ehrenberg) Gómez, Moreira & López-Garcia, 2010 = 蜡台角藻 *Ceratium candelabrum* (Ehrenberg) Stein, 1883

藻体细胞中等大小，两底角沿与顶角平行的方向向下伸出，有时两底角末端稍向外偏，壳面脊状条纹粗大明显，孔清晰。

样品采自东海钓鱼岛附近海域。

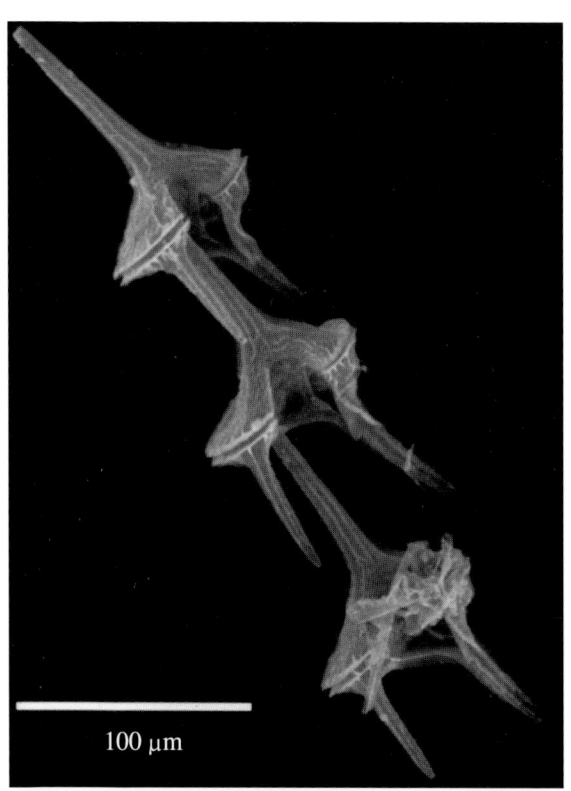

示群体腹面观

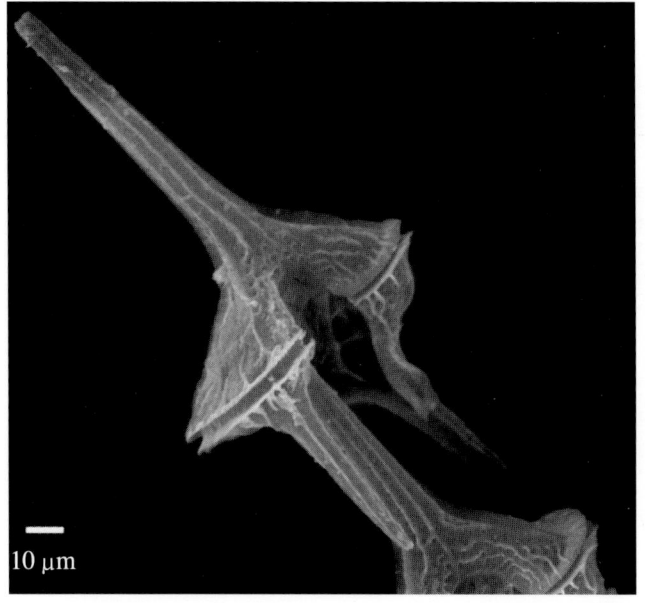 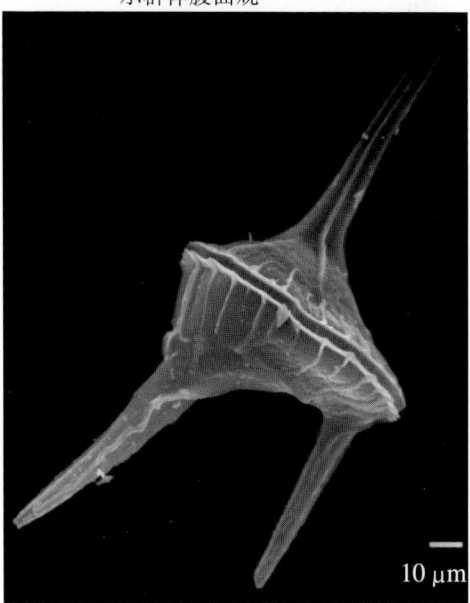

示腹面观、背面观

蜡台新角藻宽扁变种

Neoceratium candelabrum var. *depressum* (Pouchet) = 蜡台角藻宽扁变种 *Ceratium candelabrum* var. *depressum* (Pouchet) Jörgensen, 1920

藻体细胞中等大小，两底角向下偏外侧伸出，壳面脊状条纹及孔清晰发达。样品采自台湾岛东部海域。

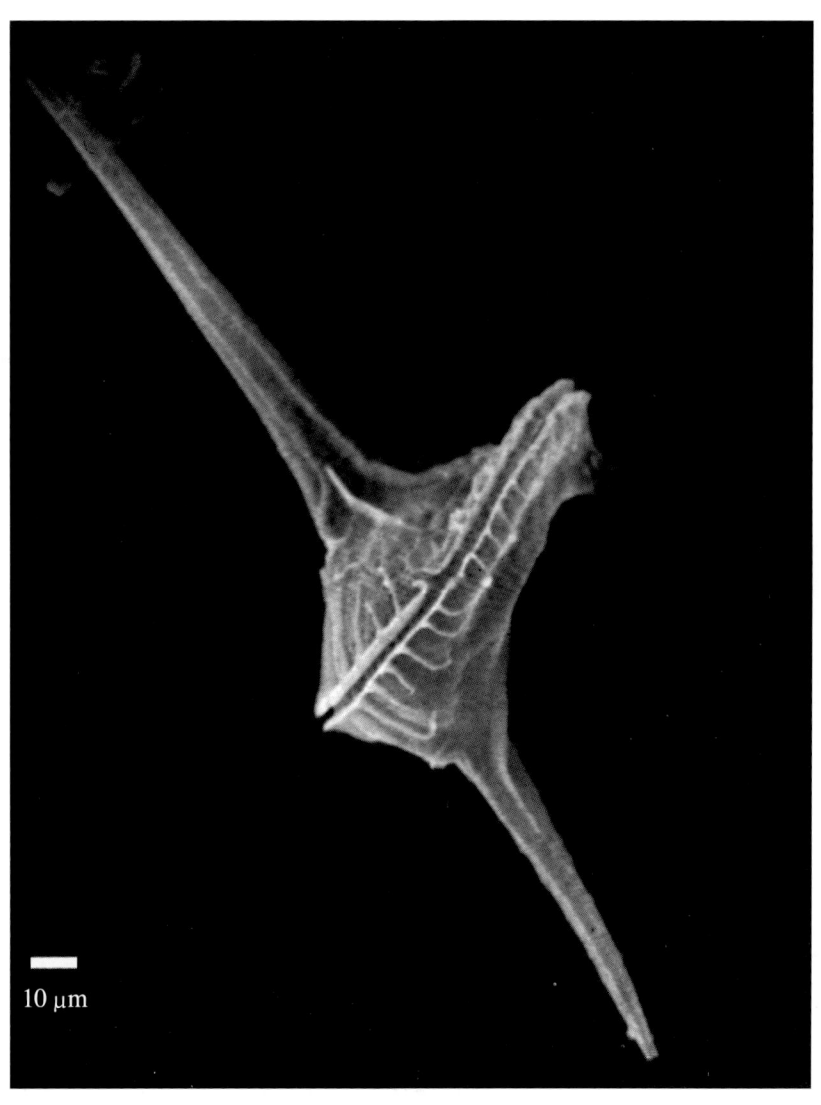

示背面观

叉状新角藻

Neoceratium furca (Ehrenberg) Gómez, Moreira & López-Garcia, 2010 = 叉状角藻 *Ceratium furca* (Ehrenberg) Claparide et Lachmann, 1859

藻体细胞中等大小，顶角与底角较长，壳面脊状纵条纹及孔清晰，底角生有小刺。样品采自青岛沿海、黄海北部海域、东海、南海。

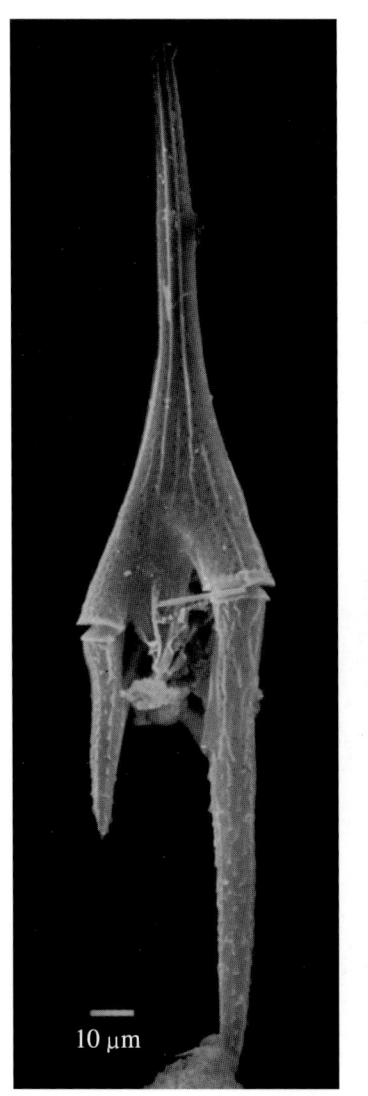
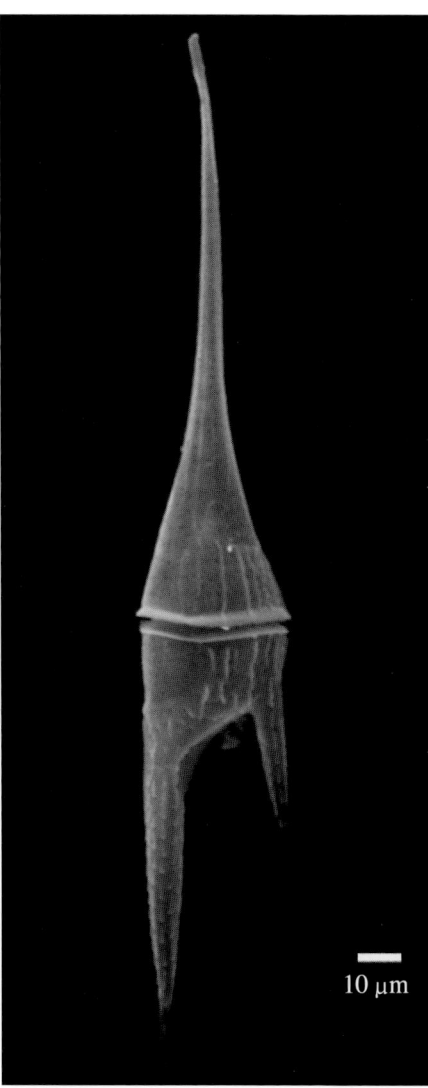
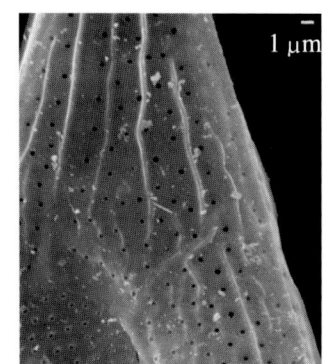

示腹面观、背面观　　　　　　　示腹面观、背面观壳面脊状纵条纹及孔

叉状新角藻矮胖变种

Neoceratium furca var. *eugrammum* (Ehrenberg) = 叉状角藻矮胖变种 *Ceratium furca* var. *eugrammum* (Ehrenberg) Jörgensen, 1911

藻体细胞较宽，顶角与底角较短，壳面脊状纵条纹粗壮。

本变种与原变种在藻体细胞形态上有所差别，因此作者采用将二者分开的观点。

样品采自南海北部海域、吕宋海峡。

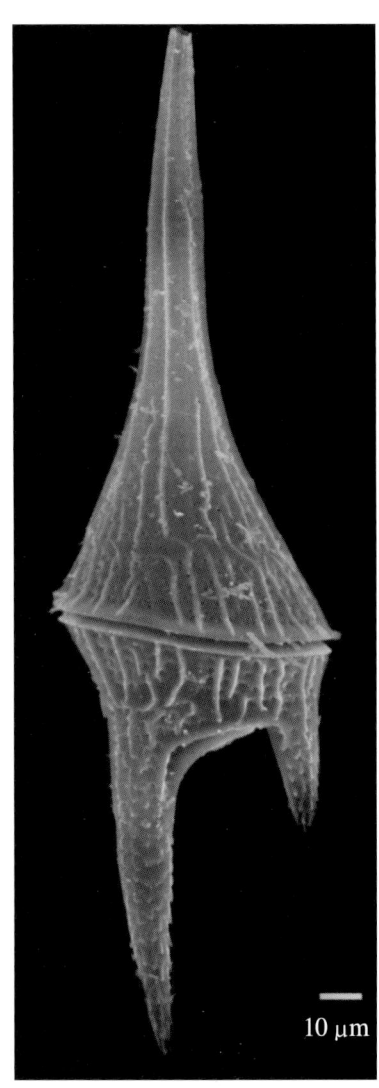

示背面观

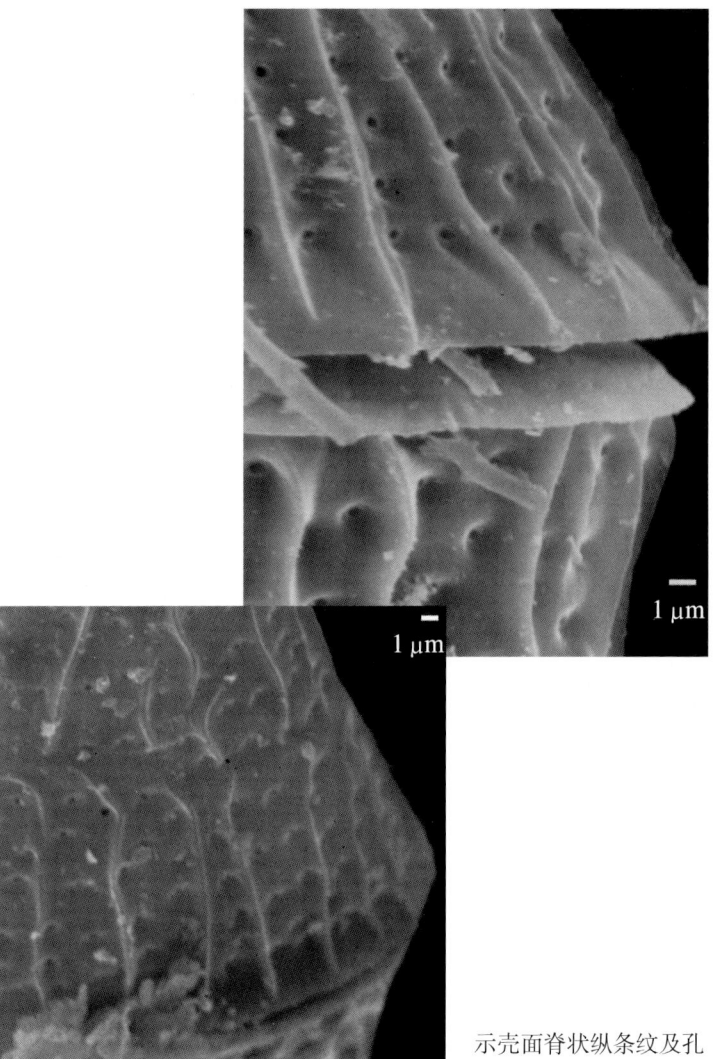

示壳面脊状纵条纹及孔

科氏新角藻

Neoceratium kofoidii (Jörgensen) Gómez, Moreira & López-Garcia, 2010 = 波氏角藻 *Ceratium boehmii* Graham et Broniovsky, 1944

藻体细胞较小，上体部近等腰三角形，下体部两底角直而尖锐，壳面具许多脊状纵条纹，孔清晰。

样品采自吕宋海峡。

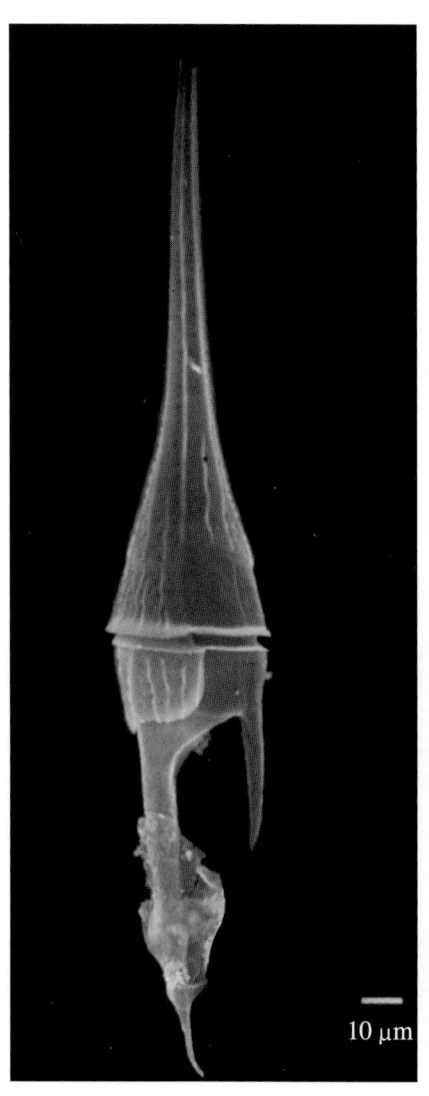
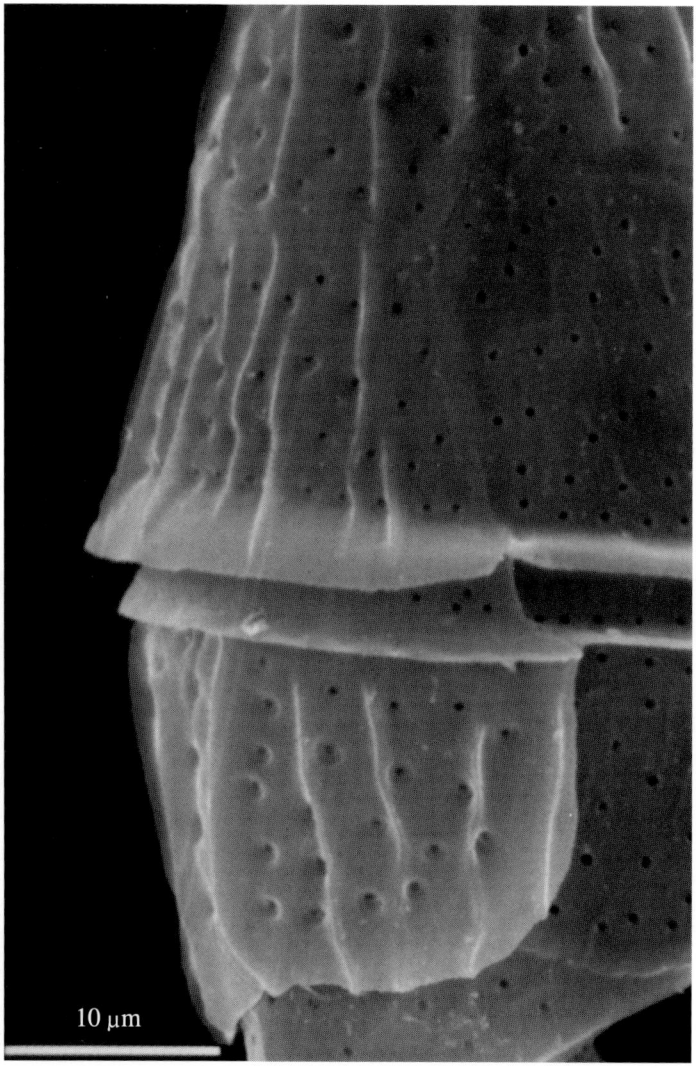

示背面观、壳面脊状纵条纹及孔

刚毛新角藻

Neoceratium setaceum (Jörgensen) Gómez, Moreira & López-Garcia, 2010 = 刚毛角藻 *Ceratium setaceum* Jörgensen, 1911

藻体细胞较小,背腹面观五边形,两底角尖且稍分歧,壳面脊状条纹较细弱,孔较小。样品采自东海冲绳海槽西侧海域。

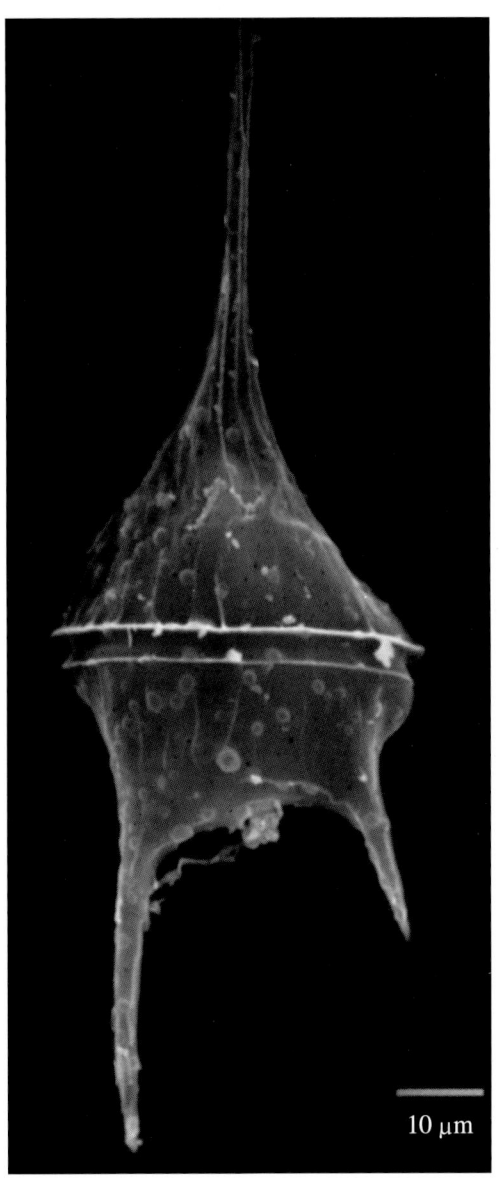

示背面观

圆柱新角藻

Neoceratium teres (Kofoid) Gómez, Moreira & López-Garcia, 2010 = 圆柱角藻 *Ceratium teres* Kofoid, 1907

藻体细胞较小，背面观五边形，顶角长，两底角短且向下分歧，壳面较平滑无脊状条纹，孔较细小。

样品采自台湾东部海域。

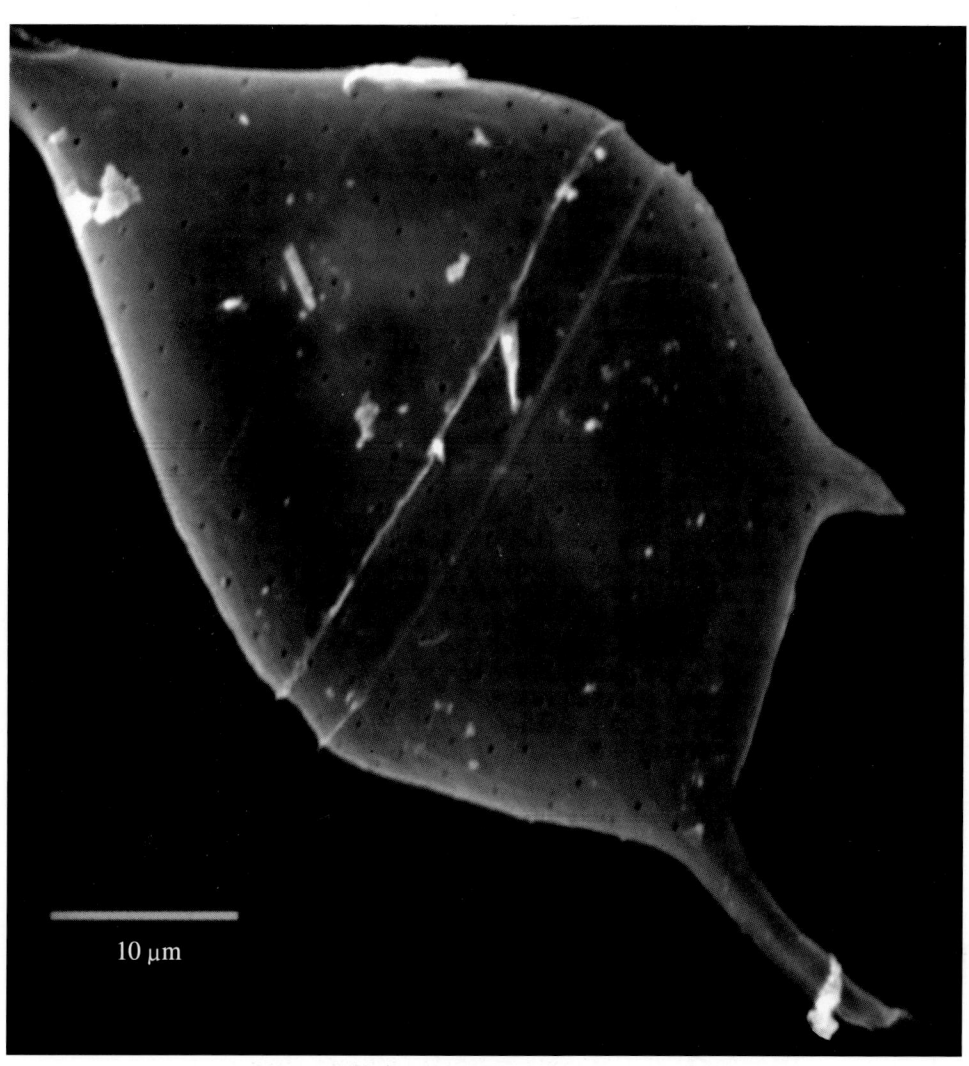

示背面观

毕氏新角藻

Neoceratium bigelowii (Kofoid) Gómez, Moreira & López-Garcia, 2010 = 毕氏角藻 *Ceratium bigelowii* Kofoid, 1907

藻体细胞较大，细长，上体部膨大呈椭圆形至圆形，壳面较平滑，孔细密而规则。

样品采自南海北部海域。

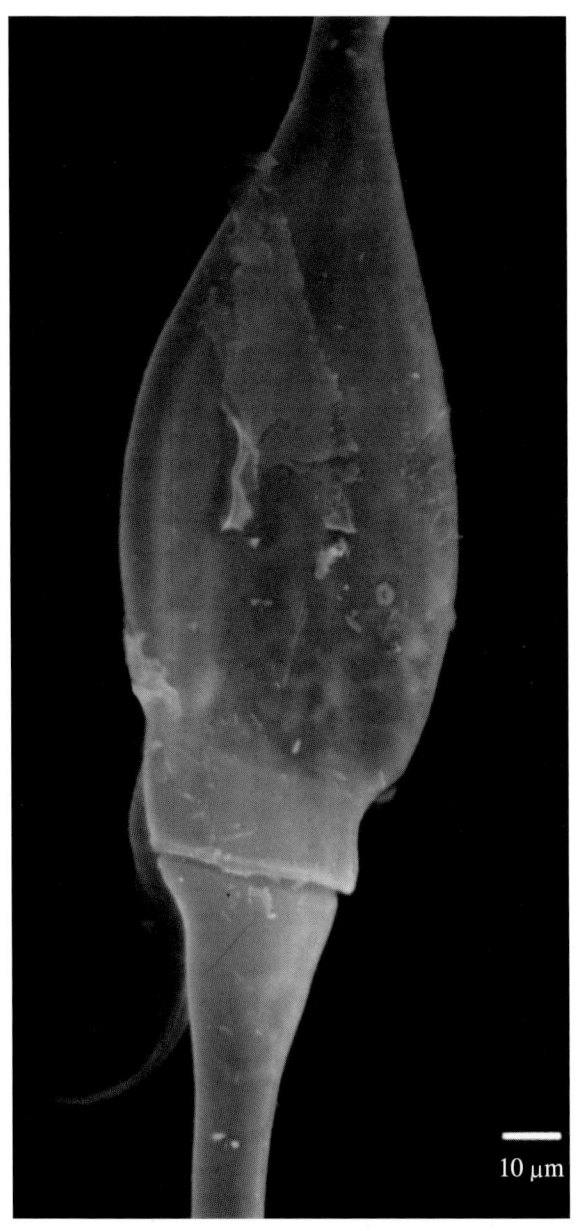

示上体部及横沟（左侧面观）

梭状新角藻

Neoceratium fusus (Ehrenberg) Gómez, Moreira & López-Garcia, 2010 = 梭角藻 *Ceratium fusus* (Ehrenberg) Dujardin, 1841

藻体细长上体部圆锥形，左底角长且稍弯向左侧，右底角非常小，壳面较平滑，无明显的脊状纵条纹，孔细密。

样品采自青岛沿海。

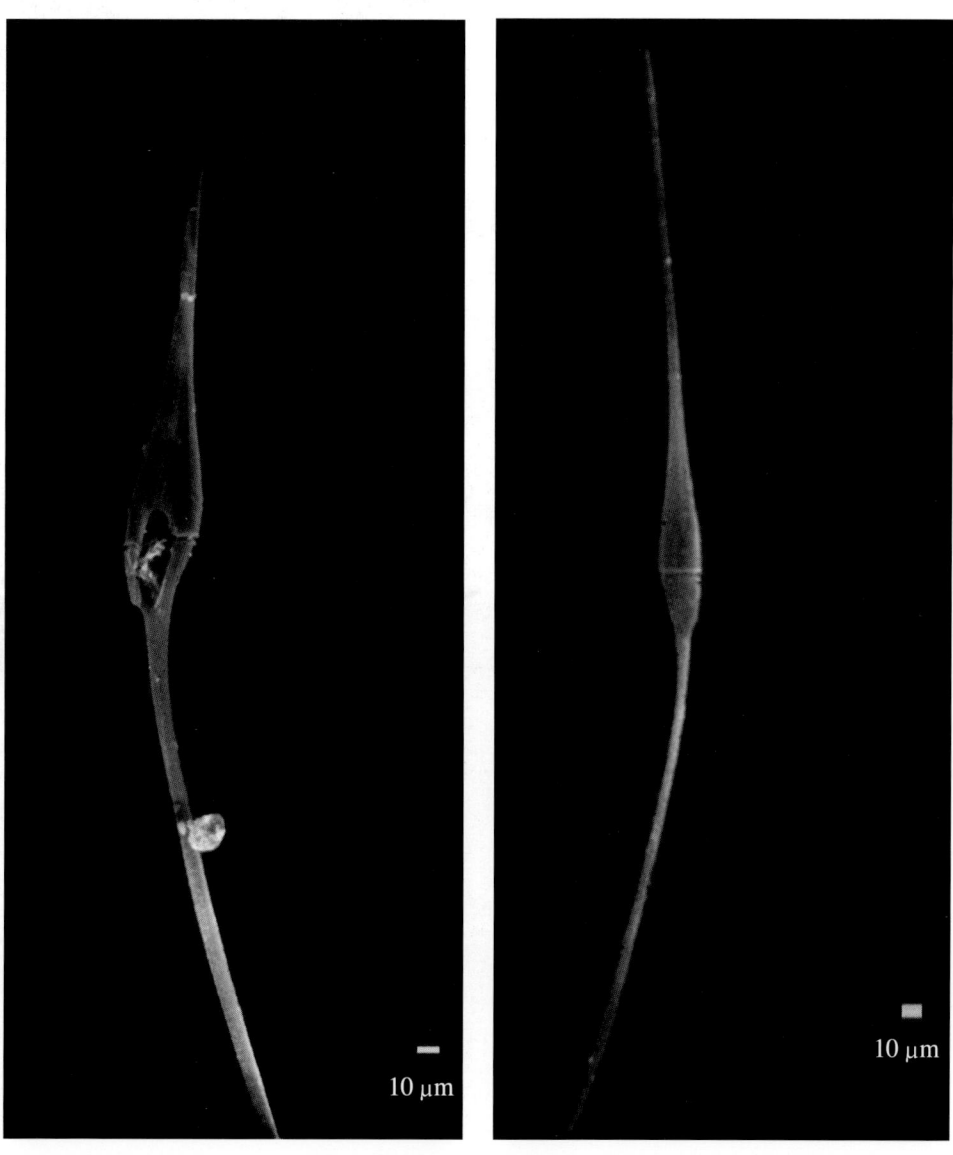

示腹面观、背面观

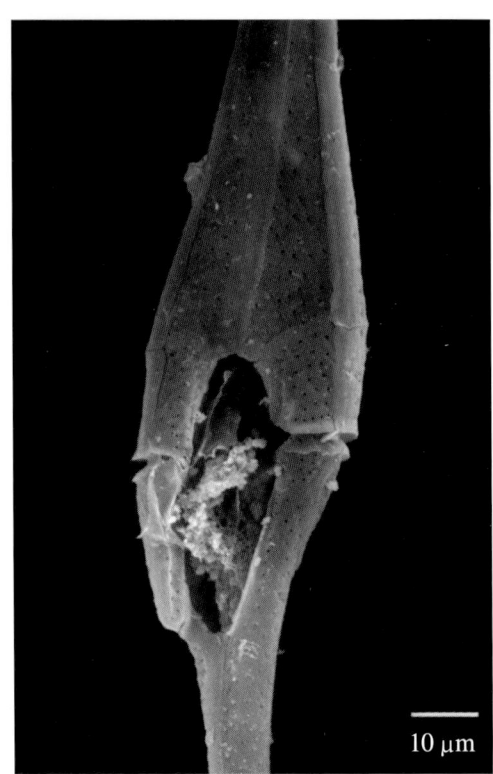

示腹面观壳面孔

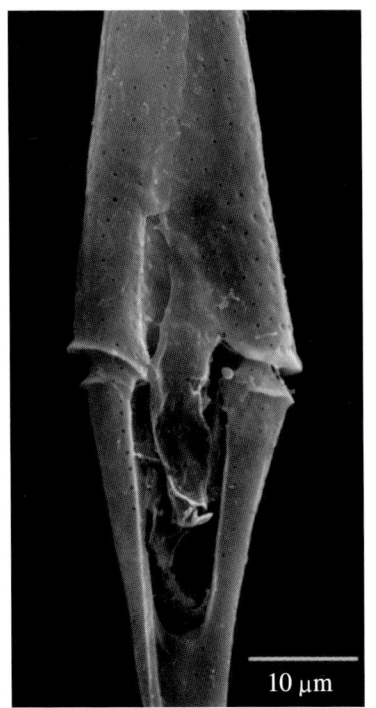
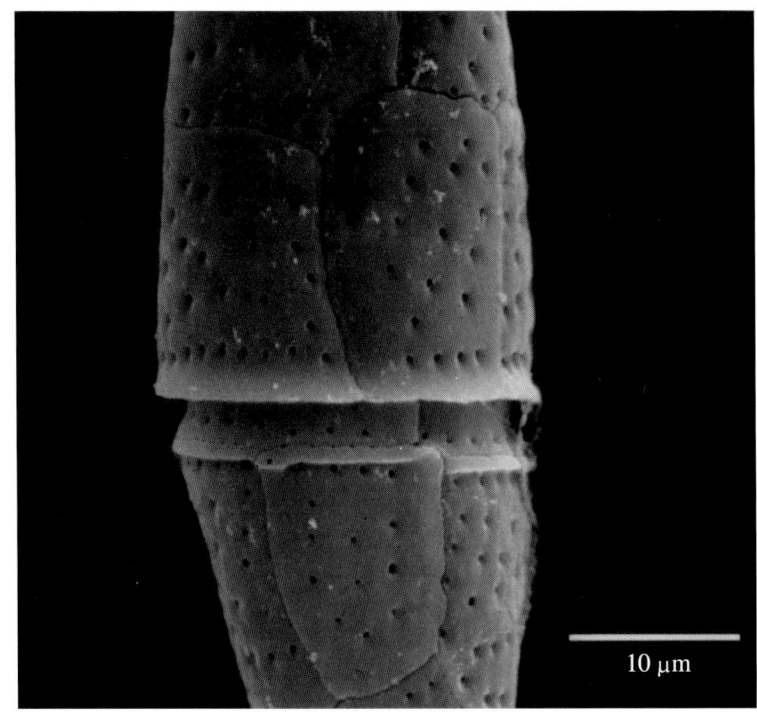

示腹面观壳面孔、背面观壳面甲板及孔

针状新角藻
Neoceratium seta (Ehrenberg) = 梭角藻针状变种 *Ceratium fusus* var. *seta* (Ehrenberg) Jörgensen, 1911

藻体长且直，壳面无脊状纵条纹，孔细密。
样品采自吕宋海峡。

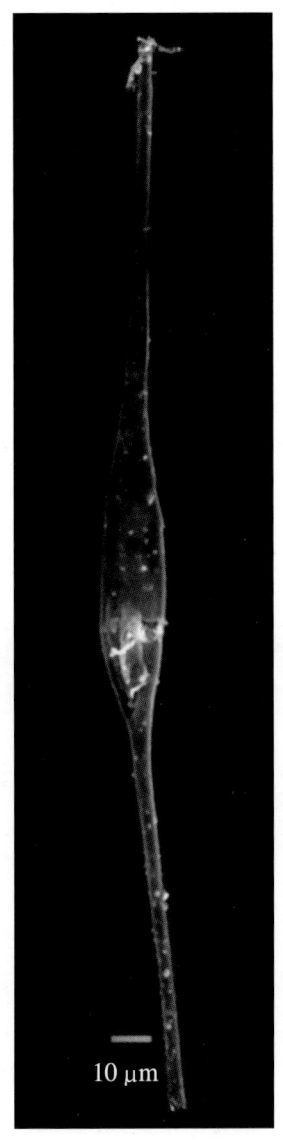
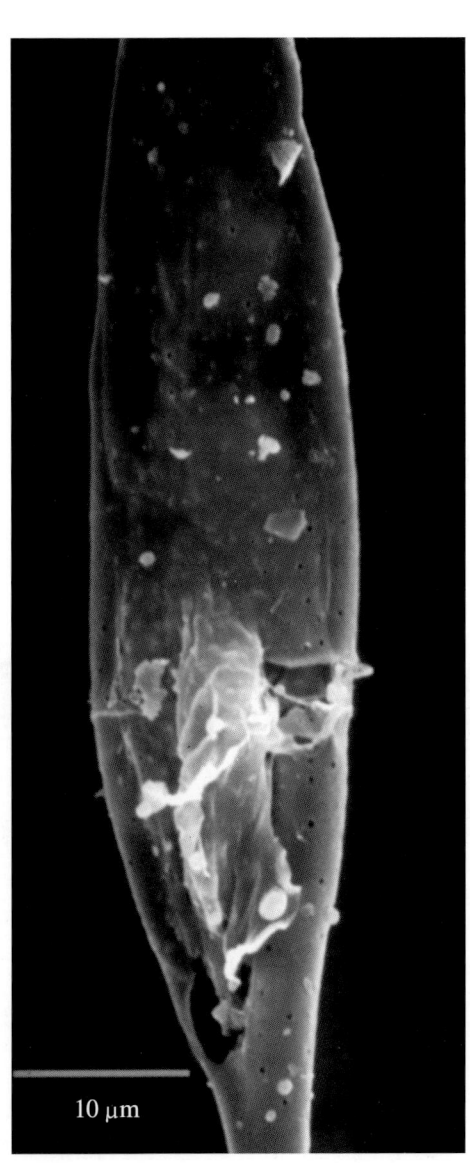

示腹面观、壳面小孔

曲肘新角藻

Neoceratium geniculatum (Lemmermann) Gómez, Moreira & López-Garcia, 2010 = 曲肘角藻 *Ceratium geniculatum* (Lemmermann) Cleve, 1901

藻体细胞中等大小，长且粗壮，形如弯曲的臂肘，壳面脊状纵条纹不明显，孔较小。样品采自南海北部海域。

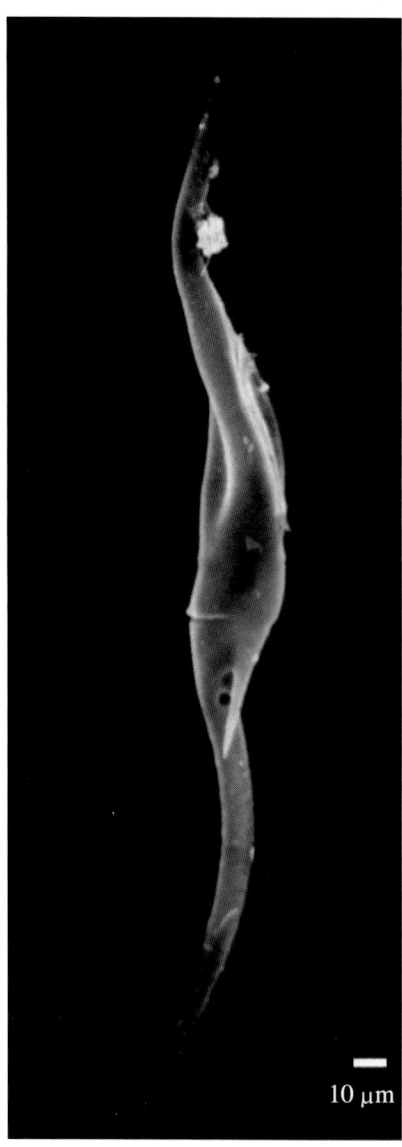

示右侧面观

膨胀新角藻

Neoceratium inflatum (Kofoid) Gómez, Moreira & López-Garcia, 2010 = 膨角藻 *Ceratium inflatum* (Kofoid) Jörgensen, 1911

藻体细长，左底角粗大且向下伸展约 3/5 后明显向左侧弯折，壳面较平滑，孔较细密。样品采自南海北部海域。

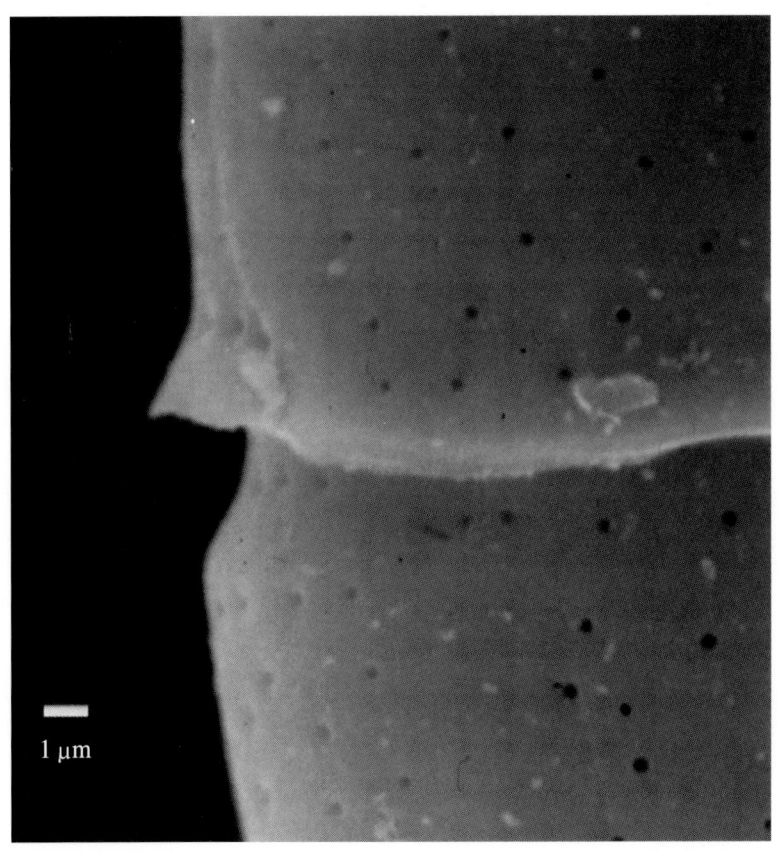
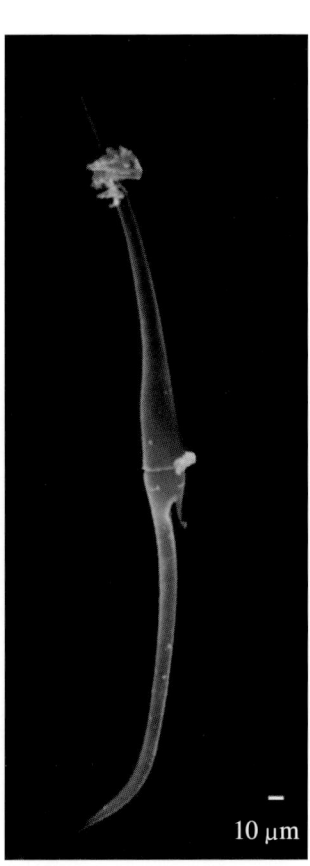

示横沟及壳面小孔、背面观

臼齿新角藻

Neoceratium dens (Ostenfeld & Schmidt) Gómez, Moreira & López-Garcia, 2010 = 臼齿角藻 *Ceratium dens* Ostenfeld et Schmidt, 1901

藻体细胞较大，右底角长，左底角甚短，壳面脊状条纹发达而粗壮，孔清晰。样品采自东海冲绳海槽西侧海域。

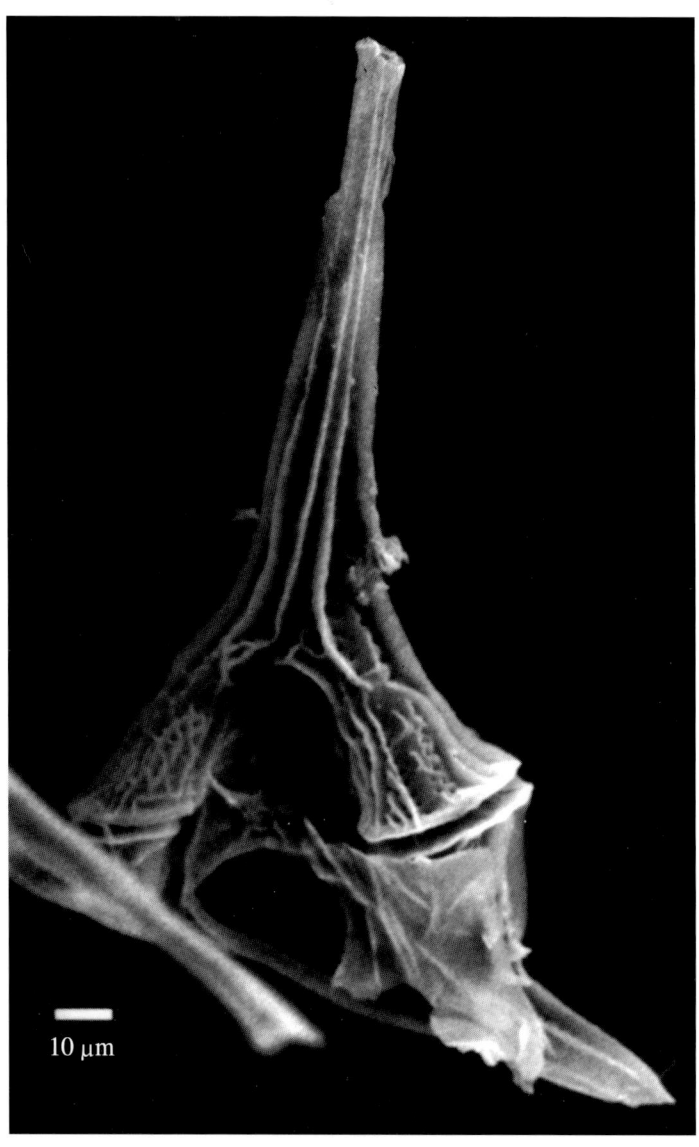

示腹面观

歧分新角藻

Neoceratium carriense (Gourret) Gómez, Moreira & López-Garcia, 2010 = 歧分角藻 *Ceratium carriense* Gourret, 1883

藻体细胞大，顶角与上体部之间具粗大的脊状纵条纹，顶角和两底角细长，两底角基部具棘状刺。

样品采自南海北部海域。

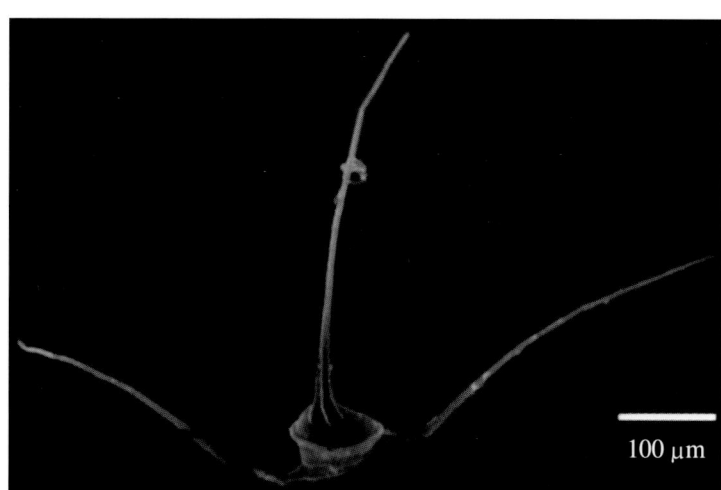

示背面观

示脊状纵条纹及孔

反转新角藻

Neoceratium contrarium (Gourret) Gómez, Moreira & López-Garcia, 2010 = 反转角藻 *Ceratium contrarium* (Gourret) Pavillard, 1905

藻体部呈三角形，两底角弯曲与顶角近平行伸出，末端偏向外侧，壳面具短而较细弱的脊状条纹，孔细小。

样品采自南海东沙群岛附近海域、南沙群岛北部海域。

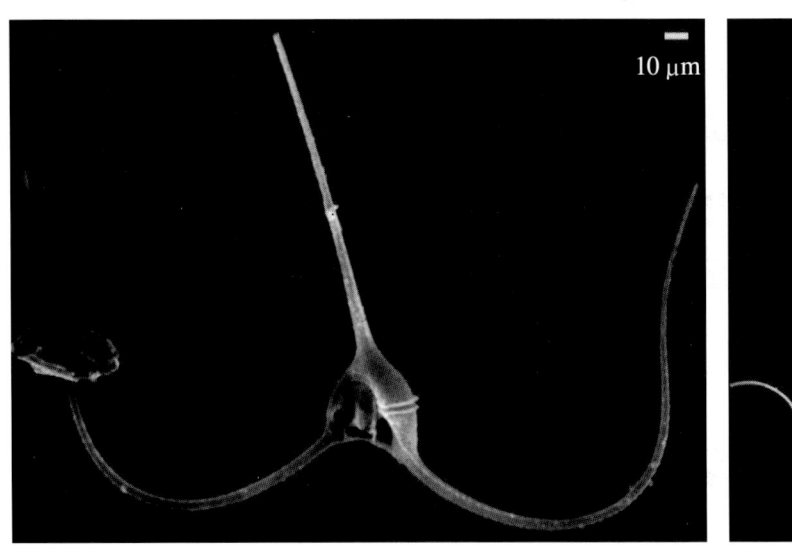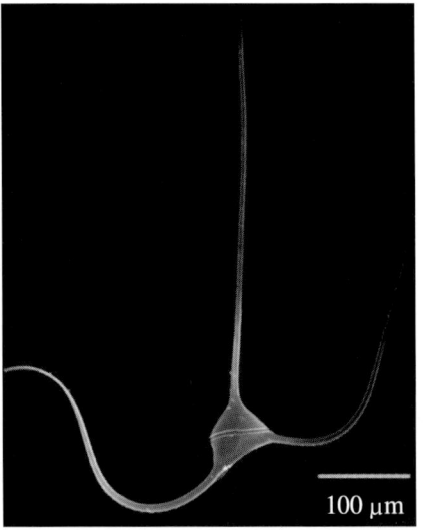

示腹面观、背面观

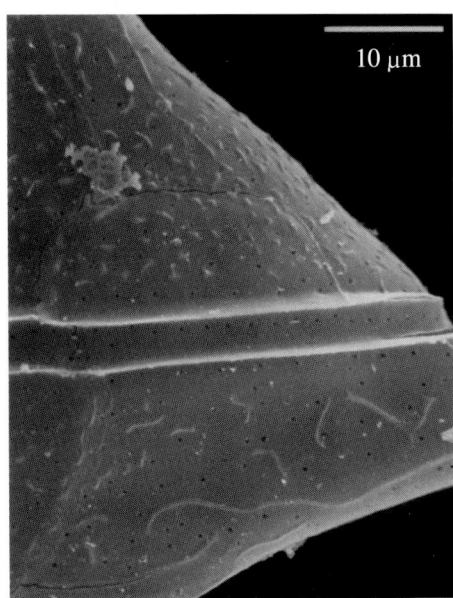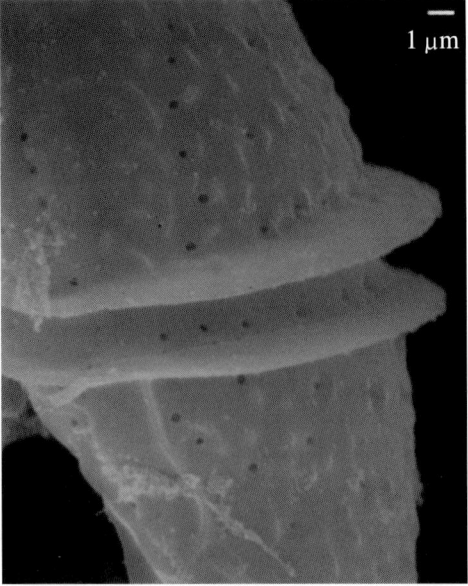

示背面观、腹面观脊状条纹及孔

偏转新角藻

Neoceratium deflexum (Kofoid) Gómez, Moreira & López-Garcia, 2010 = 偏转角藻 *Ceratium deflexum* (Kofoid) Jörgensen, 1911

　　藻体细胞较大，两底角向下延伸一段距离后弯转向上，与顶角近平行方向伸出，壳面脊状条纹细小不明显，孔较小。

　　样品采自南海北部海域。

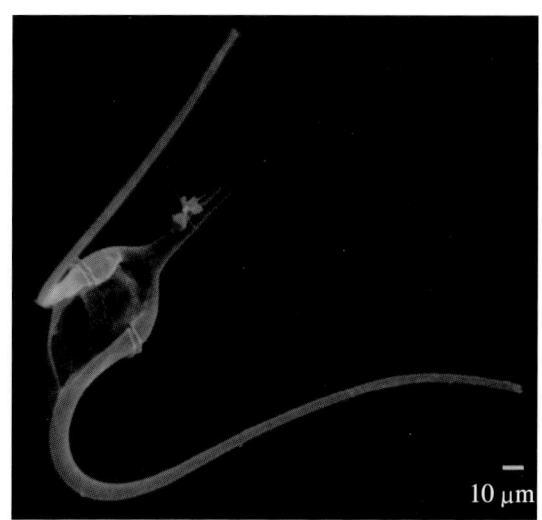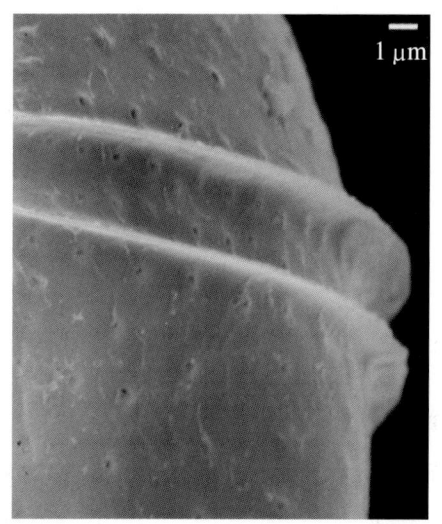

示腹面观、横沟及孔

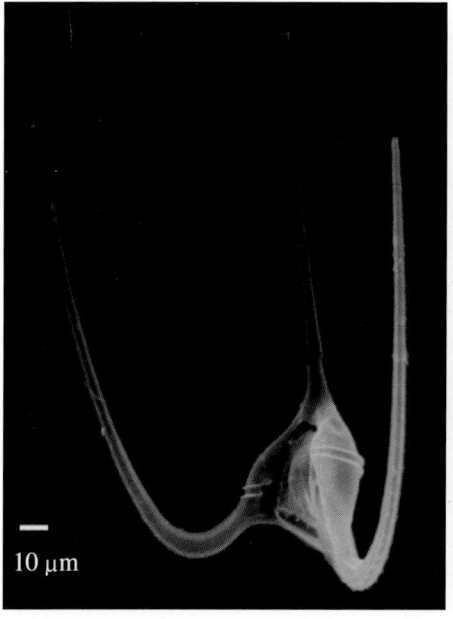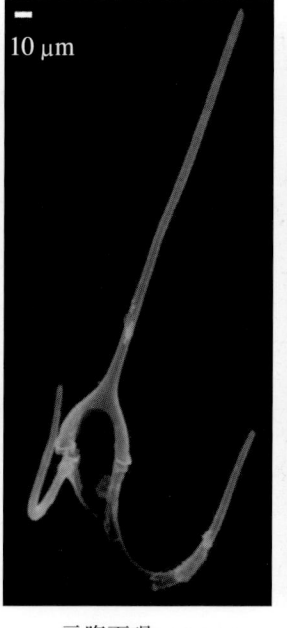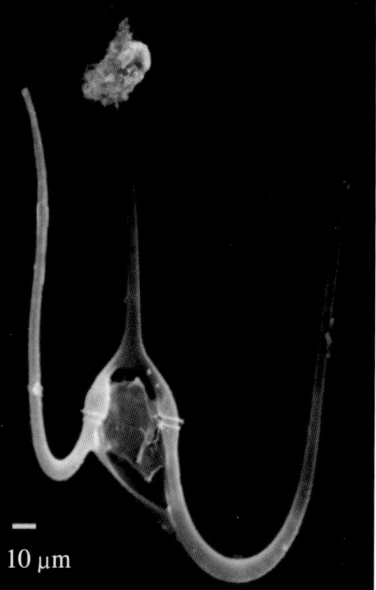

示腹面观

网纹新角藻

Neoceratium hexacanthum (Gourret) Gómez, Moreira & López-Garcia, 2010 = 网纹角藻 *Ceratium hexacanthum* Gourret, 1883

藻体细胞大，左底角弧形向上方弯曲，壳面具网格结构，每一网格内具数个小孔。样品采自东海。

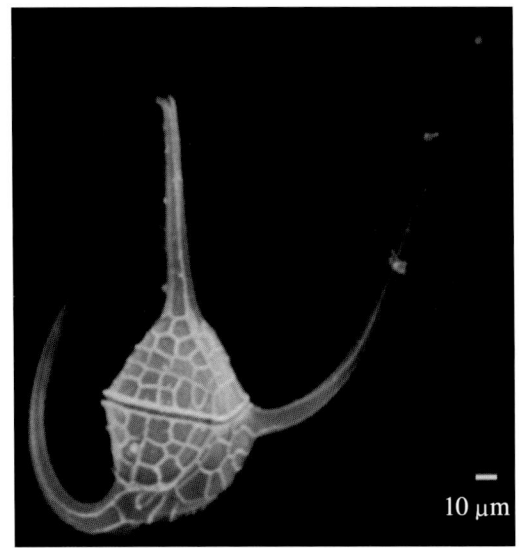
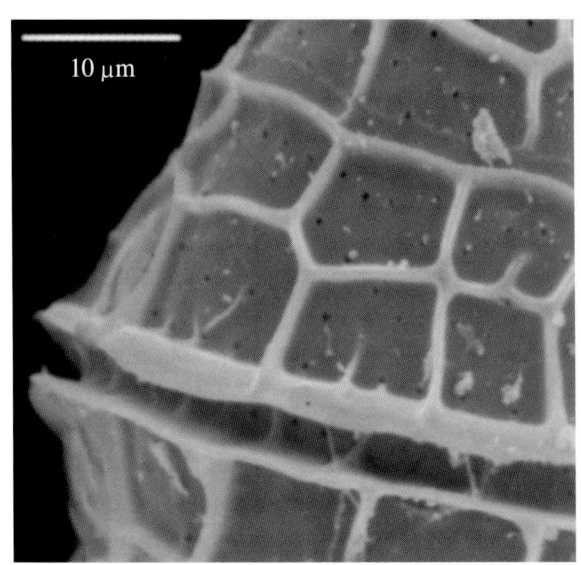

示背面观、壳面网格结构及小孔

Neoceratium hexacanthum (Gourret) Gómez, Moreira & López-Garcia, 2010 = 网纹角藻原变种旋角变型 *Ceratium hexacanthum* var. *hexacanthum* f. *spirale* (Kofoid) Schiller, 1937

左底角长且后段呈螺旋状卷曲。

Gómez等(2010)将其与原变种原变型并入网纹新角藻。

样品采自南海北部海域。

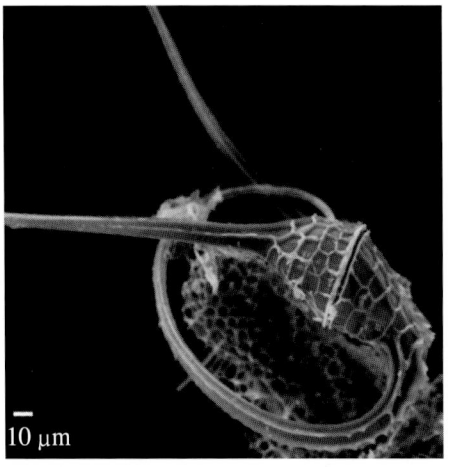
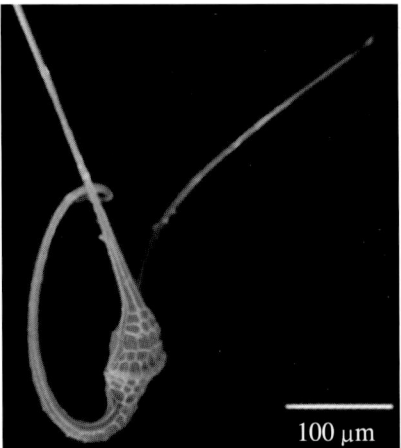

示左侧面观

网纹新角藻反曲变种
Neoceratium hexacanthum var. *contortum* (Lemmermann) = 网纹角藻反曲变种 *Ceratium hexacanthum* var. *contortum* Lemmermann, 1899

左底角向腹侧伸出一段距离后向右侧弯折，右底角向上、向背侧弧形弯曲，壳面具网格结构。

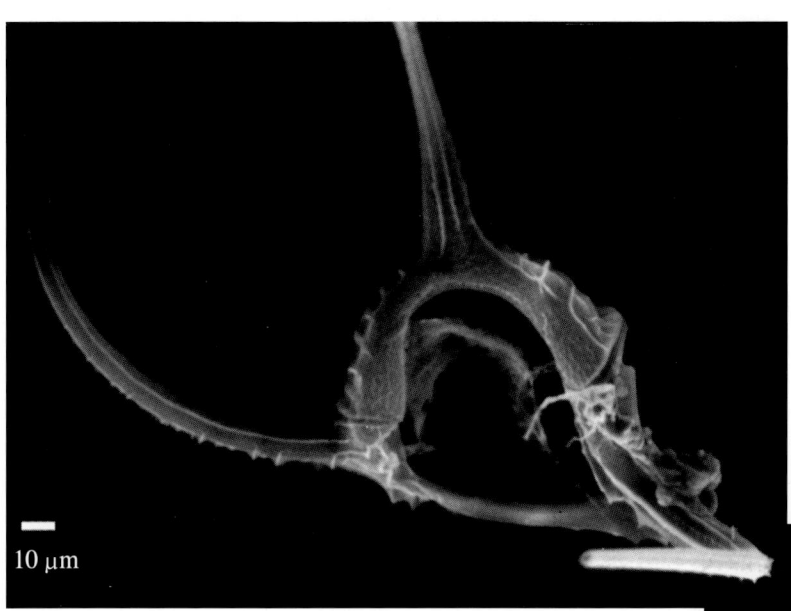

示腹面观

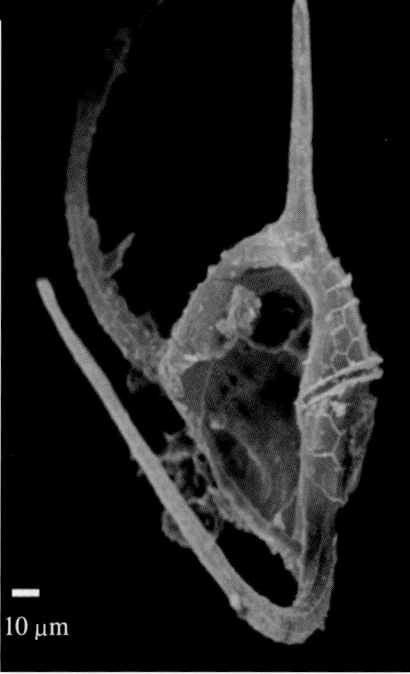

弯顶新角藻

Neoceratium longipes (Bailey) Gómez, Moreira & López-Garcia, 2010 = 弯顶角藻 *Ceratium longipes* (Bailey) Gran, 1902

藻体细胞中等大小，顶角弯向右侧，壳面脊状条纹粗壮发达，孔较小。
样品采自黄海北部海域。

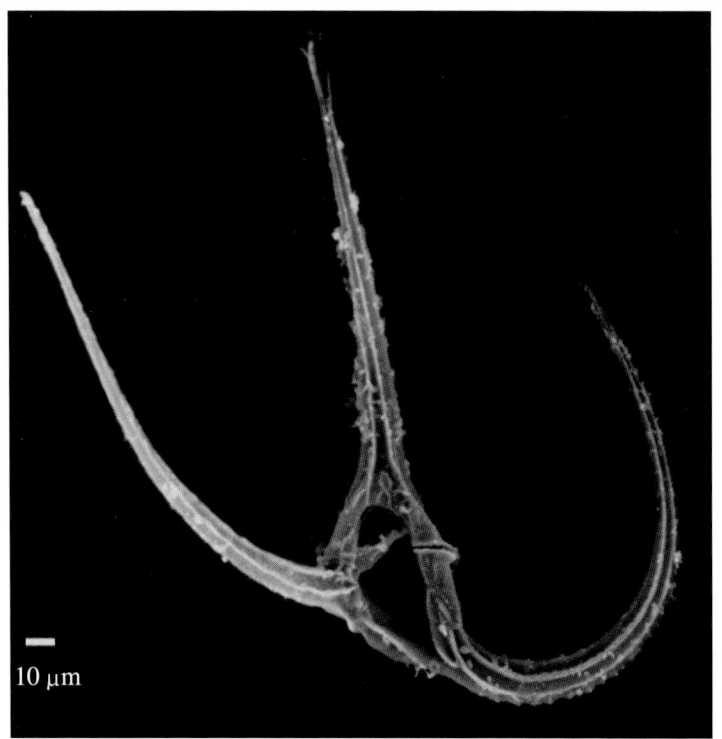
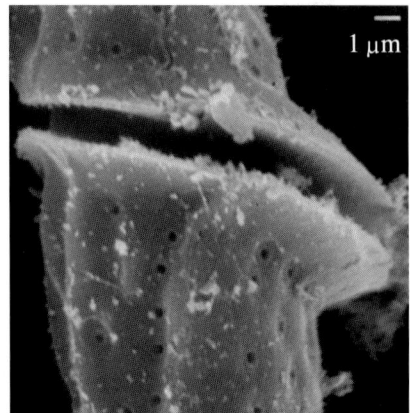

示腹面观、壳面脊状条纹及孔

大角新角藻

Neoceratium macroceros (Ehrenberg) Gómez, Moreira & López-Garcia, 2010 = 大角角藻 *Ceratium macroceros* (Ehrenberg) Cleve, 1899

藻体细胞中等大小，顶角与两底角较粗壮，其上具细弱的脊状纵条纹，顶角和两底角的基部还生有多个小刺。

样品采自青岛沿海。

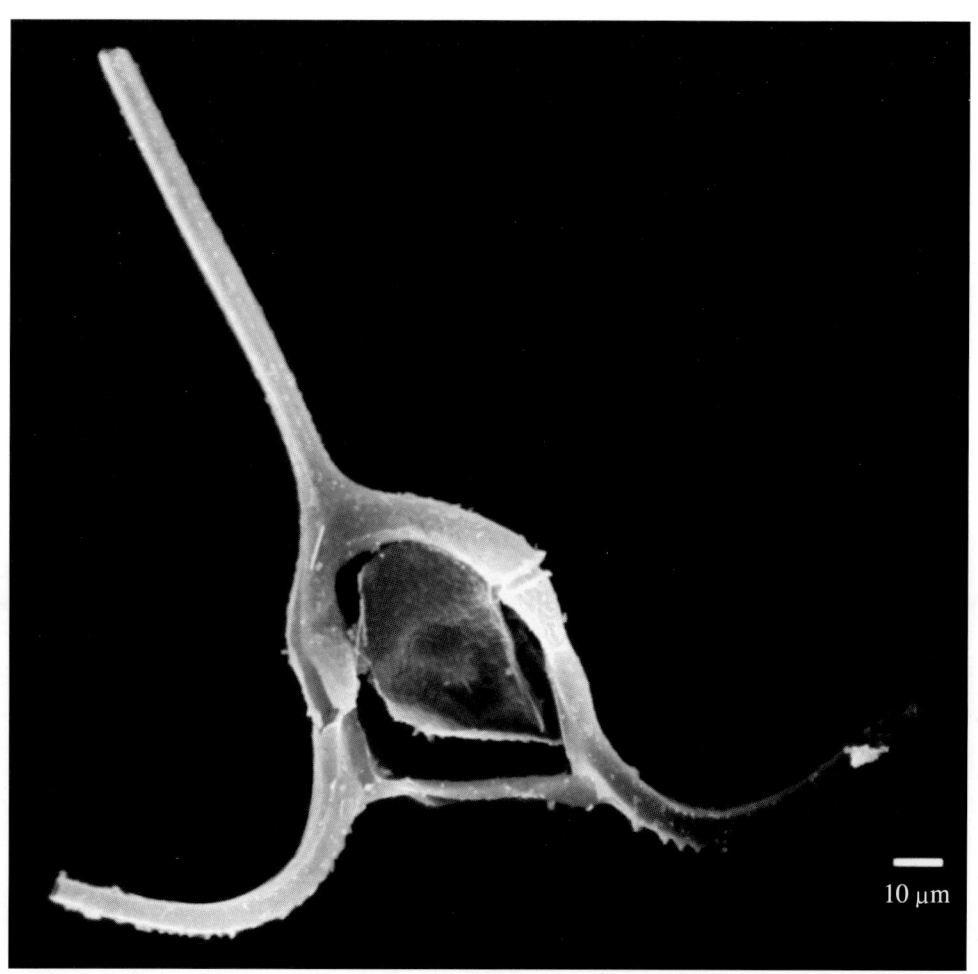

示腹面观

橡实新角藻
Neoceratium gallicum (Kofoid) = 大角角藻橡实变种
Ceratium macroceros var. *gallicum* (Kofoid) Jörgensen, 1911

藻体细胞较大角新角藻小，顶角与两底角纤细。

样品采自南海。

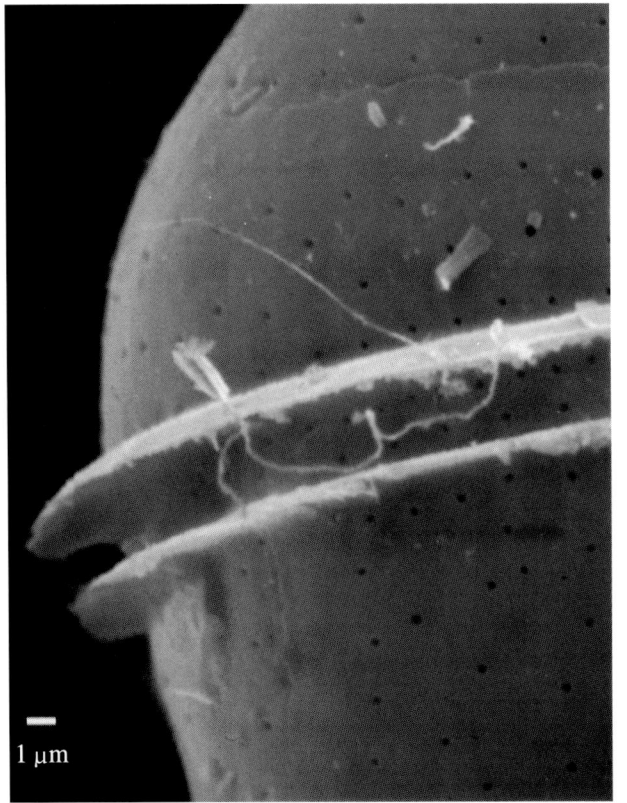
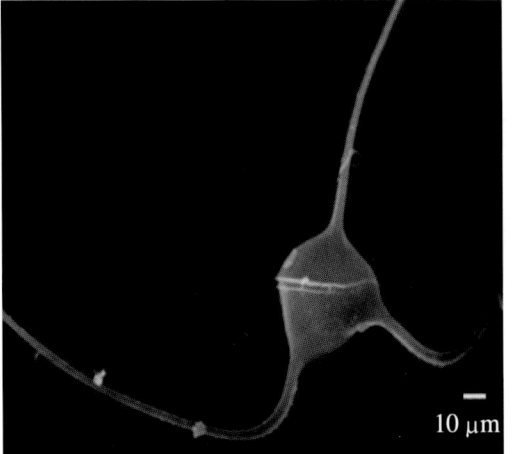

示横沟及壳面小孔、背面观

马西里亚新角藻

Neoceratium massiliense (Gourret) Gómez, Moreira & López-Garcia, 2010 = 马西里亚角藻 *Ceratium massiliense* (Gourret) Jörgensen, 1911

藻体细胞较大，壳面脊状条纹较粗大，孔清晰，两底角细长，其基部通常具小刺。样品采自西沙群岛附近海域。

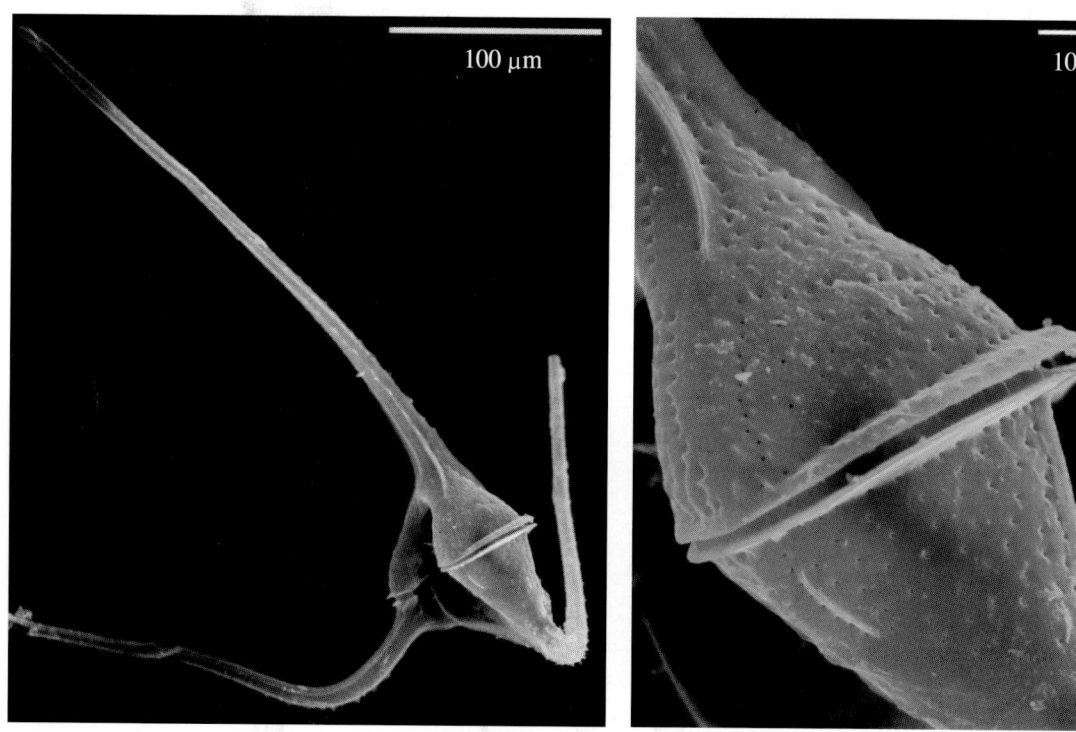

示左侧面观、壳面脊状条纹及孔

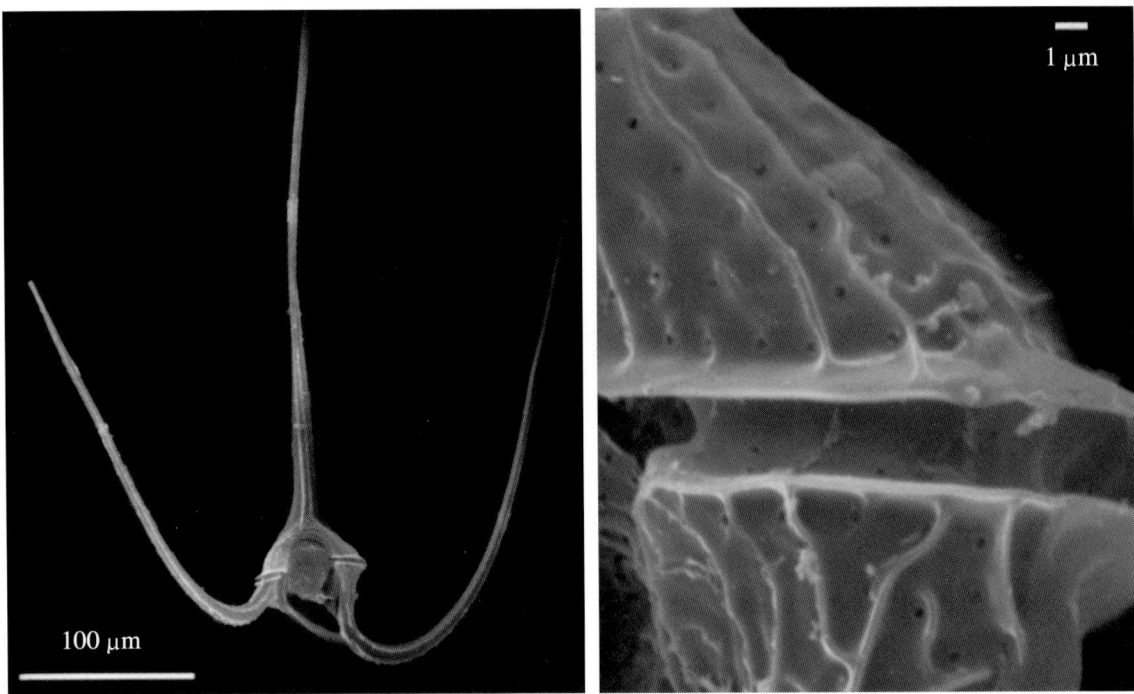

示腹面观、壳面脊状条纹及孔

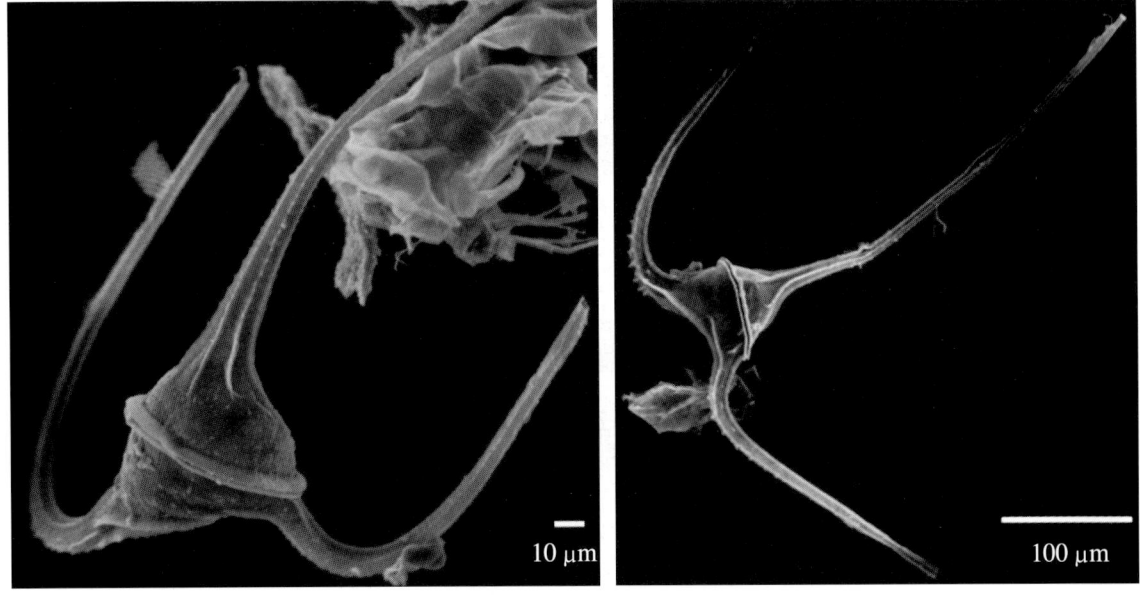

示背面观

柔软新角藻
Neoceratium molle (Kofoid) = 粗刺角藻柔软变种
Ceratium horridum var. *molle* (Kofoid) Graham et Broniovsky, 1944

藻体细胞较小，壳面脊状纵条纹不明显甚至无，左底角基部具翼。

样品采自青岛沿海、黄海北部海域。

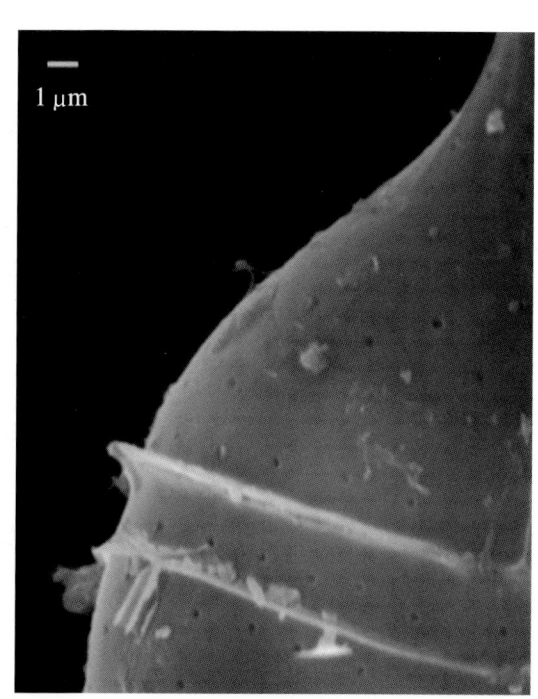
示壳面小孔

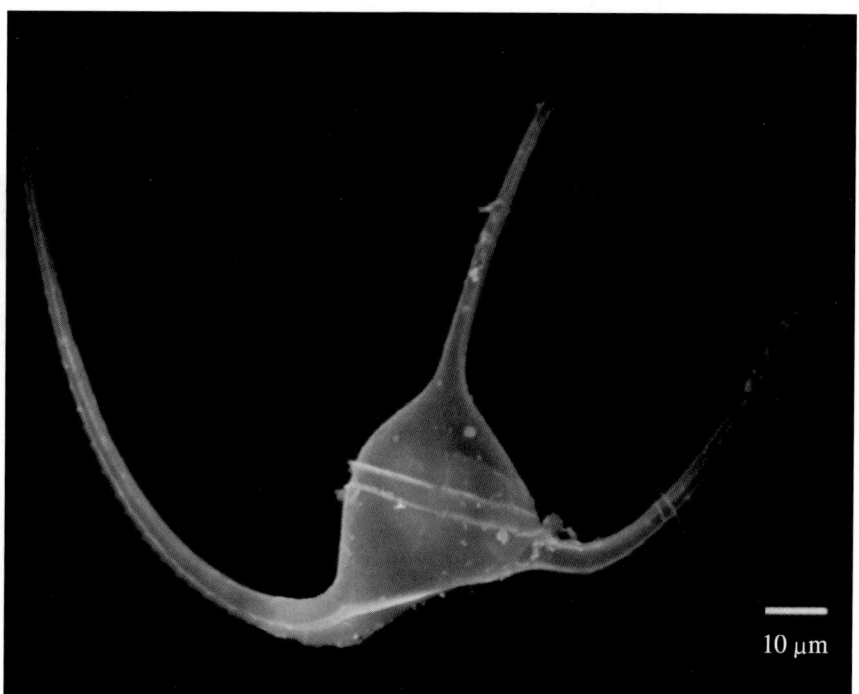
示背面观

伸展新角藻

Neoceratium patentissimum (Karsten) = 粗刺角藻伸展变种 *Ceratium horridum* var. *patentissimum* (Ostenfeld et Schmidt) Taylor, 1976

藻体细胞大，顶角与上体部之间具脊状纵条纹，两底角间夹角约为160°。样品采自中沙群岛附近海域。

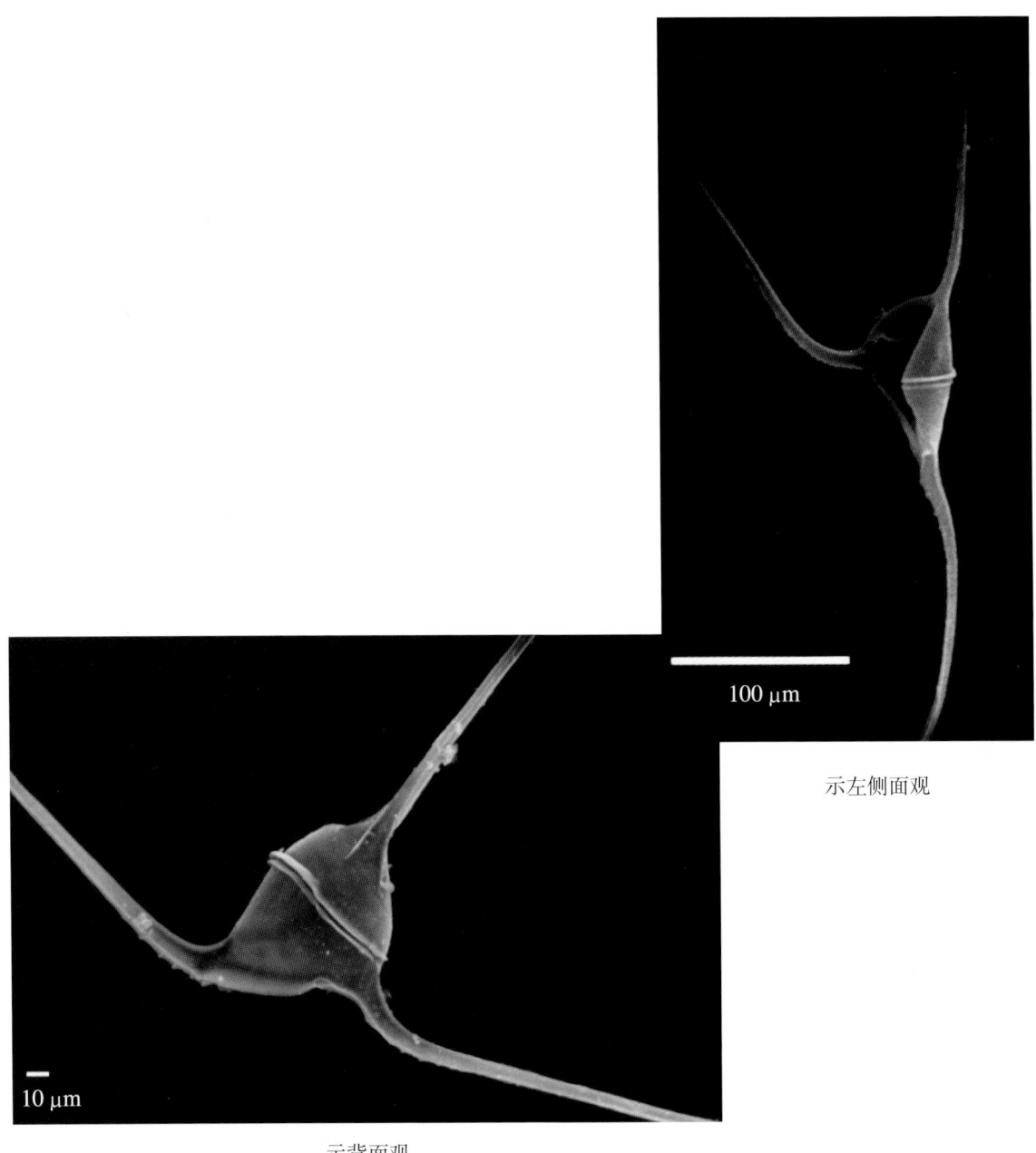

100 μm

示左侧面观

10 μm

示背面观

波状新角藻

Neoceratium trichoceros (Ehrenberg) Gómez, Moreira & López-Garcia, 2010 = 波状角藻 *Ceratium trichoceros* (Ehrenberg) Kofoid, 1908

藻体细胞大，左、右底角伸出一段距离后略呈波状弯曲，壳面较平滑，具小孔。样品采自东海、南海。

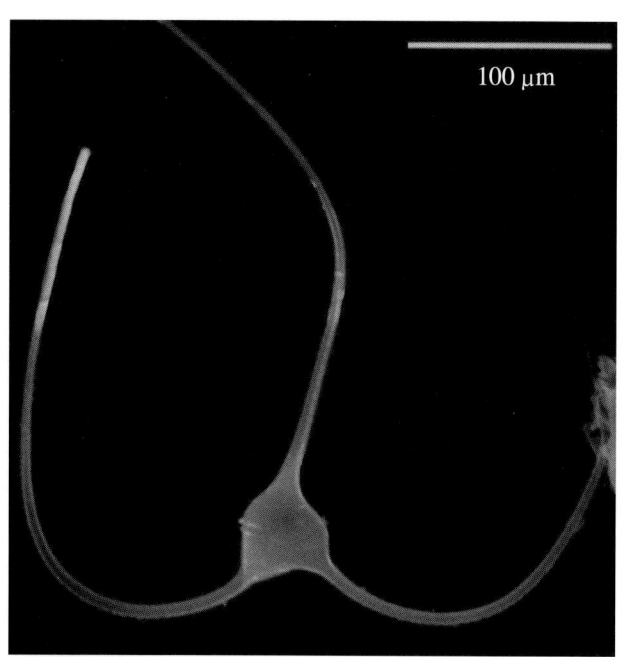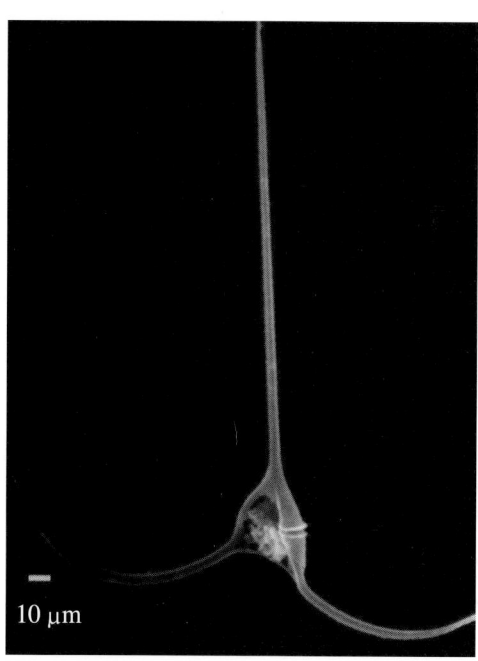

示背面观、腹面观

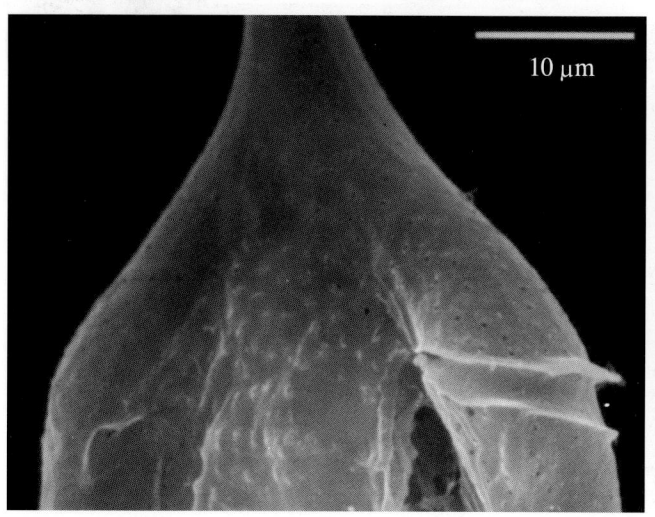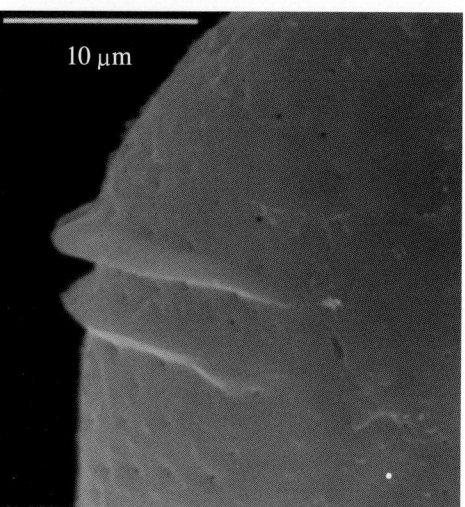

示腹面观、背面观壳面小孔

蛙趾新角藻

Neoceratium ranipes (Cleve) Gómez, Moreira & López-Garcia, 2010 = 蛙趾角藻 *Ceratium ranipes* Cleve, 1900

藻体细胞较小，两底角弧形弯向背侧，末端指向顶角基部，顶角、两底角、藻体底缘皆有小刺，壳面脊状纵条纹粗糙，孔较小。

样品采自南海北部海域。

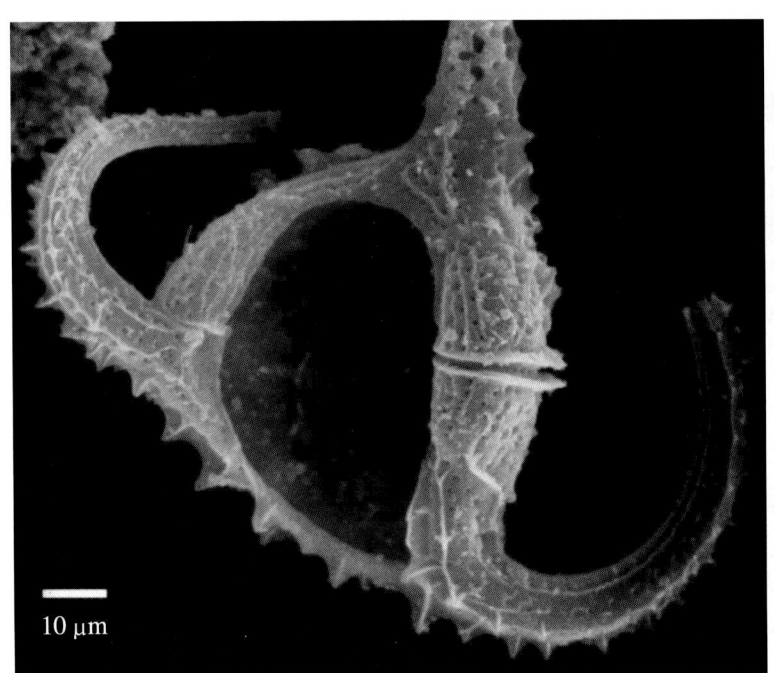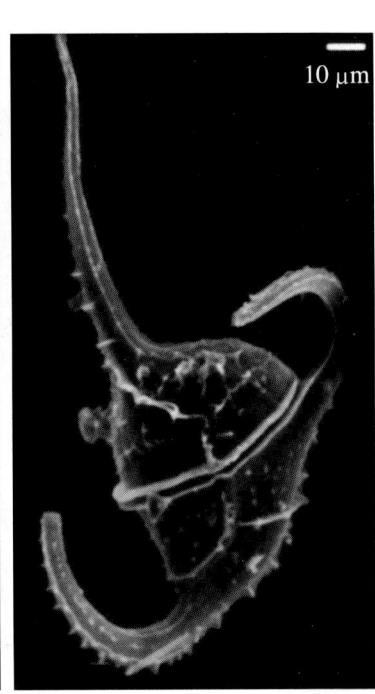

示腹面观、背面观

Neoceratium ranipes (Cleve) Gómez, Moreira & López-Garcia, 2010 = 蛙趾角藻掌状变种 *Ceratium ranipes* var. *palmatum* (Schröder) Jörgensen, 1920

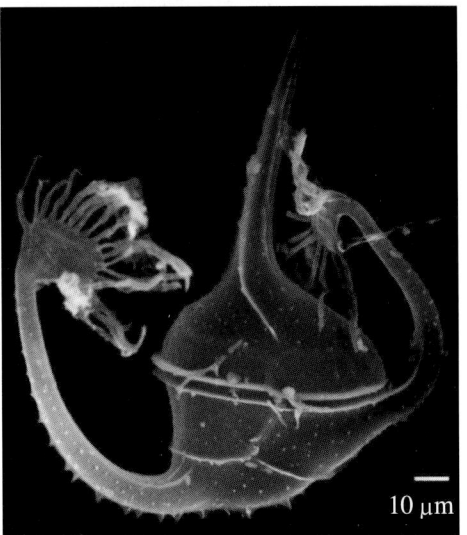

藻体细胞较小，两底角末端膨大，形如掌状，并具多条细长的分枝，壳面脊状纵条纹明显。

原命名为蛙趾角藻掌状变种，Gómez等（2010）将其与原变种并入蛙趾新角藻。

样品采自南海北部海域。

示背面观

亚速尔新角藻
Neoceratium azoricum (Cleve) Gómez, Moreira & López-Garcia, 2010 = 亚速尔角藻 *Ceratium azoricum* Cleve, 1900

藻体细胞较小，左底角弧形弯向上方，右底角与顶角近平行伸出，横沟非常不明显，壳面脊状条纹几乎不可见，孔较小。

样品采自中沙群岛附近海域。

示背面观

短角新角藻

Neoceratium breve (Ostenfeld & Schmidt) Gómez, Moreira & López-Garcia, 2010 = 短角角藻 *Ceratium breve* (Ostenfeld et Schmidt) Schröder, 1906

藻体细胞中等大小，左底角与顶角平行，右底角稍弯向内侧，壳面脊状条纹粗壮，孔清晰。样品采自东海、南海北部海域、吕宋海峡。

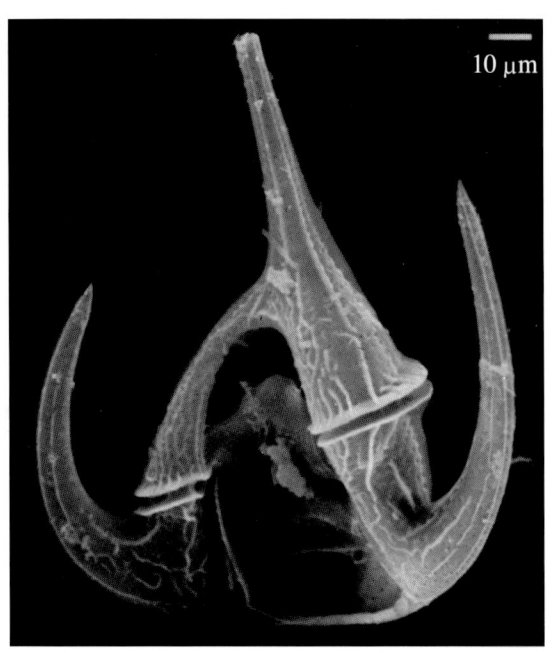

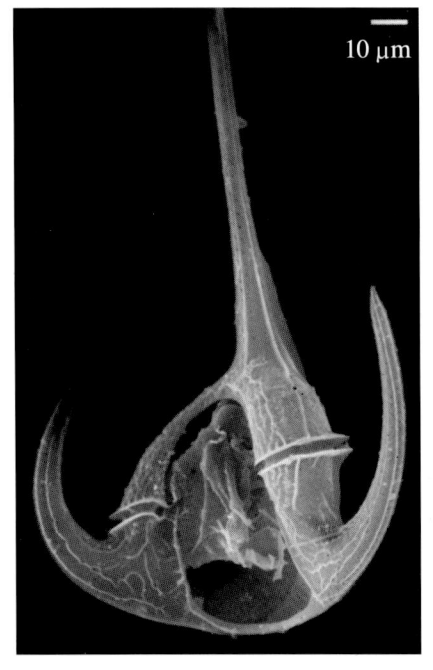

示腹面观

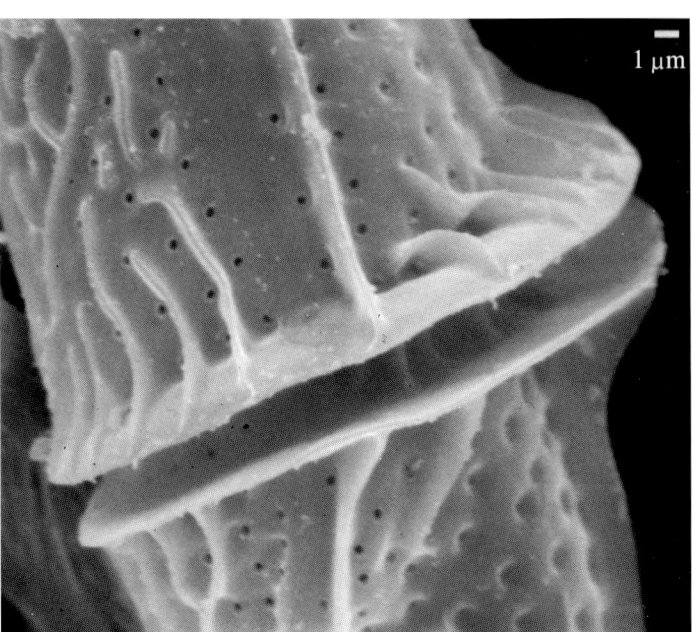

示脊状条纹及壳面小孔

短角新角藻平行变种

Neoceratium breve var. *parallelum* (Schmidt) = 短角角藻平行变种
Ceratium breve var. *parallelum* (Schmidt) Jörgensen, 1911

藻体细胞中等大小，两底角与顶角近平行伸出，壳面脊状条纹粗壮。
样品采自中沙群岛附近海域、吕宋海峡。

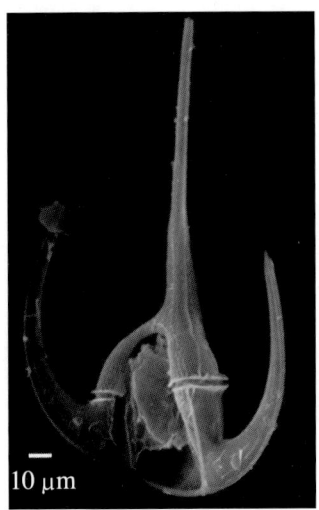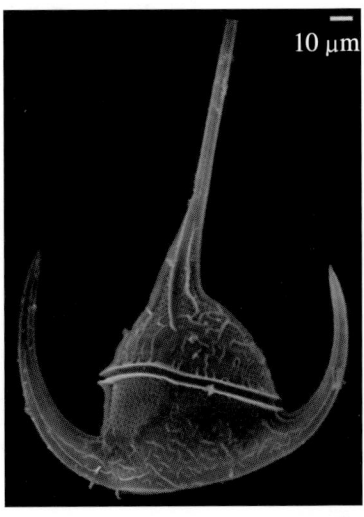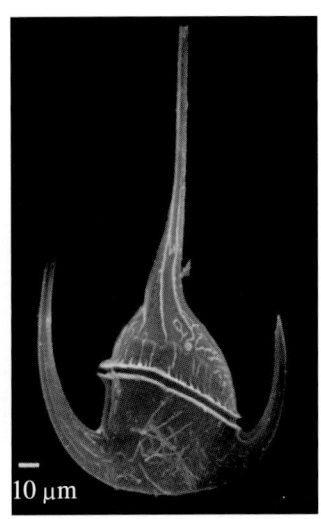

示腹面观、背面观

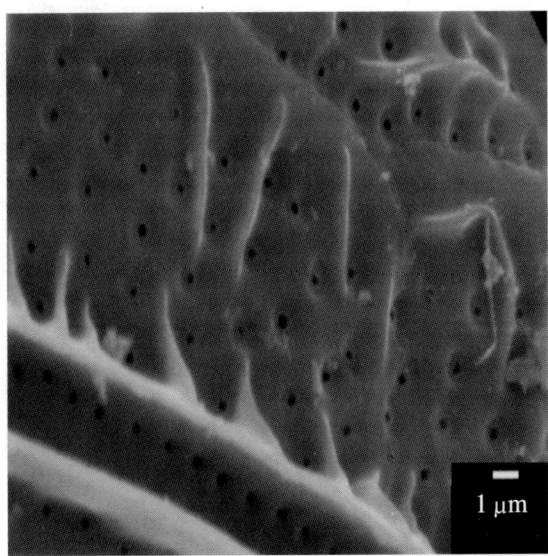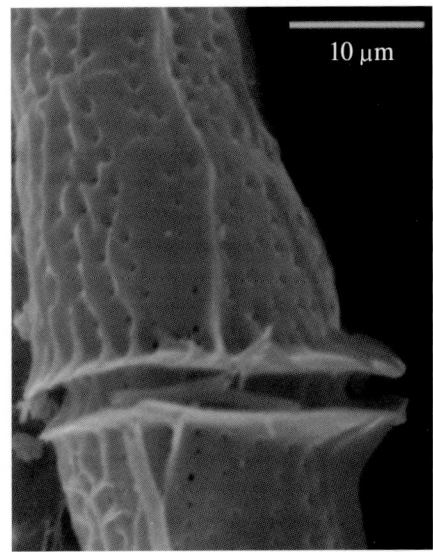

示背面观、腹面观脊状条纹及孔

扭状新角藻

Neoceratium contortum (Gourret) Gómez, Moreira & López-Garcia, 2010 = 扭角藻舞姿变种 *Ceratium contortum* var. *saltans* (Schröder) Jörgensen, 1911

藻体细胞较大，右底角伸出一段距离后明显向内弯折，壳面脊状条纹不明显，孔较清晰。

样品采自中沙群岛附近海域、黄岩岛附近海域。

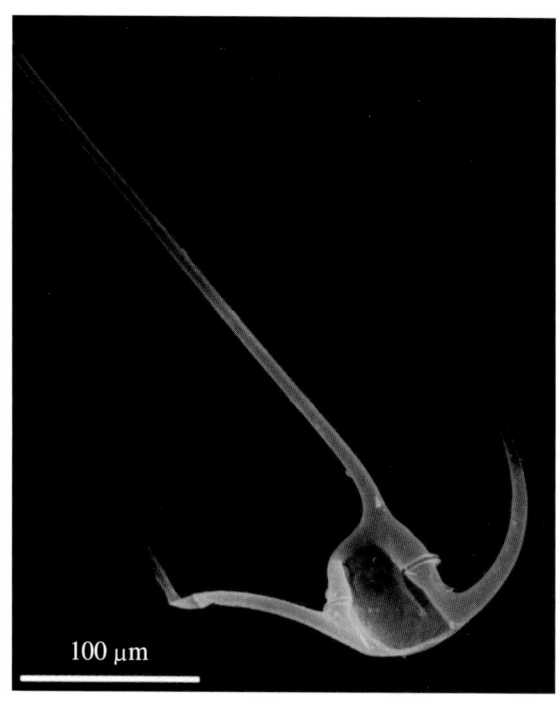

示腹面观

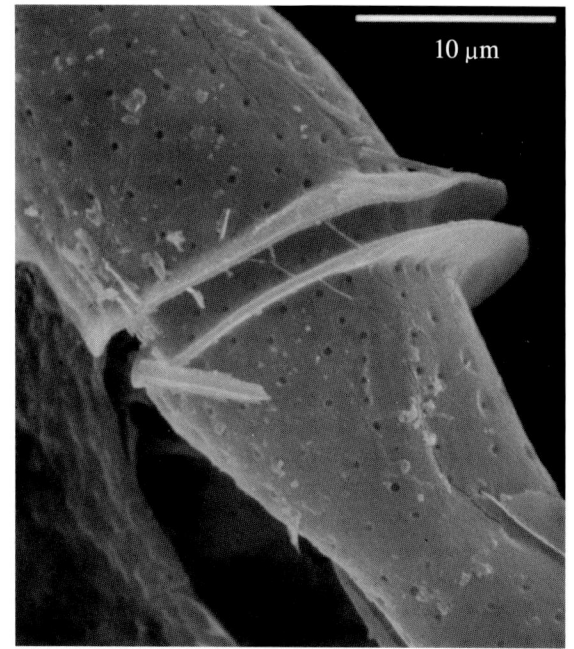

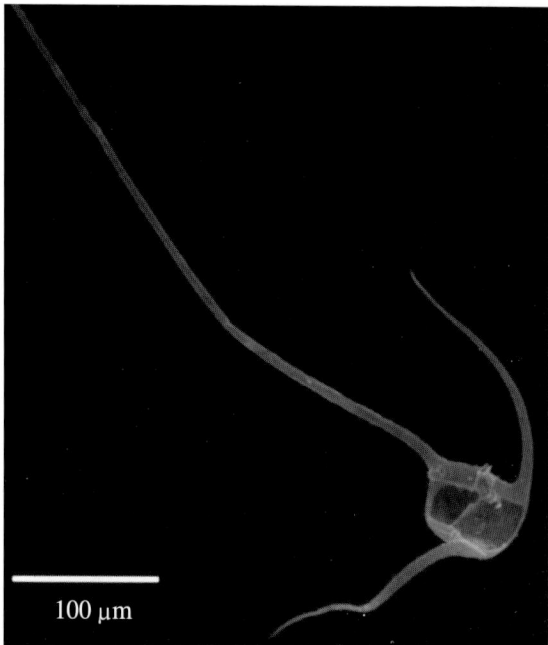

示横沟及孔、腹面观

卡氏新角藻

Neoceratium karstenii (Pavillard) Gómez, Moreira & López-Garcia, 2010 = 扭角藻卡氏变种 *Ceratium contortum* var. *karstenii* (Pavillard) Sournia, 1968

藻体细胞粗大，顶角基部向左边弯曲，壳面脊状条纹粗壮，孔清晰。样品采自南沙群岛附近海域、吕宋海峡。

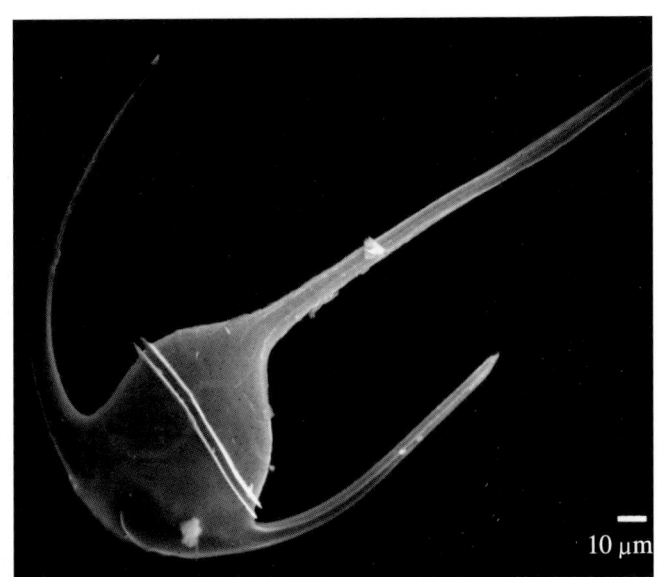
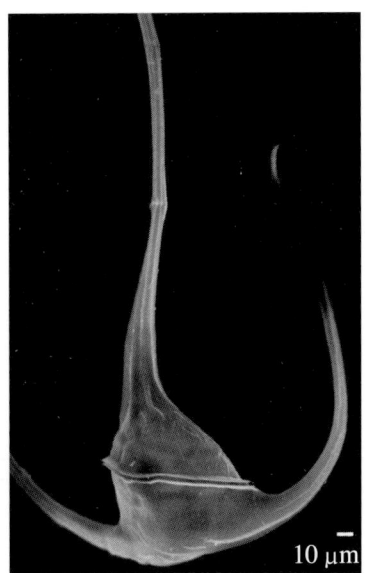

示背面观

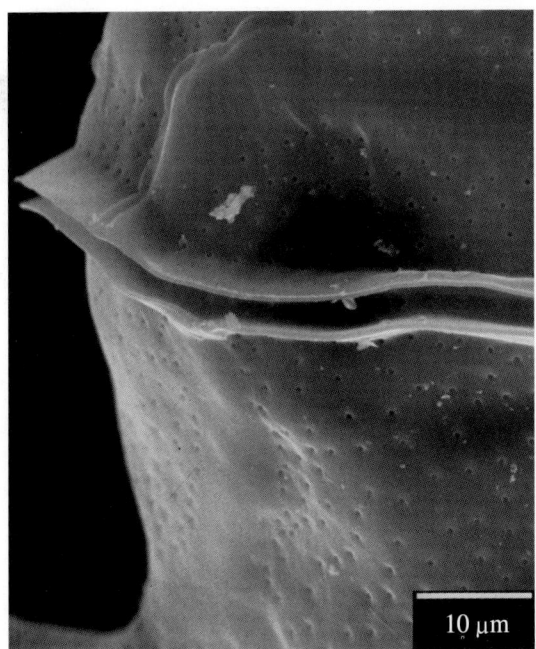
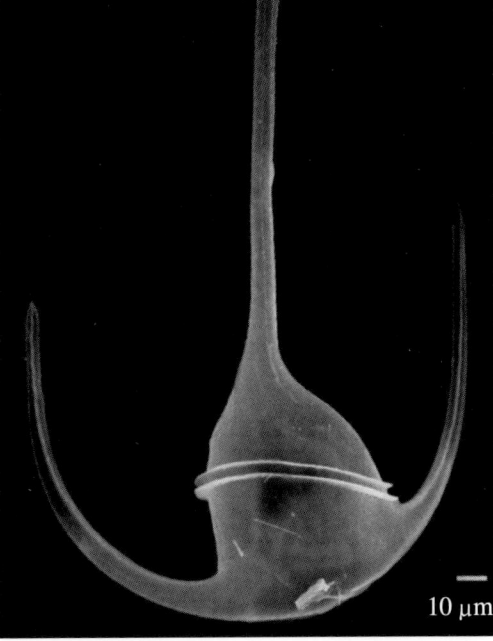

示壳面脊状条纹及孔、背面观

偏斜新角藻

Neoceratium declinatum (Karsten) Gómez, Moreira & López-Garcia, 2010 = 偏斜角藻 *Ceratium declinatum* Karsten, 1907

体细胞小，右底角长于左底角，且右底角与顶角近平行伸出后，末端稍稍弯向外侧，壳面脊状纵条纹细弱而不明显，孔较细小。

样品采自东海台湾北部海域。

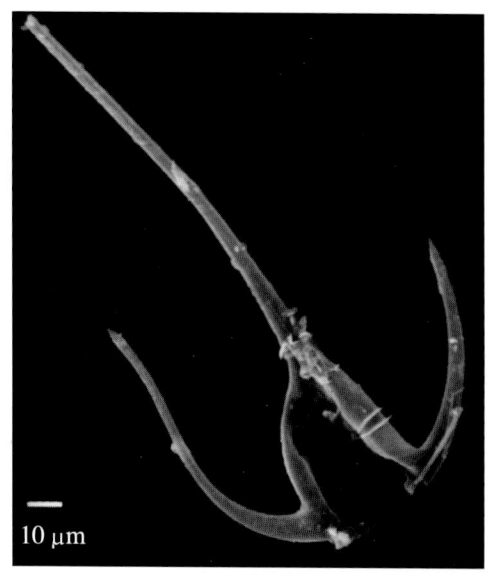

示腹面观

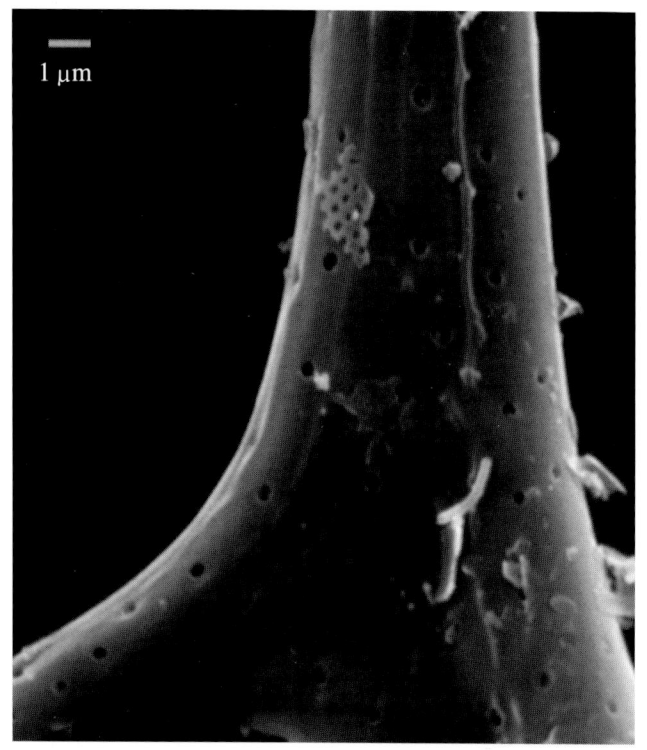

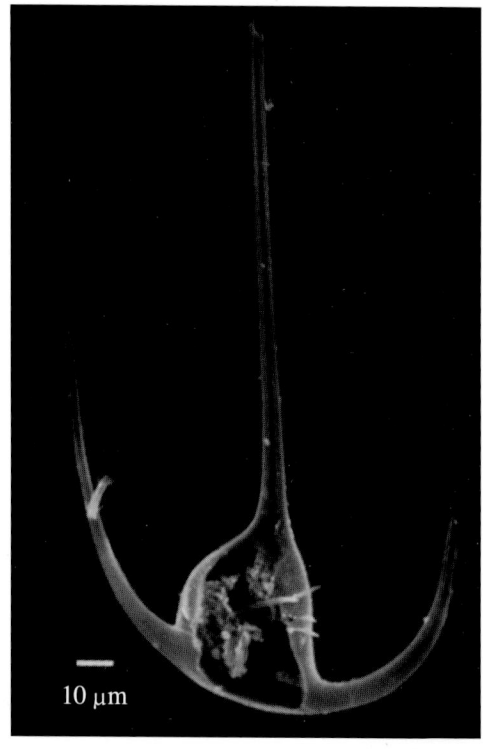

示壳面脊状条纹及孔、腹面观

弓形新角藻

Neoceratium euarcuatum (Jörgensen) Gómez, Moreira & López-Garcia, 2010 = 弓形角藻 *Ceratium euarcuatum* Jörgensen, 1920

藻体细胞中等大小，右底角紧贴藻体沿与顶角平行方向伸展，顶角与两底角具细弱的脊状纵条纹，孔细小。

样品采自南海北部海域。

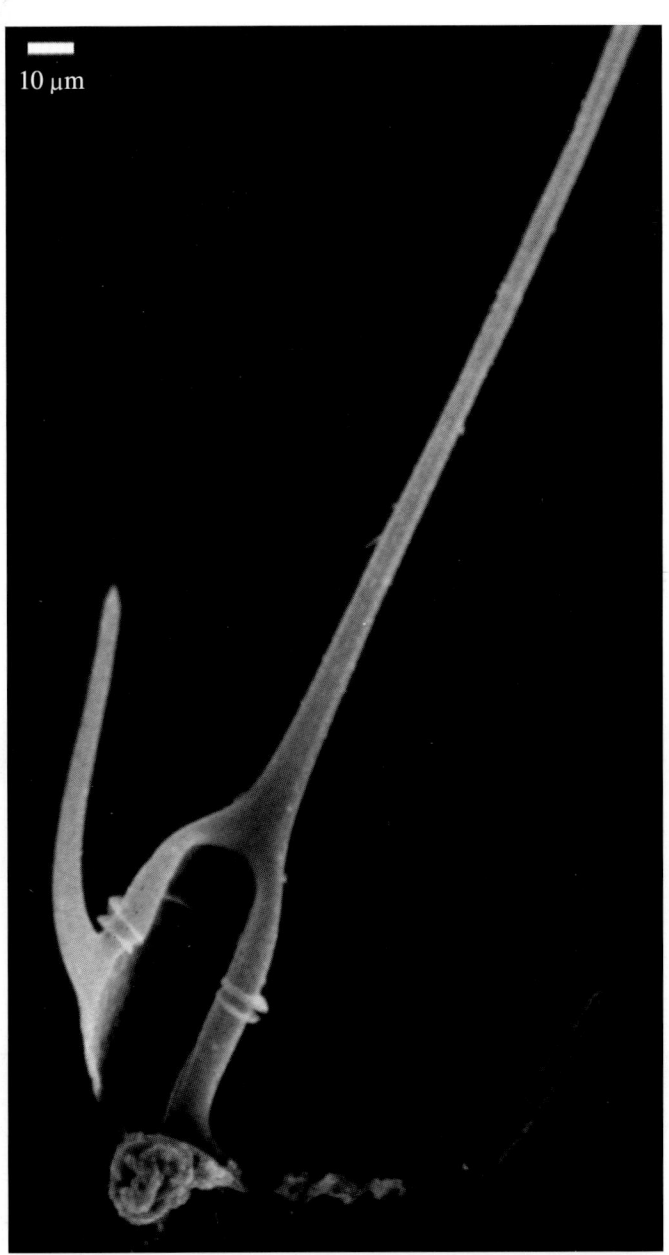

示腹面观

瘤状新角藻异角变种

Neoceratium gibberum var. *dispar* (Pouchet) = 瘤状角藻异角变种
Ceratium gibberum var. *dispar* (Pouchet) Sournia, 1968

藻体细胞较大，右底角弧形弯曲至背侧顶角基部，壳面脊状条纹粗大，孔清晰，但在细胞壁较薄的个体中孔较细弱。

样品采自南海北部海域、吕宋海峡。

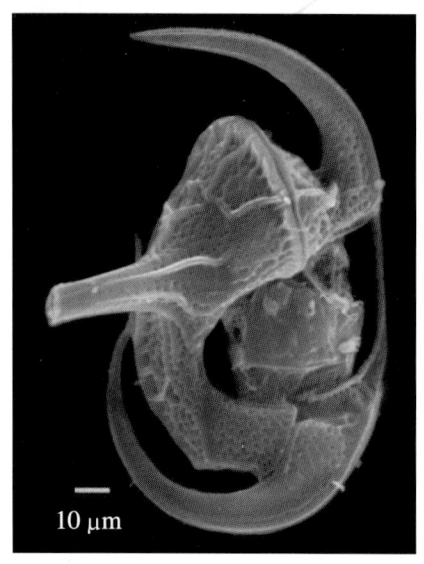
示腹面观

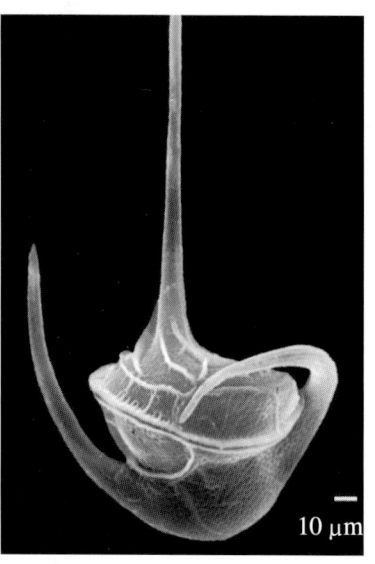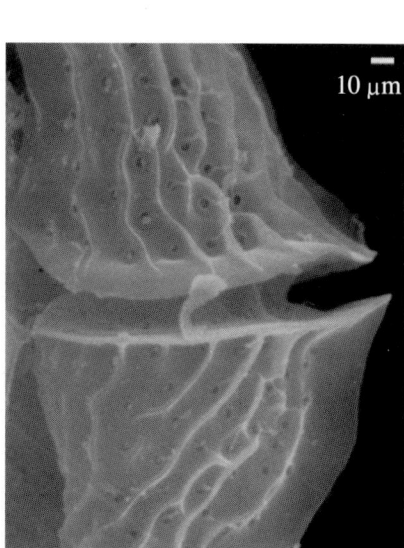
示背面观、细胞壁较薄个体（左图）

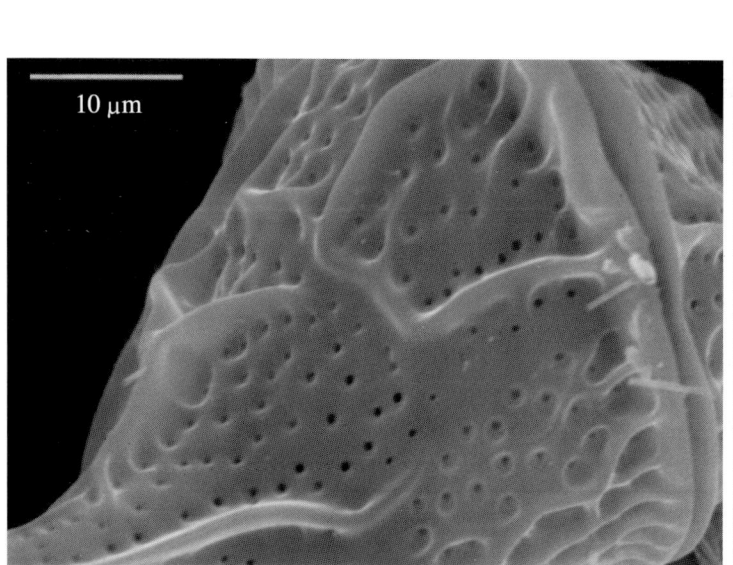
示腹面观脊状条纹、孔

矮胖新角藻

Neoceratium humile (Jörgensen) Gómez, Moreira & López-Garcia, 2010 = 矮胖角藻 *Ceratium humile* Jörgensen, 1911

藻体细胞较大，上体部短，下体部底缘平或稍凸，壳面脊状条纹粗大明显，孔清晰。

样品采自中沙群岛附近海域。

示背面观脊状条纹及孔

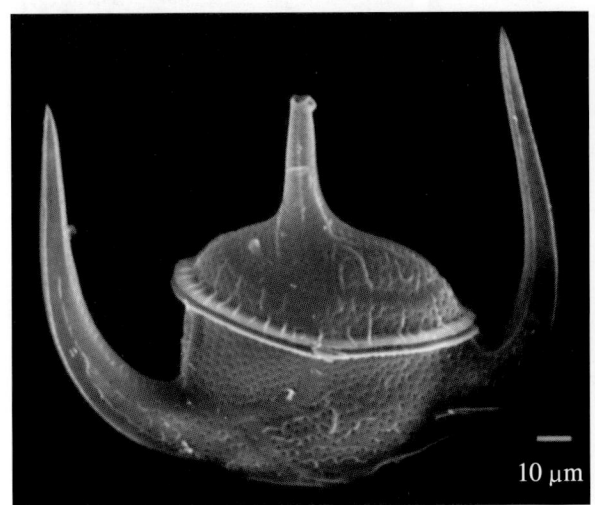
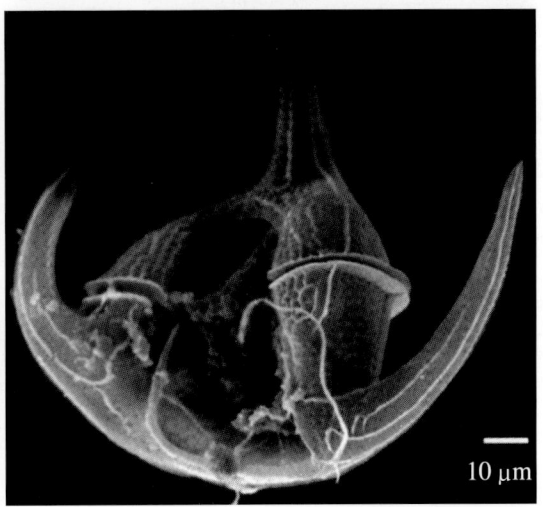
示背面观、腹面观

新月新角藻

Neoceratium lunula (Schimper et Karsten) Gómez, Moreira & López-Garcia, 2010 = 新月角藻 *Ceratium lunula* (Schimper et Karsten) Jörgensen, 1911

藻体细胞较大，上体部大体为等腰三角形，两底角斜向外侧伸展，壳面脊状条纹较粗大，孔清晰。

样品采自东海、南海。

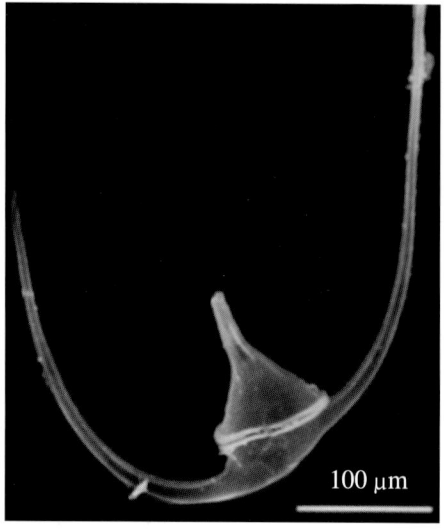

示背面观

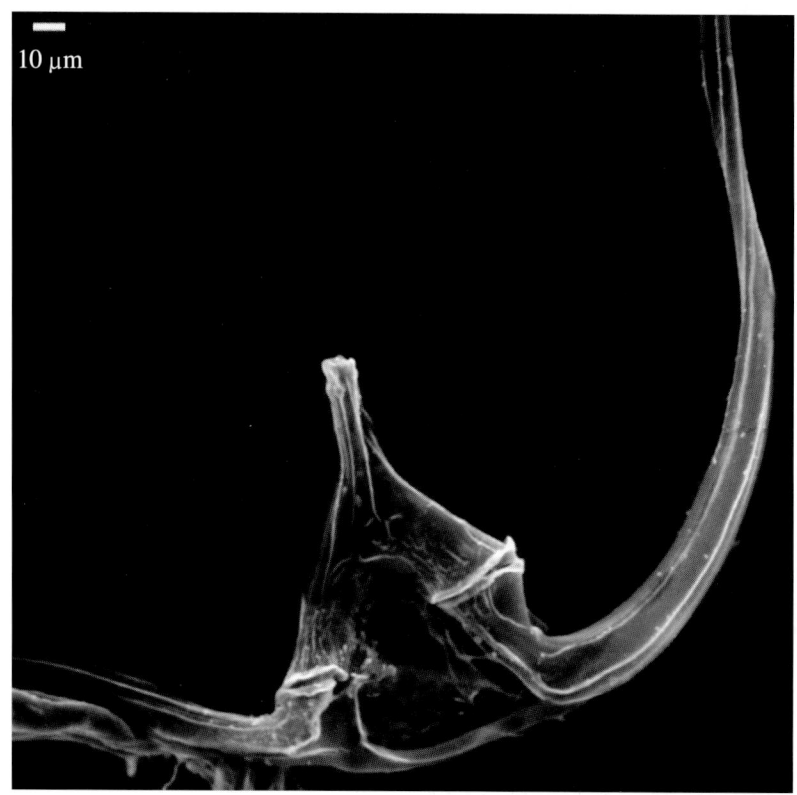

示腹面观

歪斜新角藻

Neoceratium limulus (Gourret) Gómez, Moreira & López-Garcia, 2010 = 歪斜角藻 *Ceratium limulus* Gourret, 1883

藻体细胞中等大小，顶角基部两侧各有一瘤状突起，在细胞壁较厚的个体中，脊状条纹横纵相连形成网格结构，每个网格中具数个小孔；而在细胞壁较薄的个体中，仅有少数粗大的脊状条纹，无网格结构。

样品采自南海中沙群岛附近海域、黄岩岛附近海域。

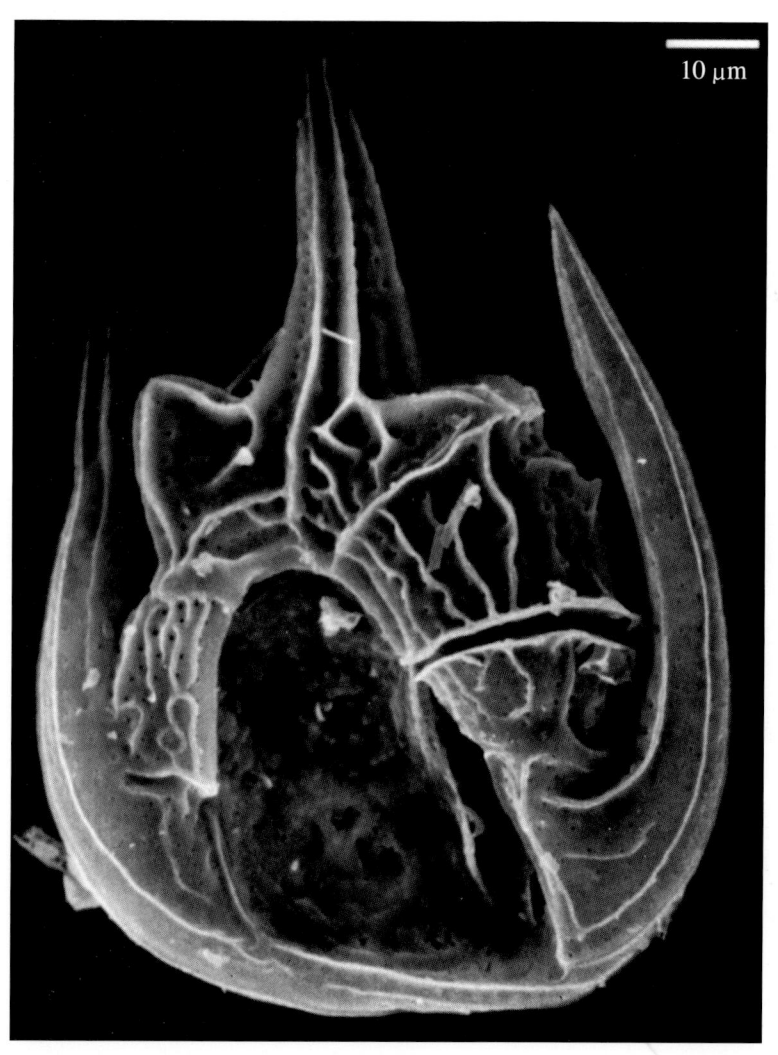

示腹面观

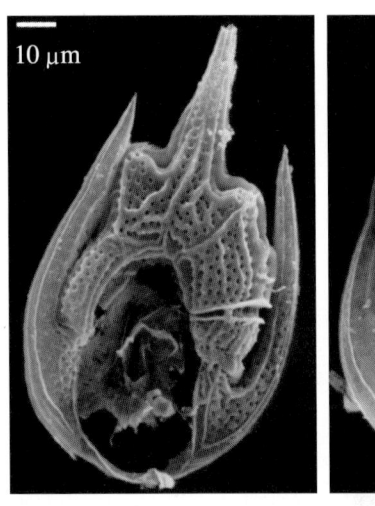 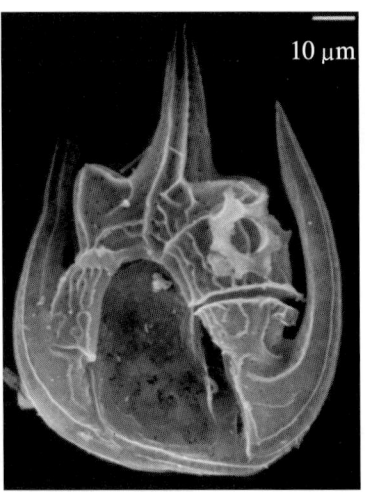 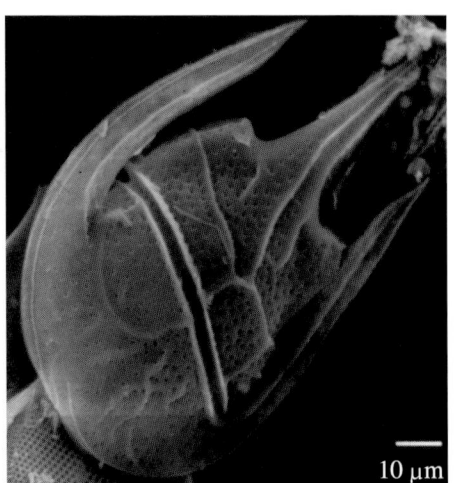

示腹面观、背面观

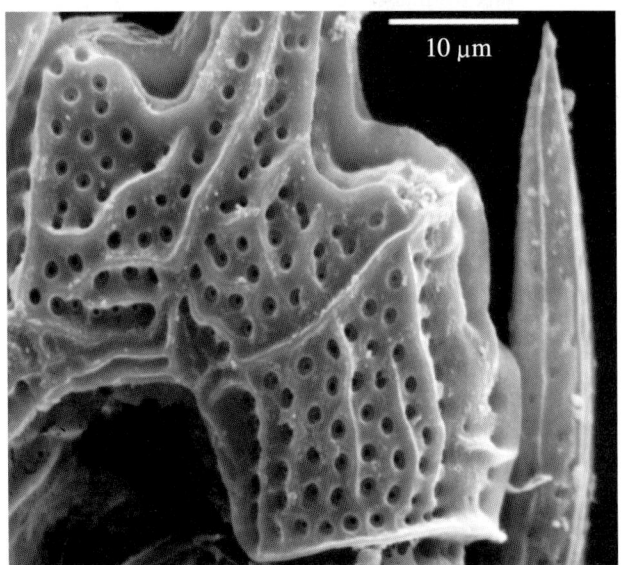 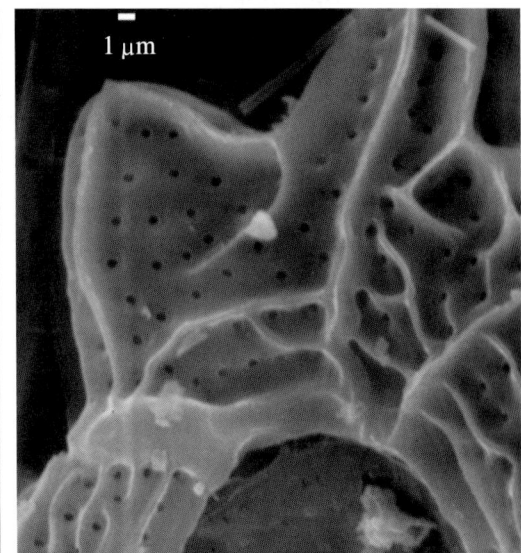

示腹面观壳面网格结构、孔

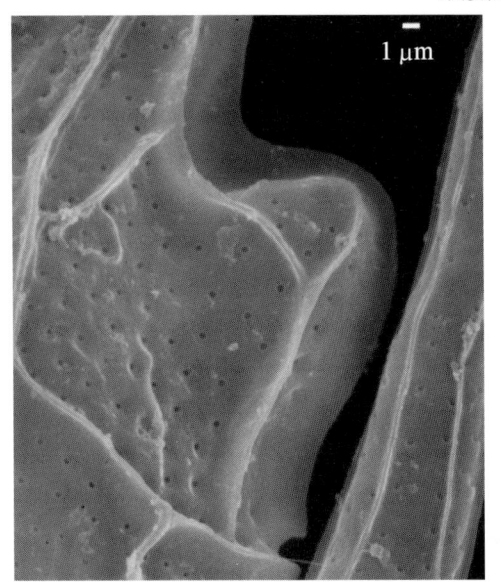 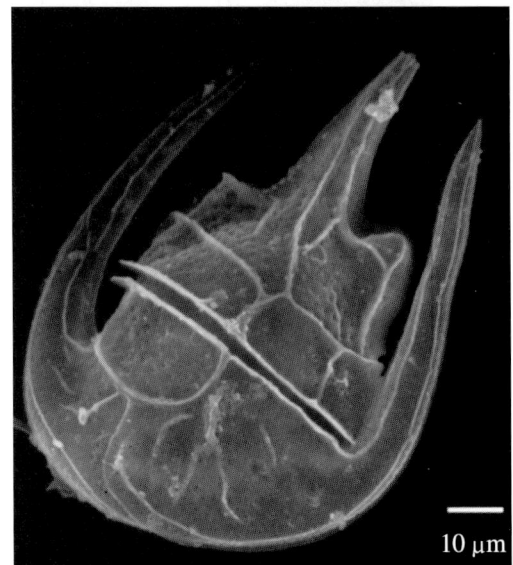

示背面观、脊状条纹及孔

圆胖新角藻
Neoceratium paradoxides (Cleve) Gómez, Moreira & López-Garcia, 2010 = 圆胖角藻 *Ceratium paradoxides* Cleve, 1900

藻体细胞较大，顶角及两底角平滑并稍稍弯向右侧，壳面有许多多角形的网格结构，每个网格内有 1~4 个小孔。

样品采自南海北部海域。

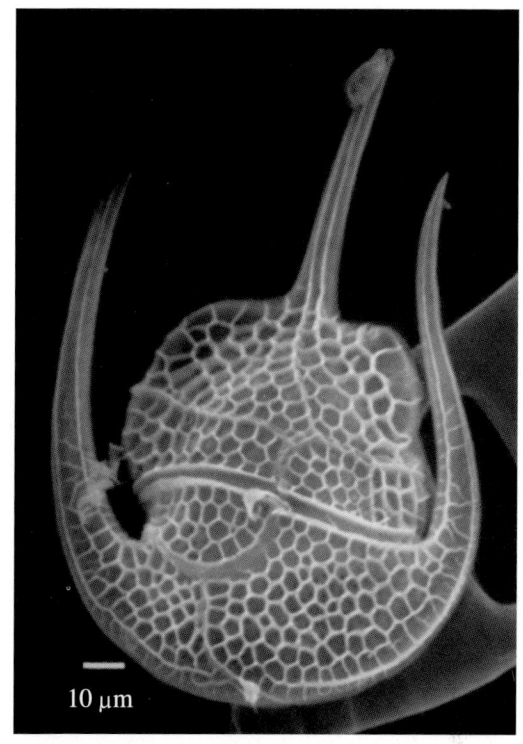

腹面观

示网格结构及小孔

对称新角藻

Neoceratium symmetricum (Pavillard) Gómez, Moreira & López-Garcia, 2010 = 对称角藻 *Ceratium symmetricum* Pavillard, 1905

　　藻体细胞中等大小，顶角直，两底角大幅度弧形弯曲，右底角末端与顶角近平行，左底角则更加靠拢顶角，壳面脊状条纹较细弱，孔清晰。本种在对称角藻的三个变种中是底角弯曲幅度最大的一种。

　　样品采自南海北部海域。

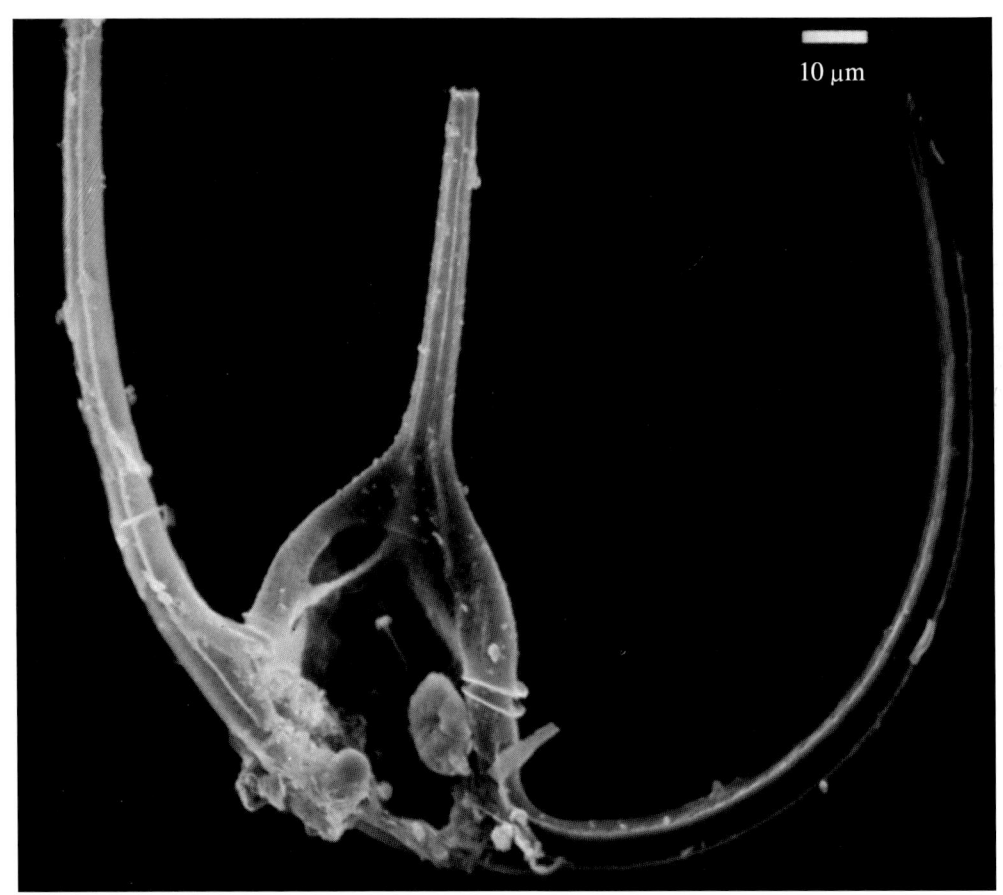

示腹面观

三角新角藻

Neoceratium tripos (Müller) Gómez, Moreira & López-Garcia, 2010 = 三角角藻 *Ceratium tripos* (Müller) Nitzsch, 1817

藻体细胞中等大小，腹面、背面观呈锚形，两底角向上斜伸，壳面脊状条纹及孔粗大明显。样品采自青岛沿海、黄海、东海。

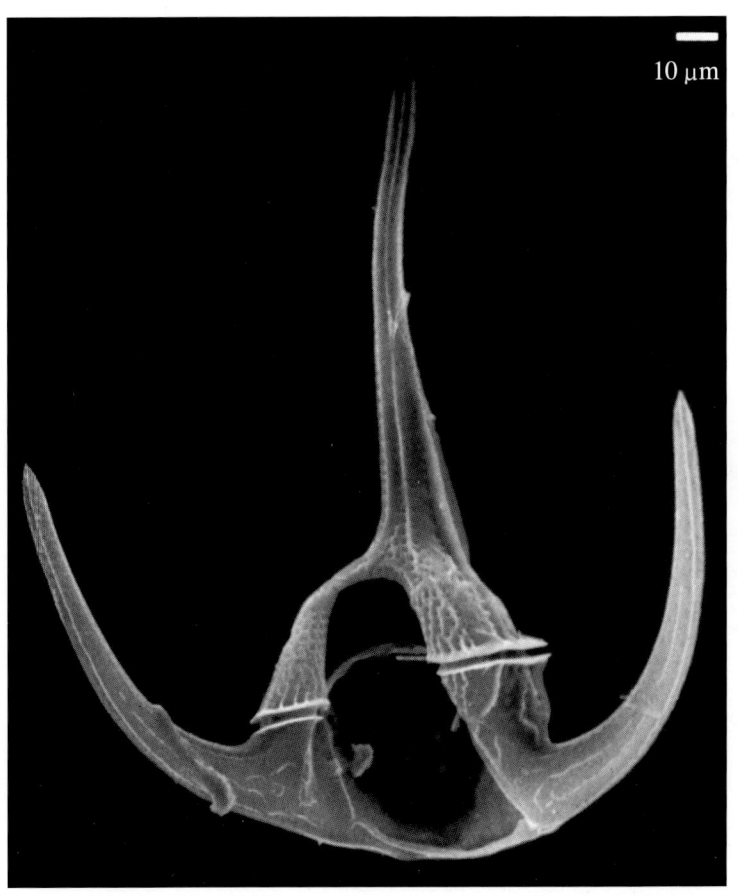

示腹面观

示壳面脊状条纹及孔

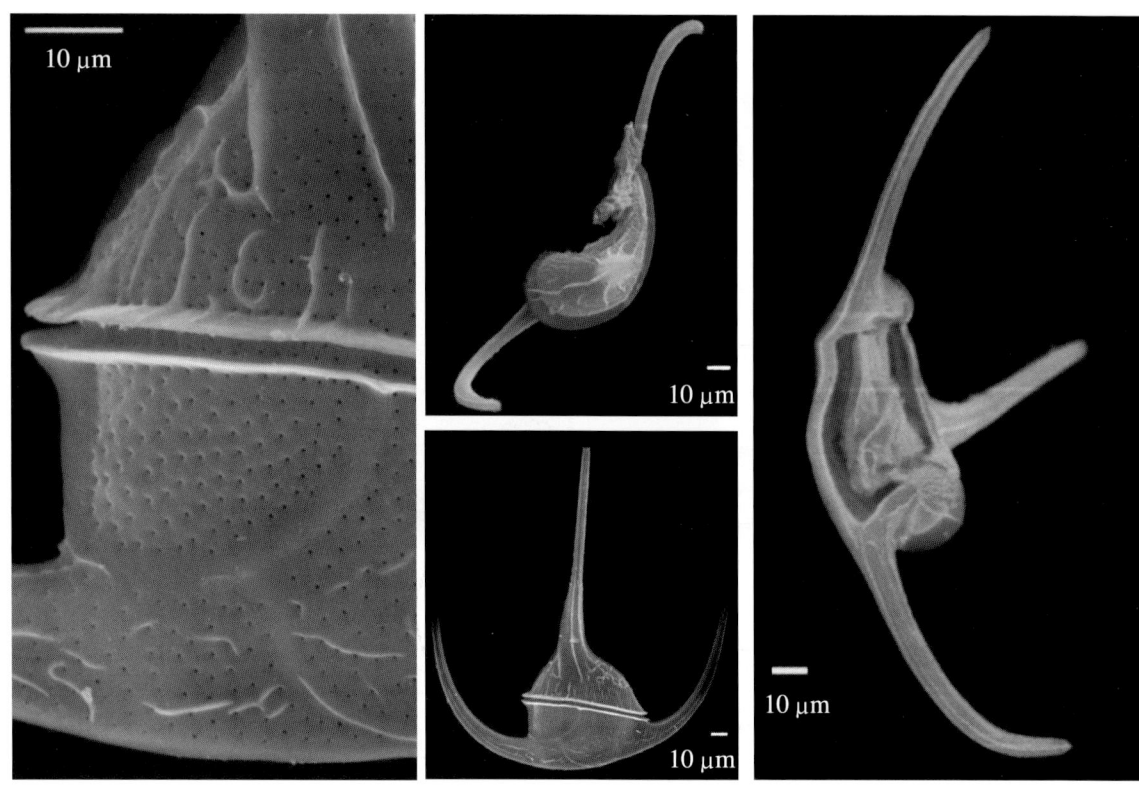

示背面观壳面脊状条纹及孔、底面观、背面观、腹侧底面观

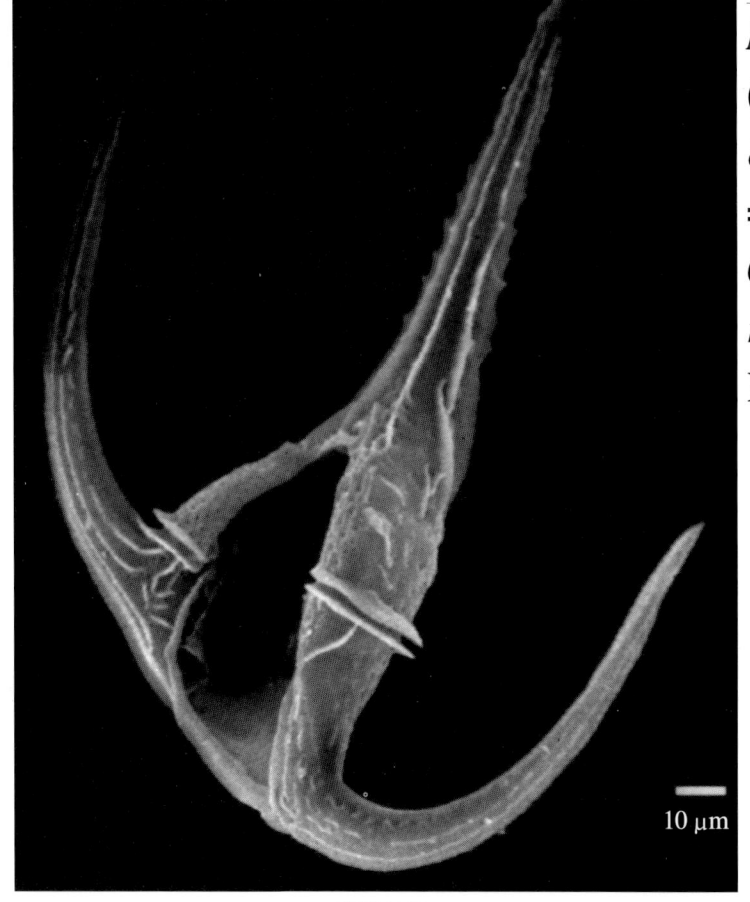

示腹面观

Neoceratium tripos (Müller) Gómez, Moreira & López-Garcia, 2010 =三角角藻忽视变种 *Ceratium tripos* var. *neglectum* (Ostenfeld) Paulsen, 1907

藻体细胞中等大小，壳面粗糙具发达的脊状条纹，顶角自基部至中部具数条纵向排列的锯齿状窄翼，孔清晰。

原命名为三角角藻忽视变种，Gómez等（2010）将其与原变种并入三角新角藻。

样品采自东海冲绳海槽西侧海域。

三角新角藻大西洋变种

Neoceratium tripos var. *atlanticum* (Ostenfeld) = 三角角藻大西洋变种 *Ceratium tripos* var. *atlanticum* (Ostenfeld) Paulsen, 1908

藻体细胞中等大小，两底角伸展角度较原变种小，顶角基部具锯齿状窄翼，壳面脊状条纹及孔清晰可见。

样品采自黄海、东海、南海。

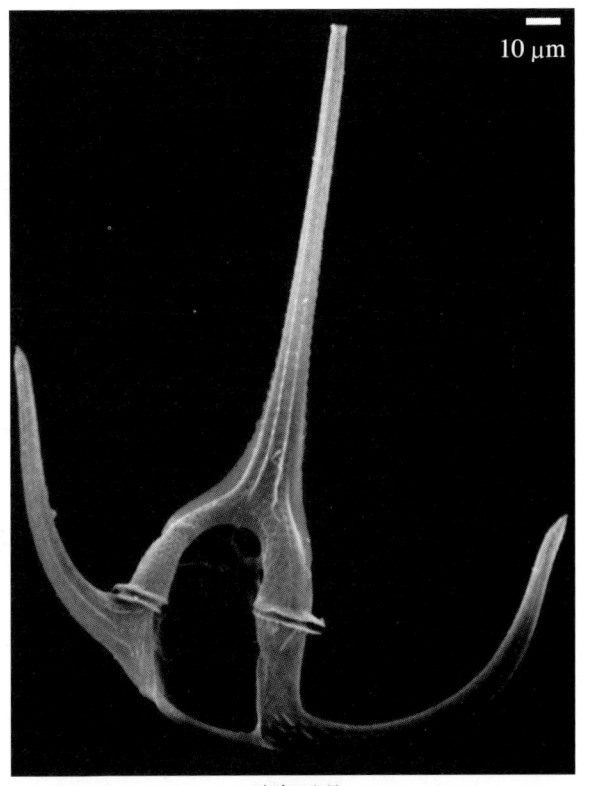
示腹面观

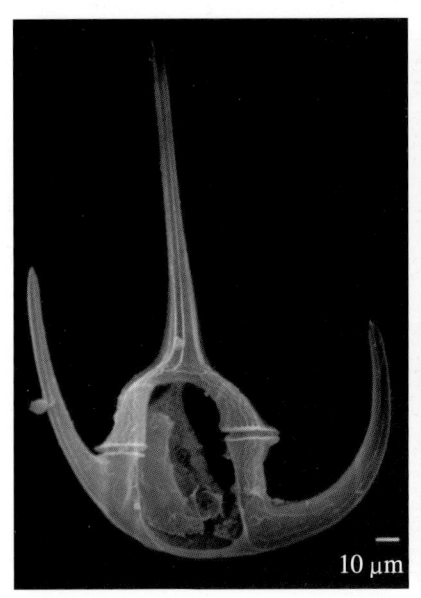
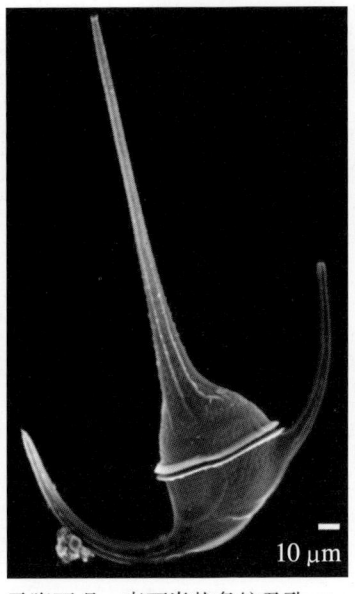
示腹面观、壳面脊状条纹及孔
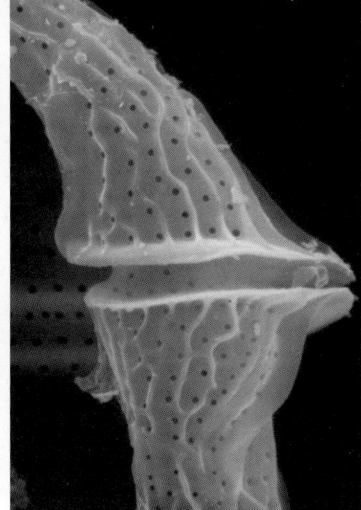

三角新角藻印度变种

Neoceratium tripos var. *indicum* (Böhm) = 三角角藻印度变种
Ceratium tripos var. *indicum* (Böhm) Taylor, 1976

藻体细胞较大，左底角弯曲伸向前方，与顶角近平行，壳面脊状条纹粗大明显，孔清晰。

样品采自南海北部海域。

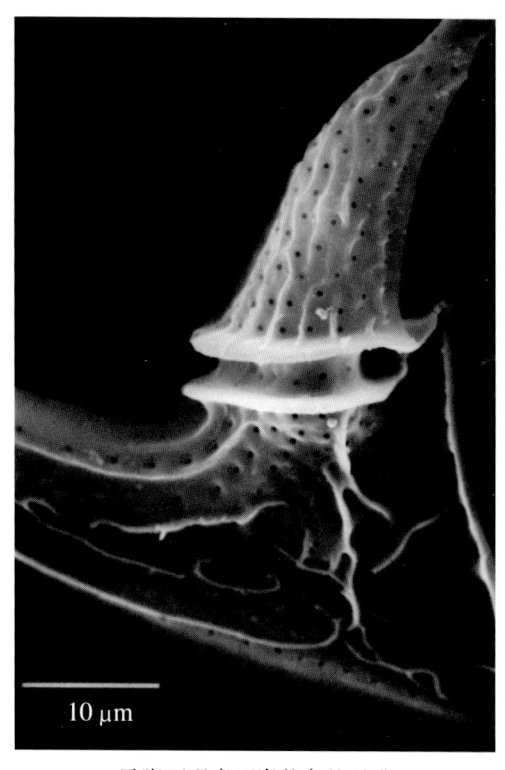

示腹面观壳面脊状条纹及孔

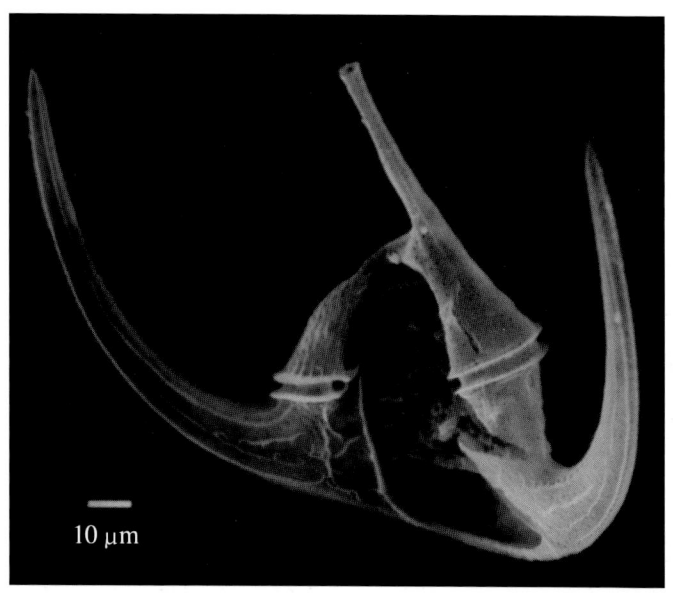 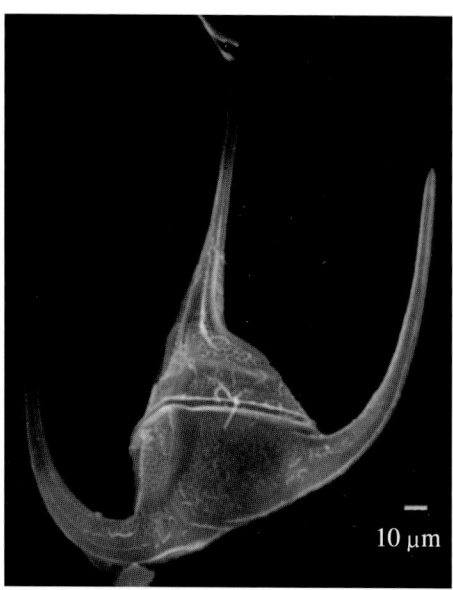

示腹面观、背面观

三角新角藻亚美变种

Neoceratium tripos var. *semipulchellum* (Schröder) = 三角角藻美丽变种亚美变型 *Ceratium tripos* var. *pulchellum* f. *semipulchellum* (Schröder) Jörgensen, 1920

藻体细胞较大，顶角长，两底角较短，壳面脊状条纹较细，孔明显。

样品采自南海北部海域。

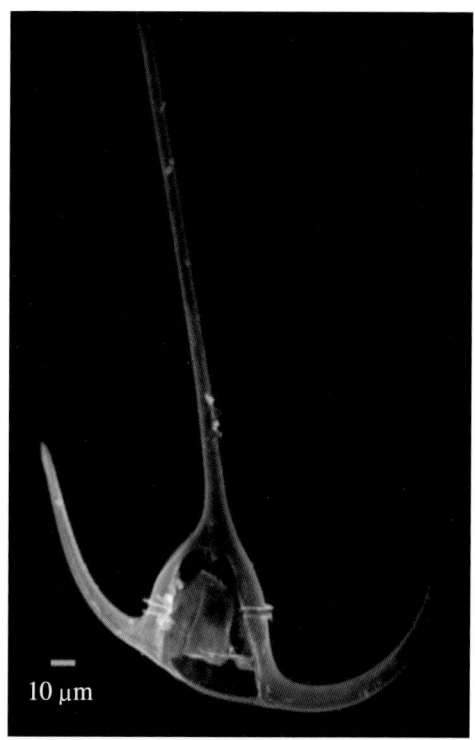
示腹面观

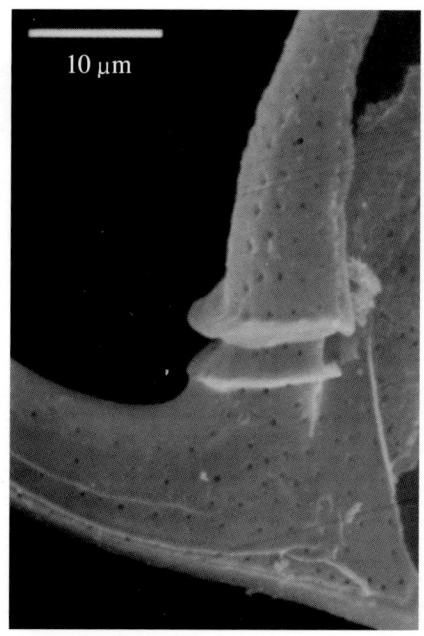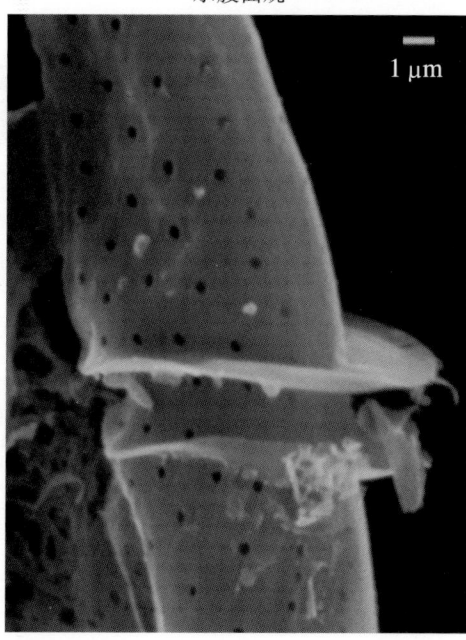
示壳面脊状条纹及孔

美丽新角藻
Neoceratium pulchellum (Schröder) Gómez, Moreira & López-Garcia, 2010 = 三角角藻美丽变种
Ceratium tripos var. *pulchellum* (Schröder) López, 1966

藻体细胞中等大小，右底角非常短，壳面脊状条纹细弱不明显，孔较细密。

样品采自东沙群岛附近海域、吕宋海峡。

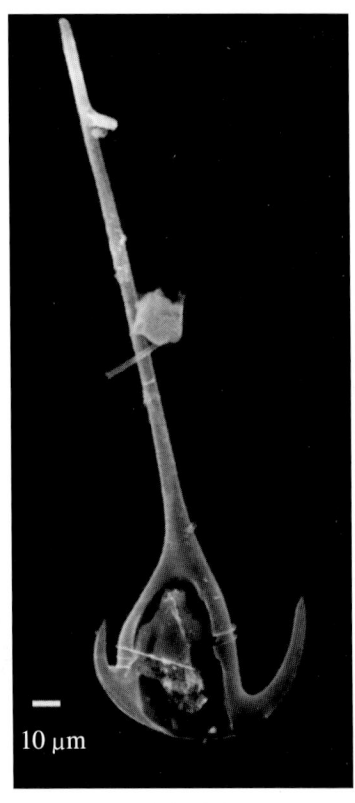

示腹面观

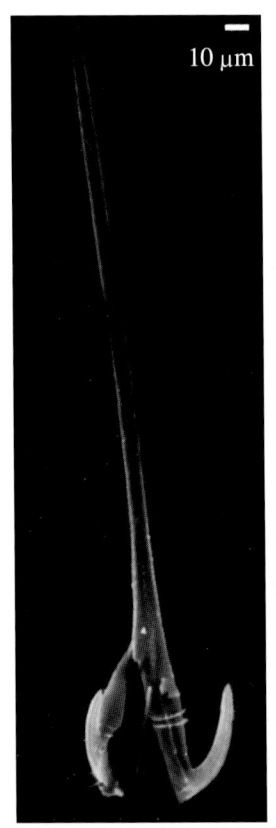

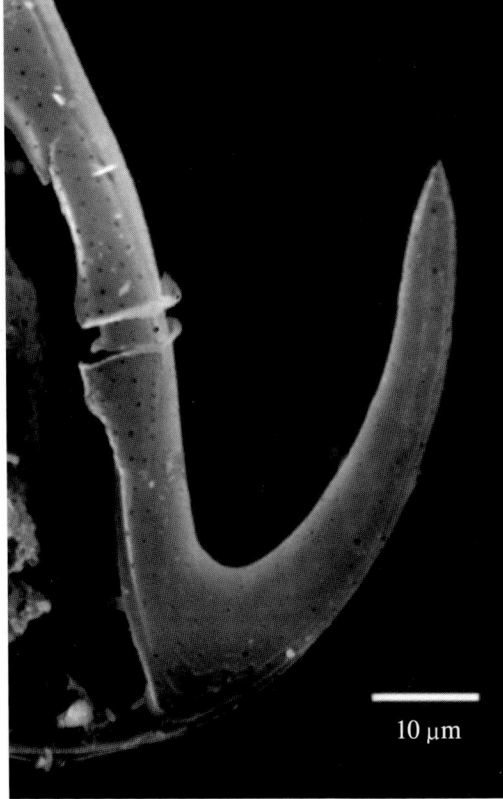

示壳面脊状条纹及孔

兀鹰新角藻

Neoceratium vultur (Cleve) Gómez, Moreira & López-Garcia, 2010 = 兀鹰角藻日本变种粗壮变型 *Ceratium vultur* var. *japonicum* f. *robustum* (Ostenfeld et Schmidt) Taylor, 1976

藻体细胞大，顶角及两底角粗壮，两底角与顶角平行或歧分伸出，壳面脊状条纹发达，孔粗大，并且顶角和两底角均生有锯齿状窄翼。

样品采自东海冲绳海槽西侧海域、南海北部海域。

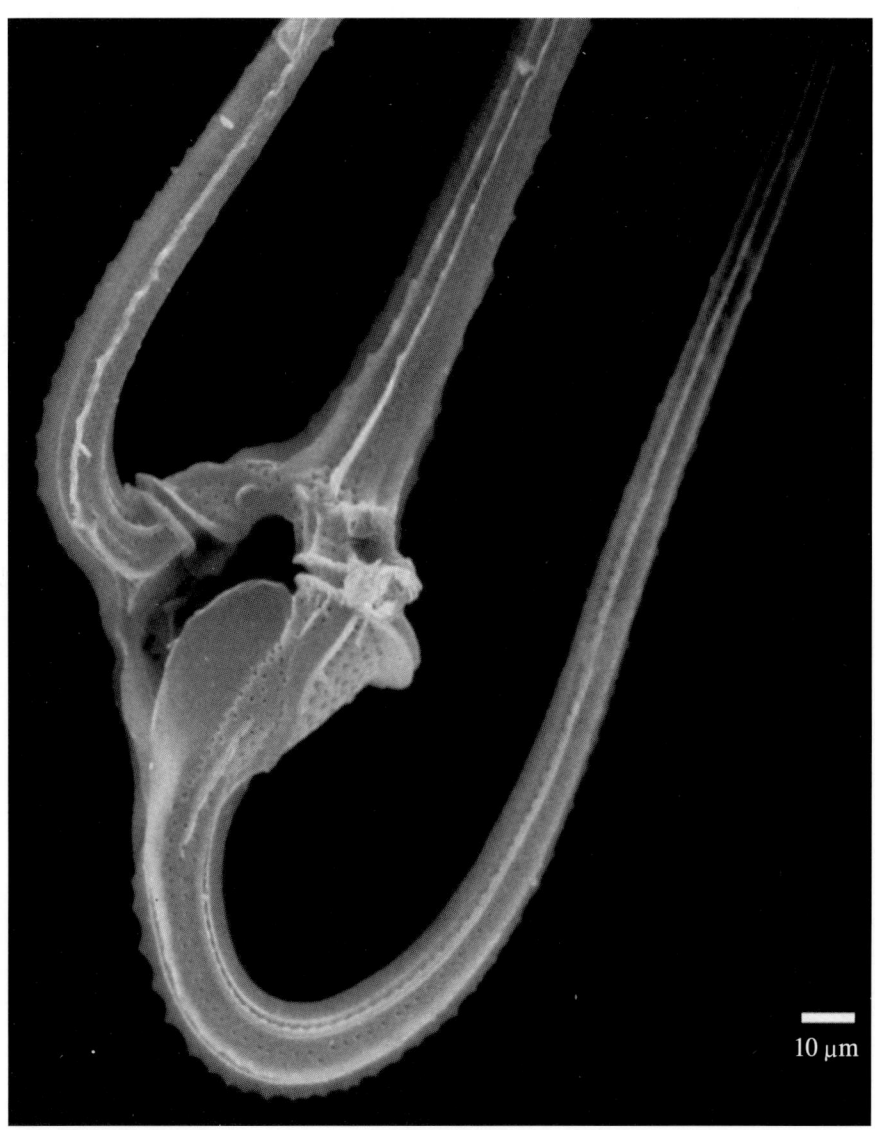

示腹面观

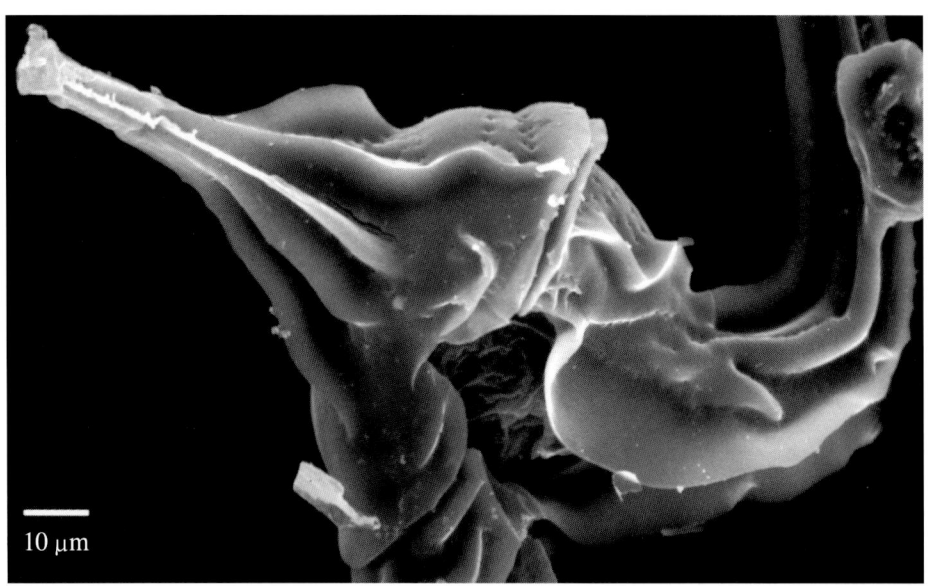

示腹面观

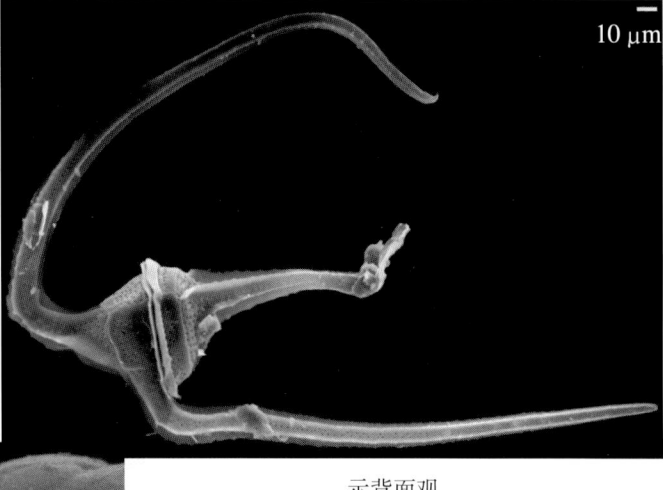

示背面观

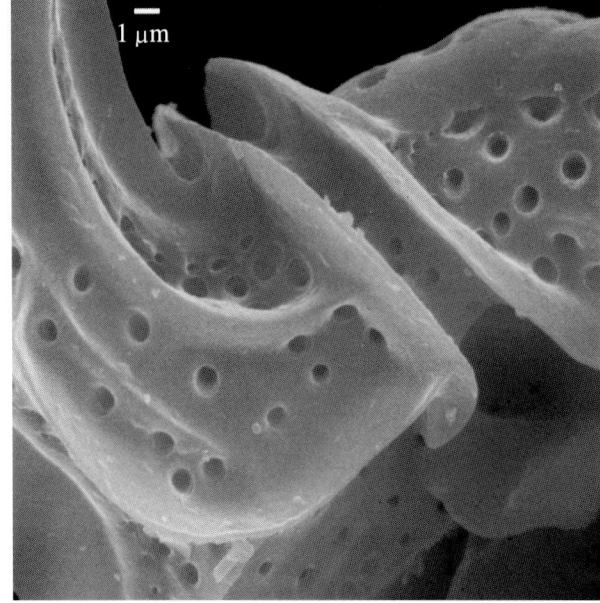

示腹面脊状条纹及孔

苏门答腊新角藻
Neoceratium sumatranum (Karsten) = 兀鹰角藻苏门答腊变种
Ceratium vultur var. *sumatranum* **Karsten, 1907**

藻体细胞中等大小，两底角伸出较短距离后均斜向外侧弯折，且两底角末端尖，壳面脊状条纹明显，孔清晰。

样品采自东海、南海、吕宋海峡。

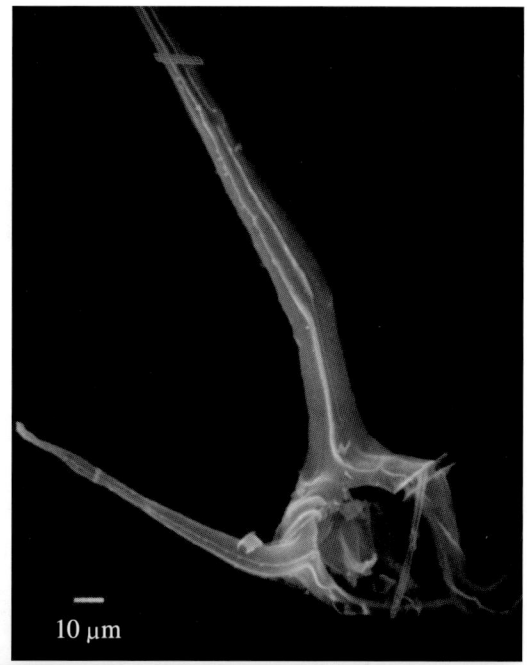

示腹面观

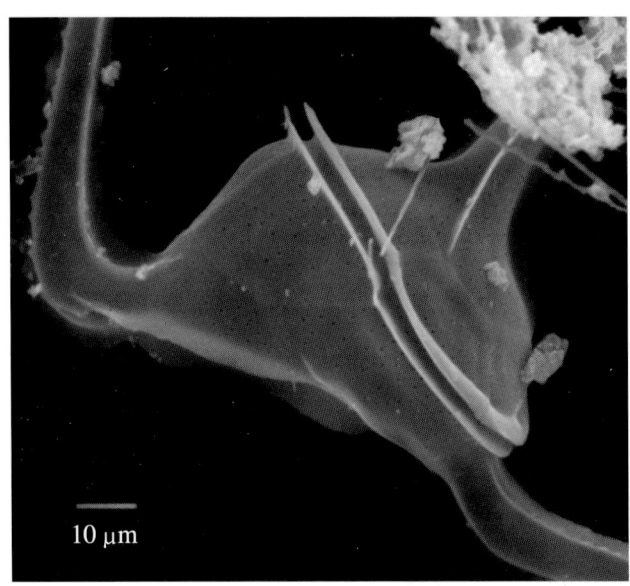

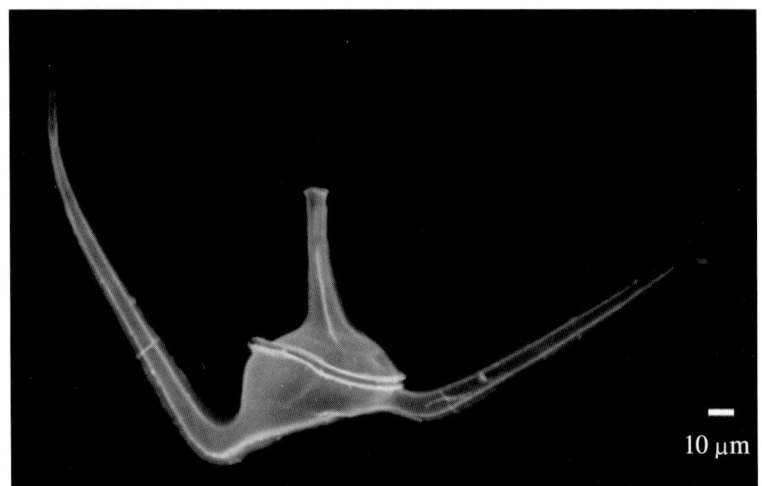

示背面观

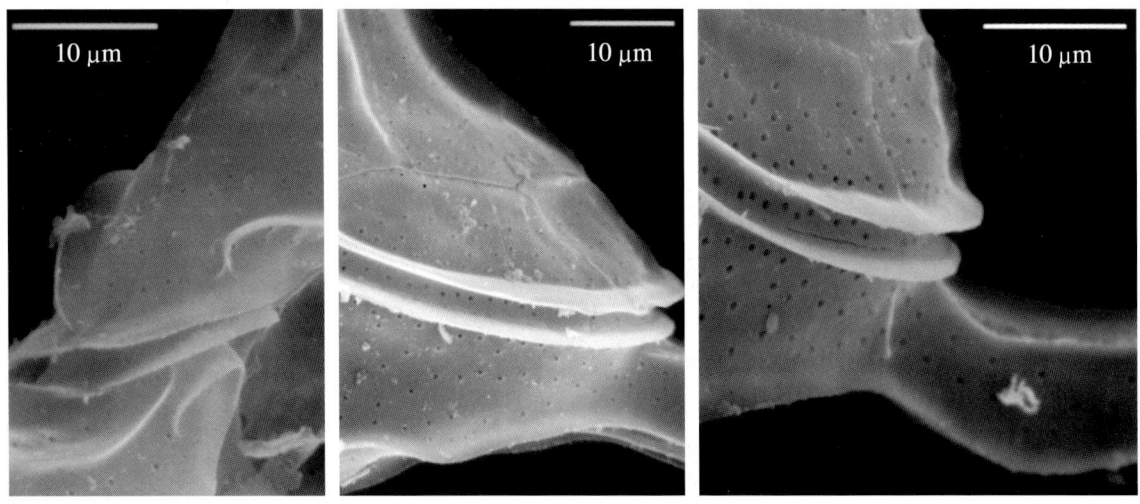

示腹面观、背面观壳面脊状条纹及孔

角甲藻属 *Ceratocorys*

多刺角甲藻
Ceratocorys horrida Stein, 1883

藻体细胞中等大小，上壳甚短，侧面观多角形，生有六根长刺，但也有刺较短者，壳面小孔清晰且分布较均匀。

样品采自东海、台湾海峡、南海、吕宋海峡。

示右侧面观、壳面小孔

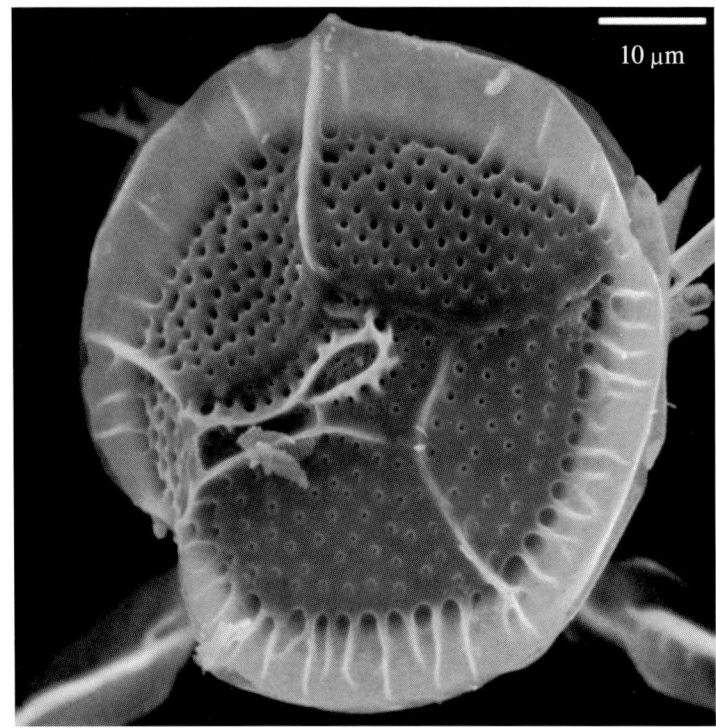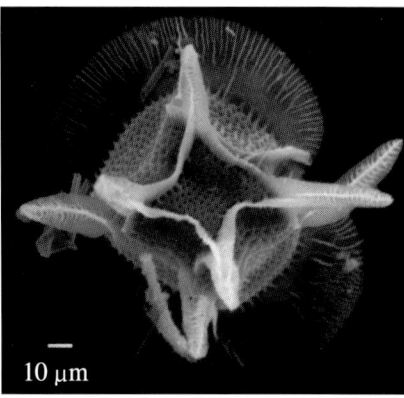

示顶面观、底面观（刺较短的细胞个体）

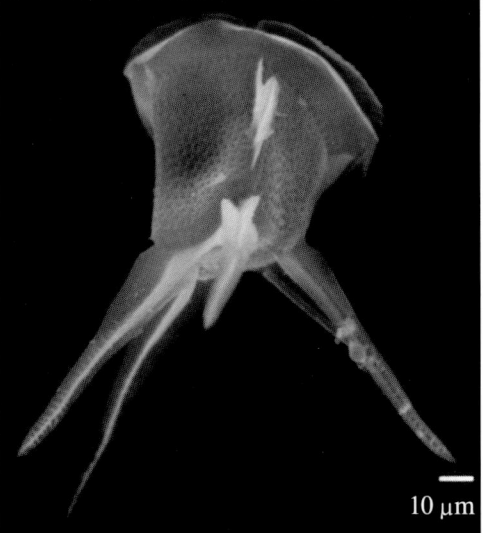

示底面观、背面观

古秃藻属 *Palaeophalacroma*

球形古秃藻
Palaeophalacroma sphaericum Taylor, 1976

藻体细胞非常小，腹面观近圆形，横沟左旋，纵沟清晰，壳面具少数微弱的脊状条纹，孔散布其中。

样品采自西沙群岛附近海域，系中国首次记录。

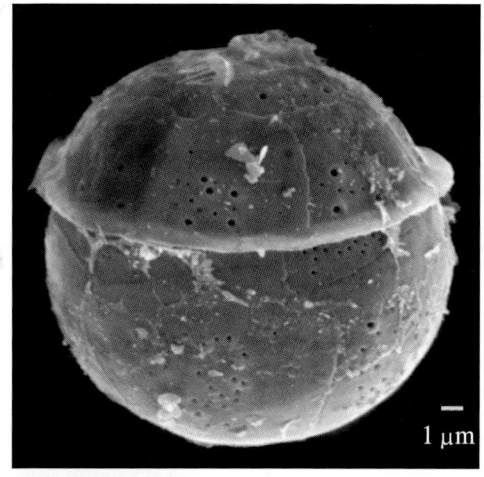

示背面观

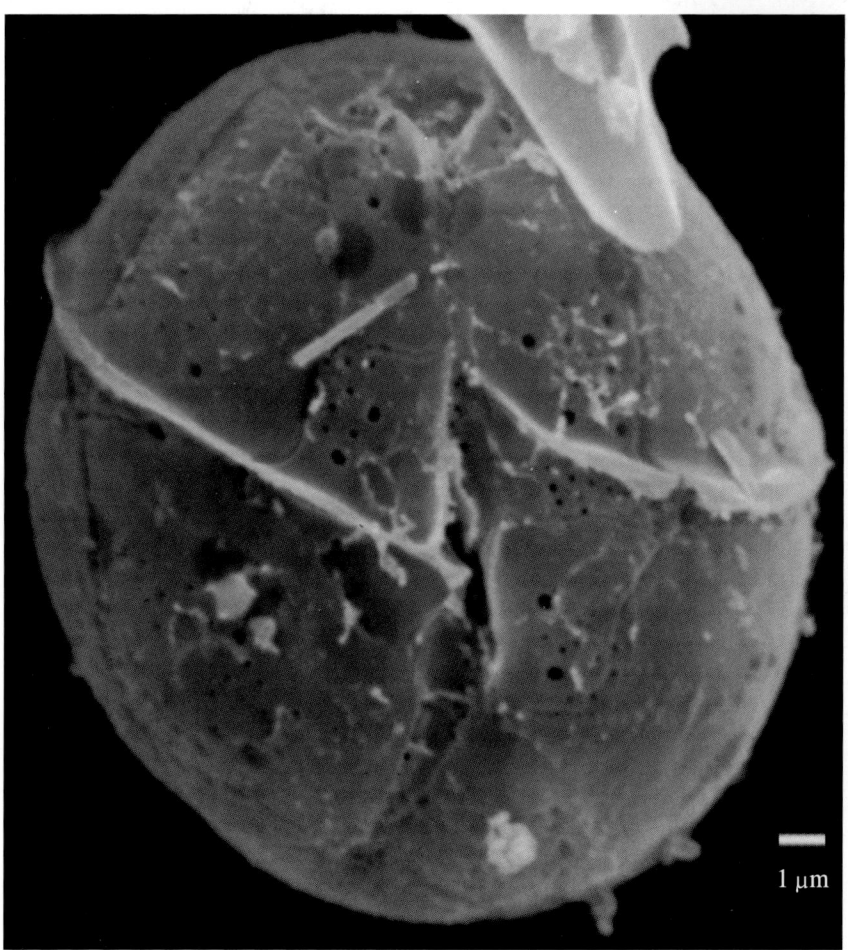

示腹面观

单围古秃藻
Palaeophalacroma unicinctum Schiller, 1928

　　藻体细胞较小，腹面观卵圆形至圆形，具顶孔，无顶角，横沟左旋，仅有横沟上边翅而无横沟下边翅，壳面无脊状条纹，孔大小不一，散布于壳面。

　　本种与球形古秃藻 *P. sphaericum* 非常相似，但本种细胞个体明显大于后者。

　　样品采自南海北部海域，系中国首次记录。

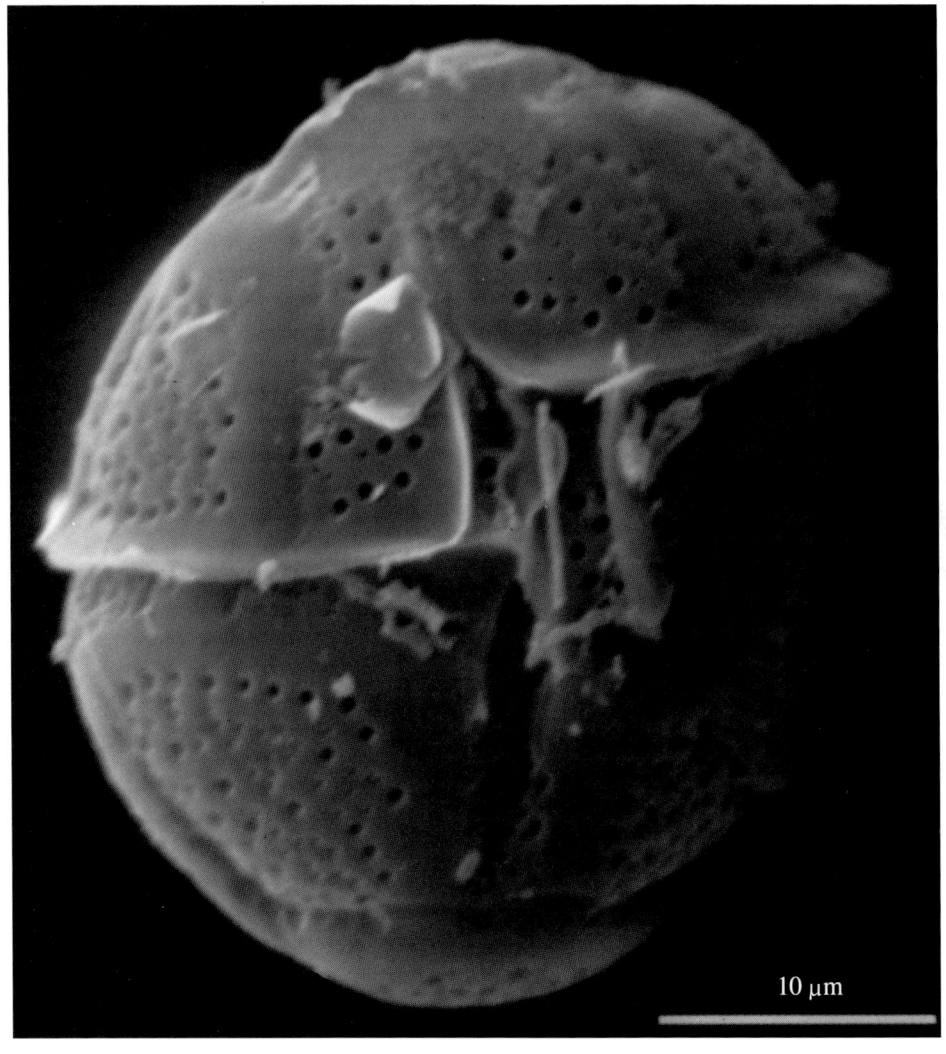

示腹面观

疣突古秃藻
Palaeophalacroma verrucosum Schiller, 1928

本种与球形古秃藻 *P. sphaericum* 相似，但本种藻体细胞腹面观长卵圆形，纵沟更狭窄。

样品采自南海北部海域，系中国首次记录。

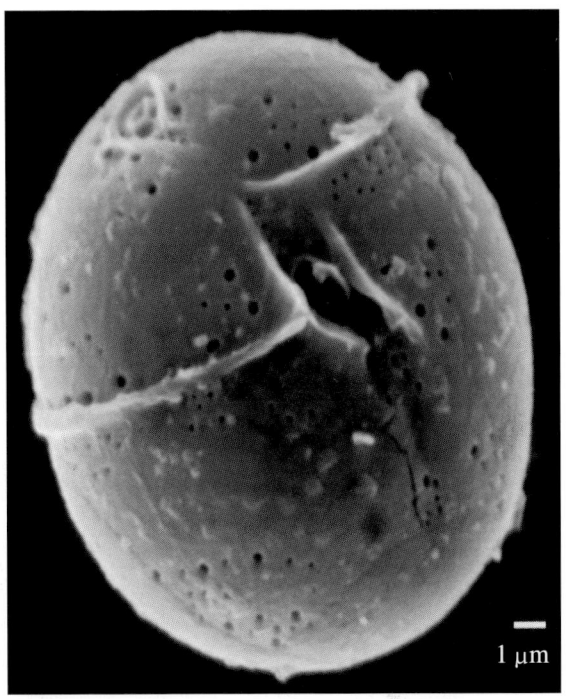

示腹面观

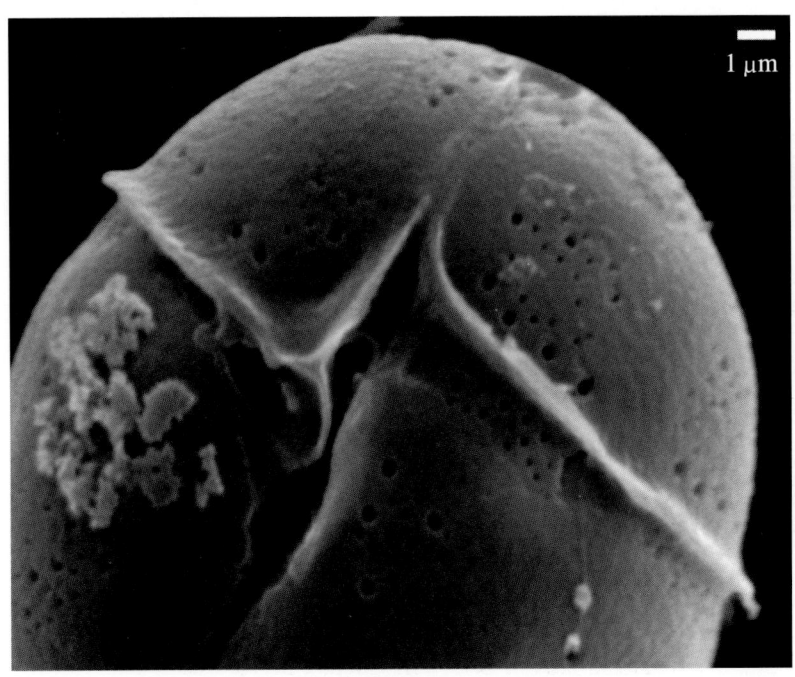

示壳面小孔

屋甲藻属 *Goniodoma*

球形屋甲藻
Goniodoma sphaericum Murray & Whitting, 1899

藻体细胞中等大小，呈球形，甲板相接处虽有加厚但不明显，壳面孔规则而明显。

样品采自南海北部海域。

示腹面观

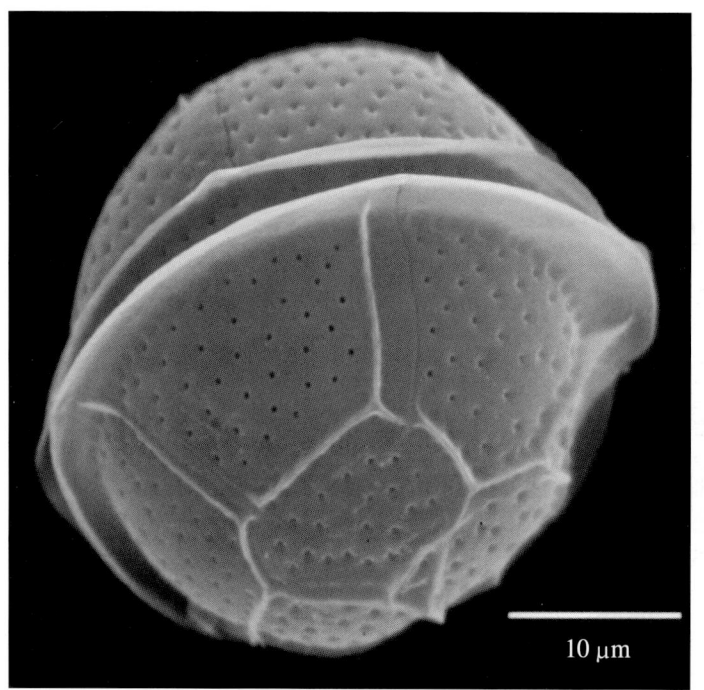

示背面观、底面观

多边屋甲藻
Goniodoma polyedricum (Pouchet) Jörgensen, 1899

　　藻体细胞多面体形，甲板相接处呈龙骨状加厚，壳面具粗大且排列紧密的孔。

　　样品采自南海北部海域、南沙群岛附近海域、吕宋海峡。

示腹面观

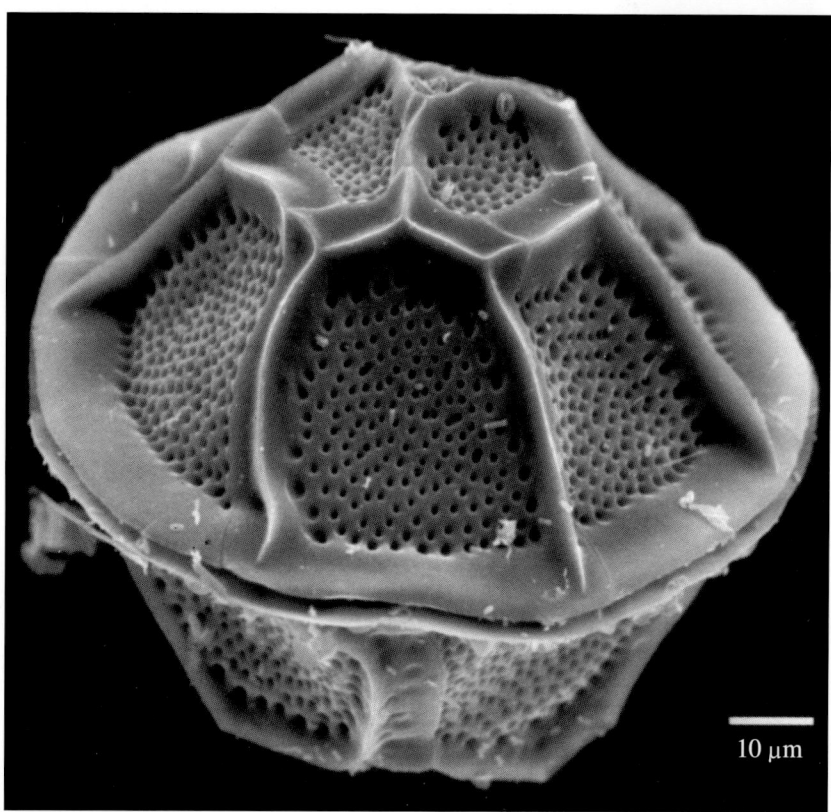

示背面观

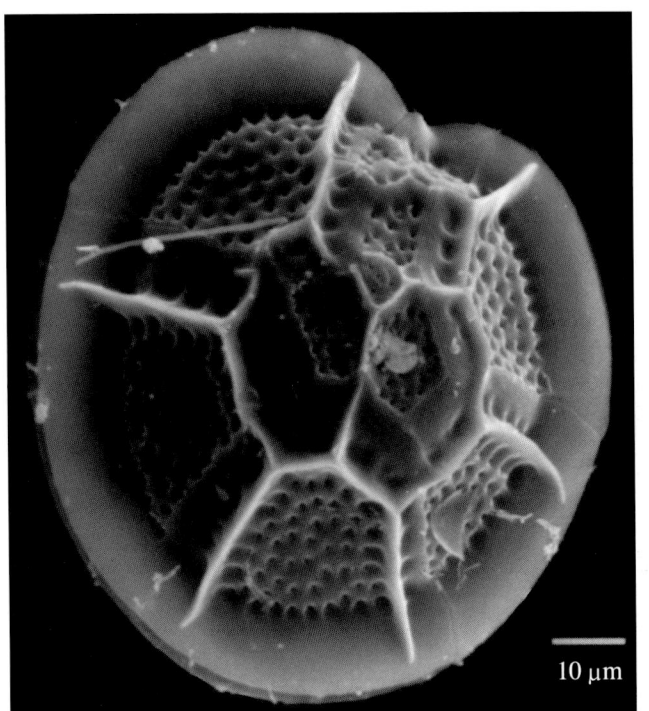 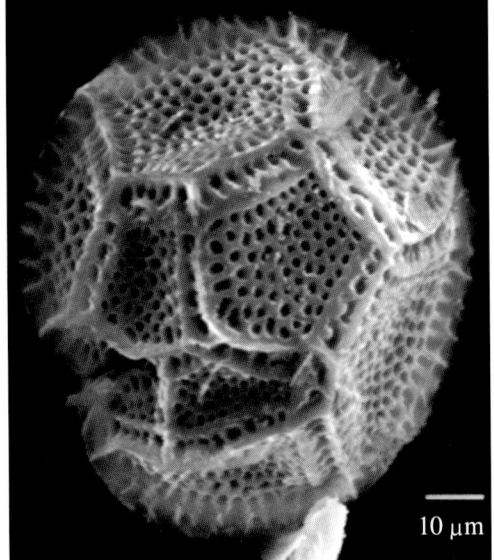

示顶面观、底面观

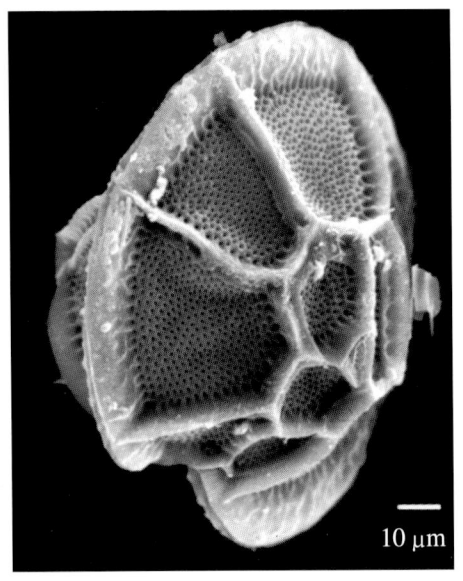 

示右侧面观、左侧面观

膝沟藻属 *Gonyaulax*

井脊膝沟藻
***Gonyaulax birostris* Stein, 1883**

藻体细胞中等大小，顶角和底角非常长，顶角末端平截，底角末端较尖锐，壳面粗糙，孔细密而清晰。

样品采自中沙群岛附近海域、黄岩岛附近海域，系中国首次记录。

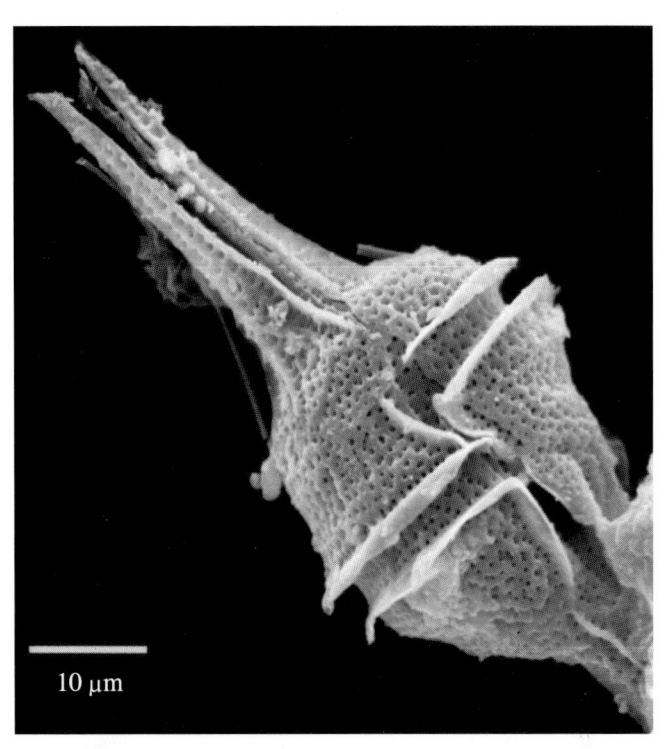

示腹面观

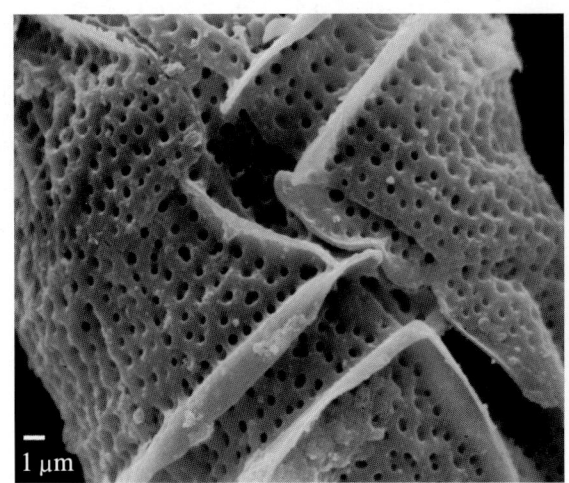 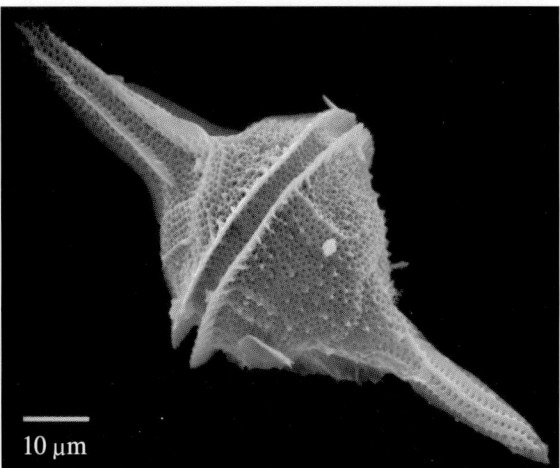

示腹面小孔、背面观

螺状膝沟藻
Gonyaulax cochlea Meunier, 1919

藻体细胞较小，腹面观近卵圆形，横沟左旋，下降约 1.5 倍横沟宽度，下体部底缘中部具底刺，壳面孔纹结构粗大。

样品采自南海北部海域，系中国首次记录。

示腹面观

具指膝沟藻
Gonyaulax digitale (Pouchet) **Kofoid, 1911**

藻体细胞中等大小，顶角较尖细，横沟左旋，下降约 2 倍横沟宽度，两底刺坚实，壳面具粗大的孔纹结构。

样品采自南海北部海域。

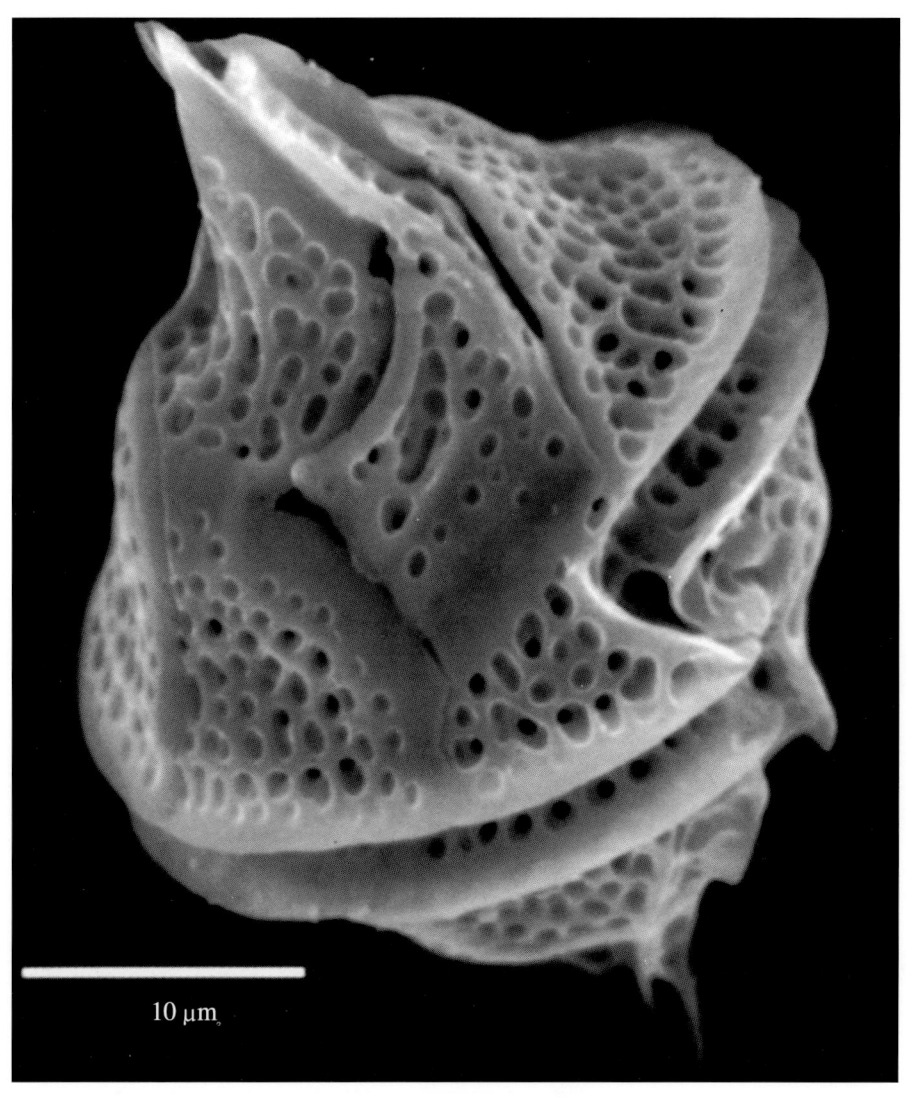

示腹面观

纺锤膝沟藻
***Gonyaulax fusiformis* Graham, 1942**

藻体细胞宽纺锤形,顶角长且粗壮,末端平截,底角较细,末端尖锐。壳面具脊,孔纹细小而粗糙。

样品采自南海北部海域、吕宋海峡。

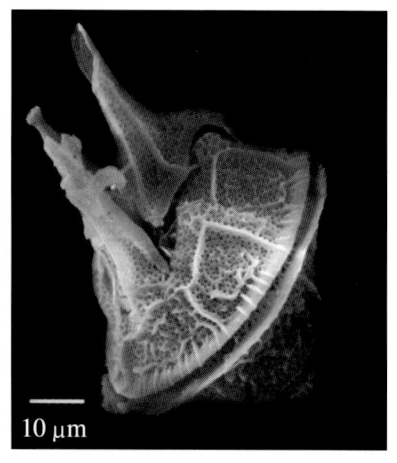

示背面观

科氏膝沟藻
Gonyaulax kofoidii **Pavillard, 1909**

本种与太平洋膝沟藻 *G. pacifica* 非常相似，但本种藻体细胞明显小于后者，而且本种的细胞壁较厚，壳面纵脊也更加清晰。

样品采自中沙群岛附近海域。

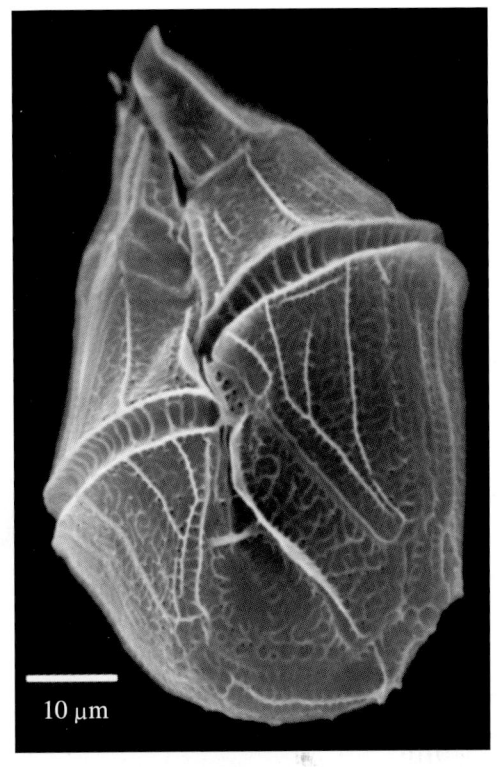

示腹面观

示壳面纵脊及小孔

太平洋膝沟藻
Gonyaulax pacifica **Kofoid, 1907**

　　藻体细胞大，左右不对称，大体呈纺锤形，上体部稍细，下体部较圆钝，藻体底缘中部偏左侧生有一底刺，壳面具许多纵脊，孔小而细密。

　　样品采自南海北部海域。

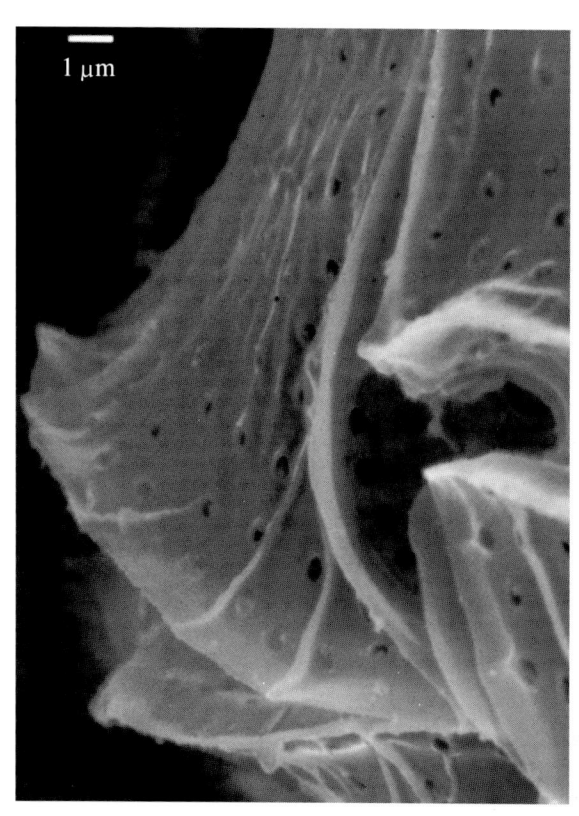

示壳面纵脊及孔

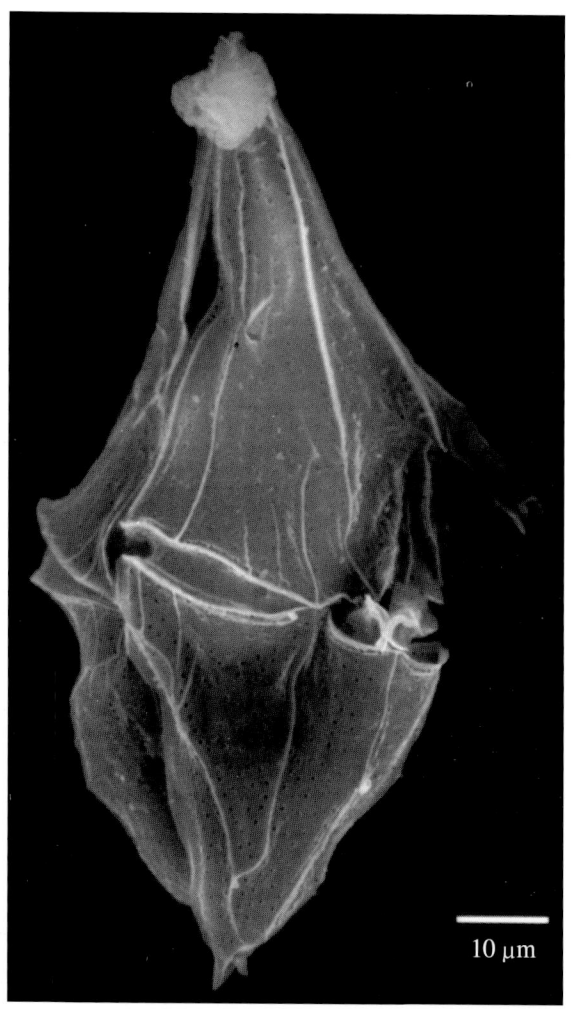

示左侧面观

多纹膝沟藻
Gonyaulax polygramma Stein, 1883

　　藻体细胞呈纺锤形，顶角粗壮平截，横沟左旋，下降约1倍横沟宽度，壳面有许多纵脊，纵脊内生有孔纹，孔纹内具孔。

　　样品采自南海北部海域、南沙群岛附近海域、吕宋海峡。

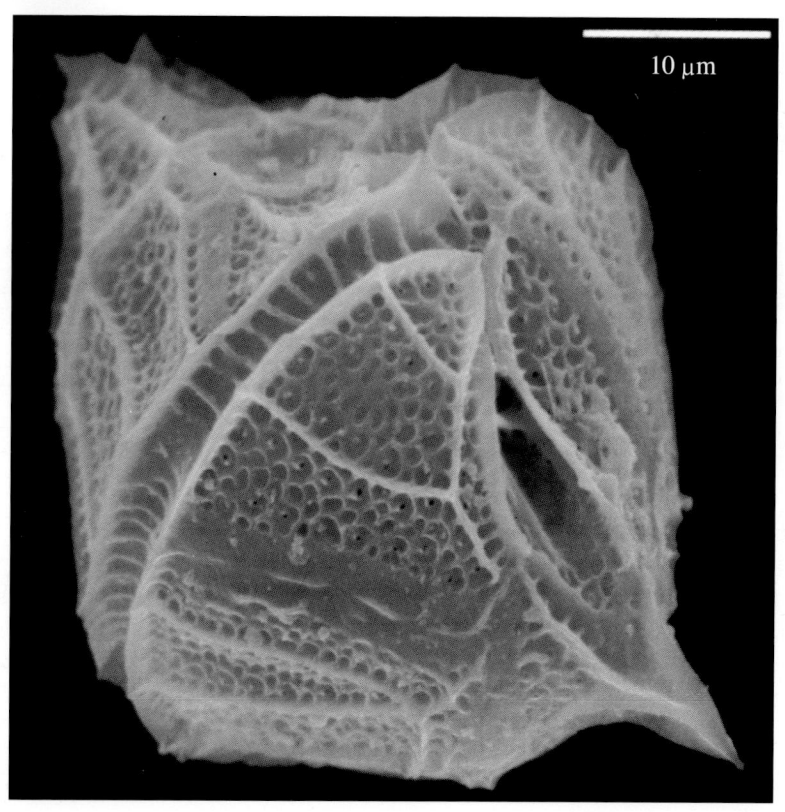

示腹面观

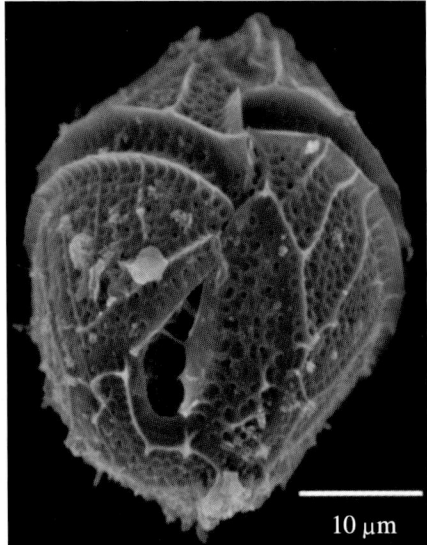

示顶面观、腹面观

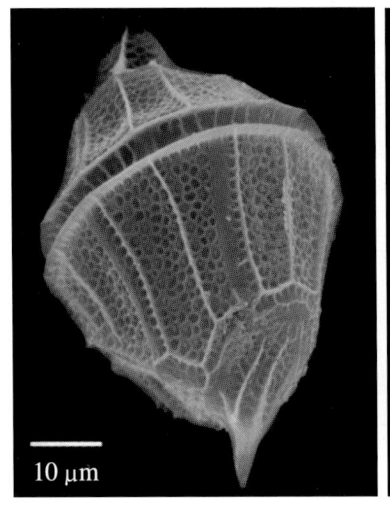

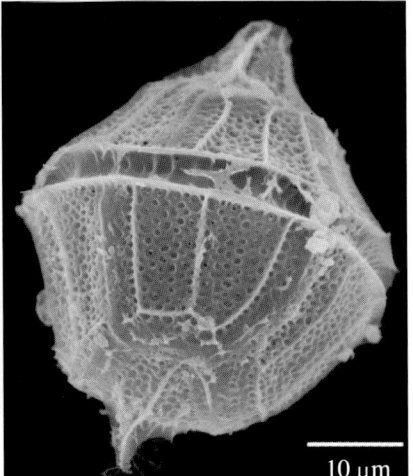

示背面观

球状膝沟藻
Gonyaulax sphaeroidea **Kofoid, 1911**

藻体细胞呈球状，中等大小，横沟左旋，下降约 3～3.5 倍横沟宽度，壳面孔较粗大清晰。样品采自南海北部海域，系中国首次记录。

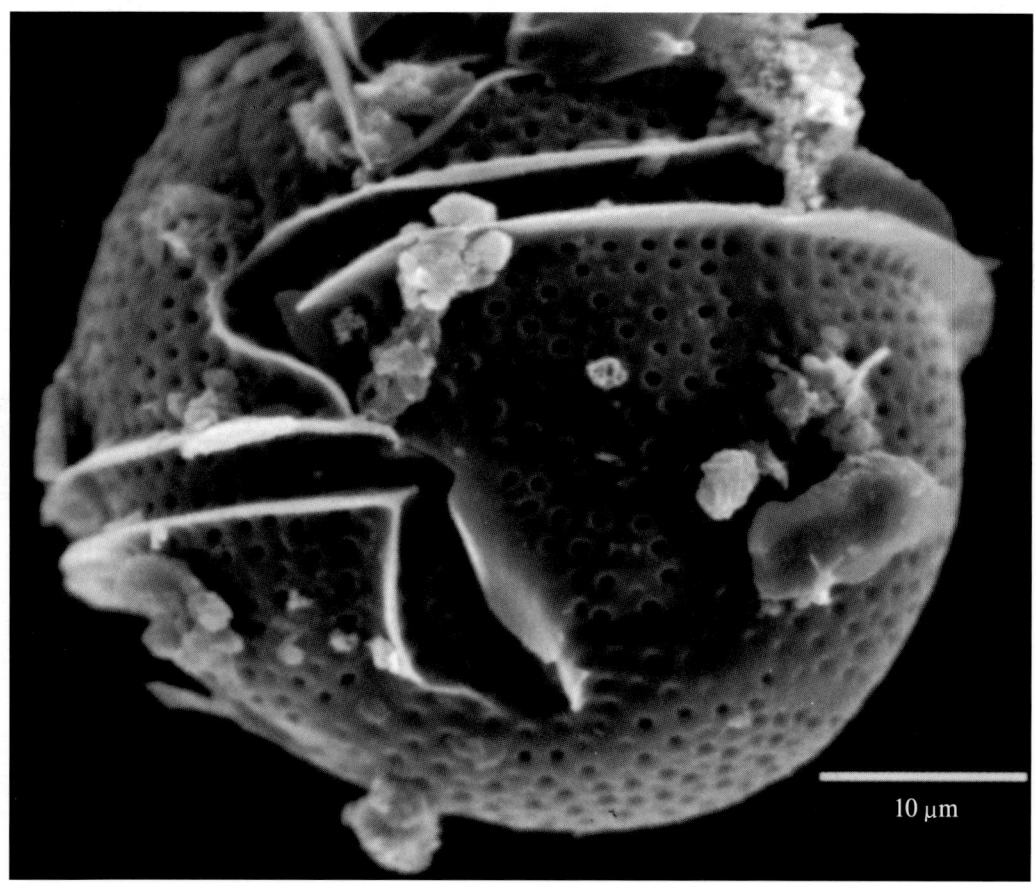

示腹面观

具刺膝沟藻
Gonyaulax spinifera (Claparede & Lachmann) Diesing, 1866

藻体细胞中等大小，顶角缓和平截，横沟左旋，下降至少 2 倍横沟宽度，壳面小孔粗大清晰。样品采自南海北部海域。

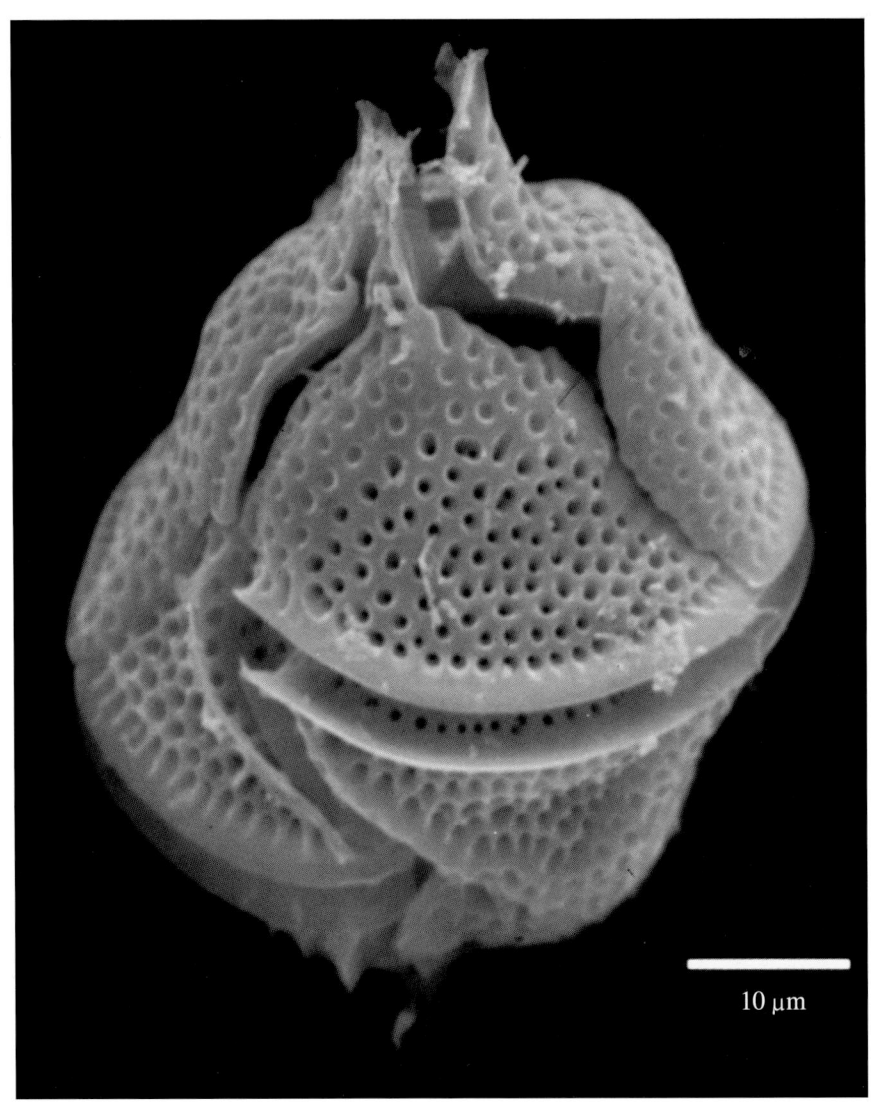

示腹面观

钻形膝沟藻
Gonyaulax subulata **Kofoid & Michener, 1911**

藻体细胞较小，顶角细长，横沟左旋，下降 1~1.5 倍横沟宽度，下体部底缘中部具一尖锥形底刺（也有底刺着生位置在右侧的），壳面孔纹粗大。

样品采自黄岩岛附近海域，系中国首次记录。

示背面观

陀形膝沟藻
Gonyaulax turbynei Murray & Whitting, 1899

藻体细胞近卵圆形，顶角短，末端平截，横沟左旋，下降约 1～1.5 倍横沟宽度，壳面具粗大的纵脊，孔亦粗大明显。

样品采自南海北部海域，系中国首次记录。

示腹面观

舌甲藻属 *Lingulodinium*

多边舌甲藻

Lingulodinium polyedrum (Stein) Dodge, 1989

藻体呈多面体形，横沟左旋，下降约 1~2 倍横沟宽度，壳面甲板相接处呈脊状凸起，脊状凸起内生有粗大的孔纹，孔纹内具孔。

样品采自西沙群岛附近海域。

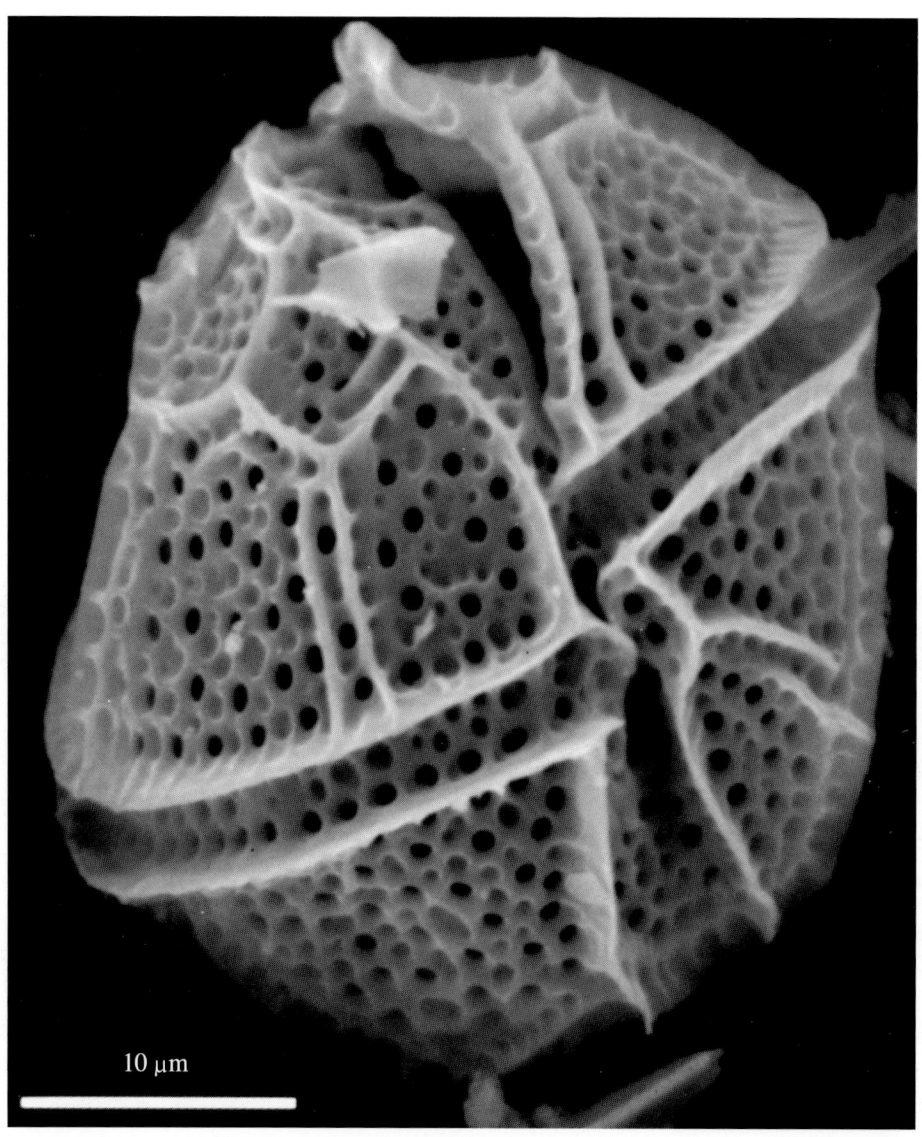

示腹面观

螺沟藻属 *Spiraulax*

乔利夫螺沟藻
Spiraulax jolliffei (Murray & Whitting) Kofoid, 1911

藻体细胞纺锤形,第一间插板四边形,位于腹面右侧,横沟左旋,壳面孔粗大清晰。

样品采自西沙群岛附近海域、中沙群岛附近海域。

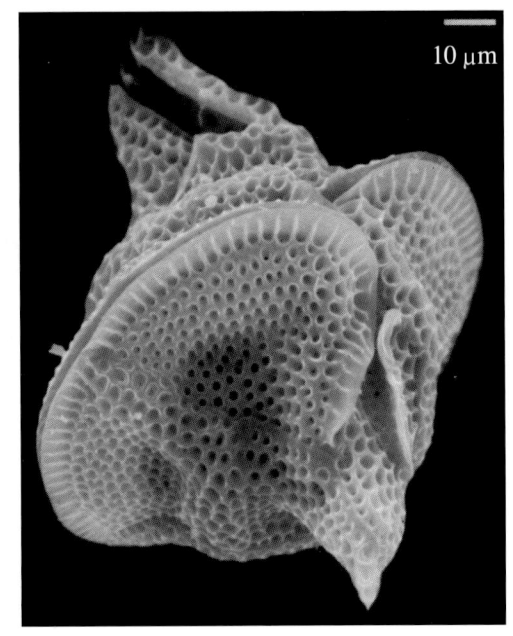

示腹面观

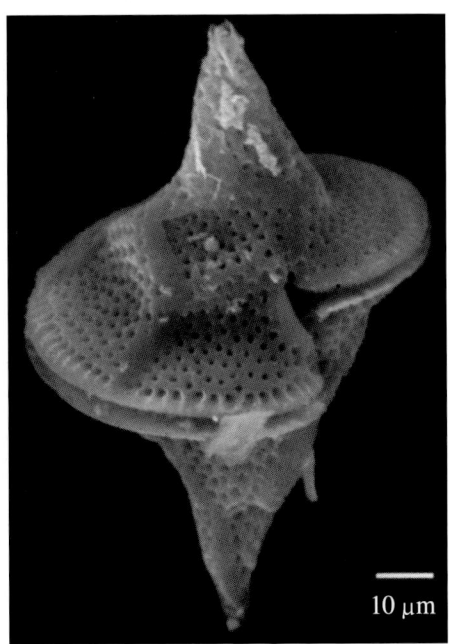

示背面观、右侧面观

原角藻属 *Protoceratium*

小窝原角藻
Protoceratium areolatum Kofoid, 1907

藻体细胞小，椭球形，具顶孔，横沟左旋，壳面具非常发达的脊状多角形网格结构，网格结构内小孔多而清晰。

样品采自南海北部海域。

示底面观、右侧面观

示背面观

网状原角藻

Protoceratium reticulatum (Claparède & Lachmann) Butschli, 1885

藻体细胞小，腹面观近五边形，横沟左旋，壳面脊状多角形网格结构发达，网格结构内孔较大。

样品采自黄海北部海域。

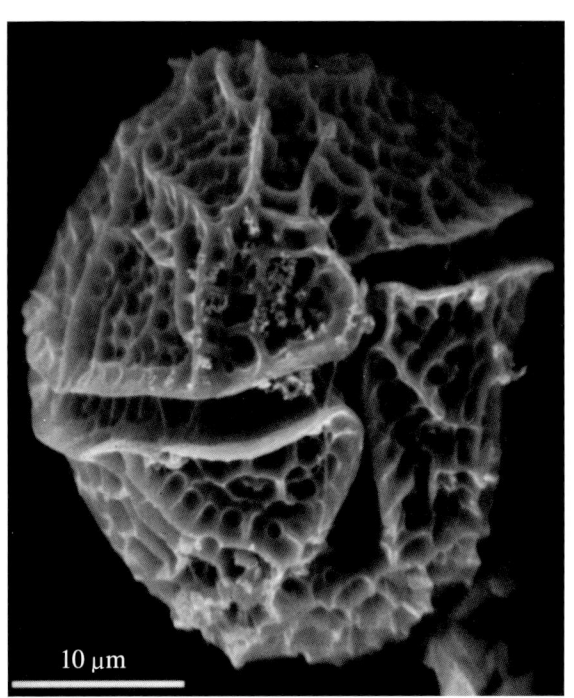

示腹面观

示底面观、左侧面观

异甲藻属 *Heterodinium*

勃氏异甲藻
Heterodinium blackmanii (Murray & Whitting) Kofoid, 1906

藻体细胞上体部呈不对称的圆锥形，腹面中部具一腹孔，下体部具两个三角形底角，壳面具多角形网格结构，通常每个网格内有一个小孔。

样品采自南海北部海域。

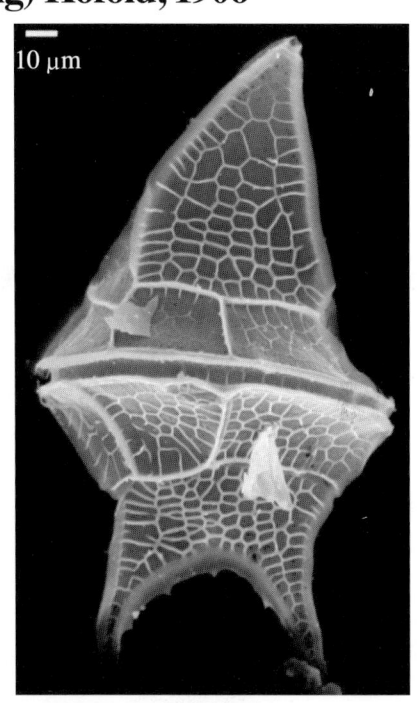

示背面观

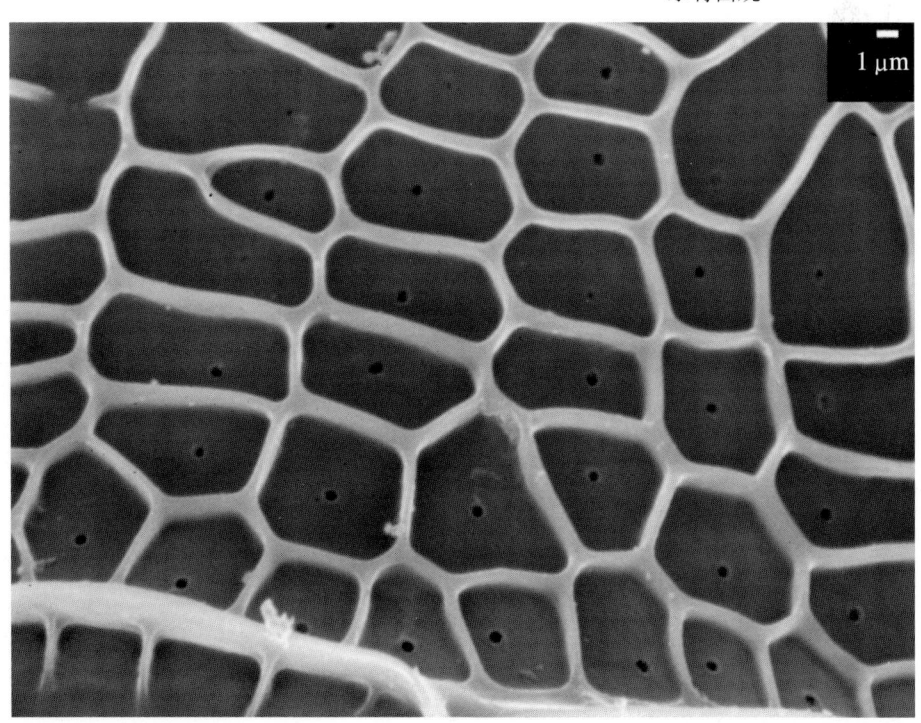

示壳面网格结构及孔

延长异甲藻

Heterodinium elongatum Kofoid & Michener, 1911

藻体细胞侧面观双圆锥形，上体部左右对称，下体部两底角为粗短的三角形，壳面多角形网格结构发达，网格内小孔清晰。

样品采自南海北部海域，系中国首次记录。

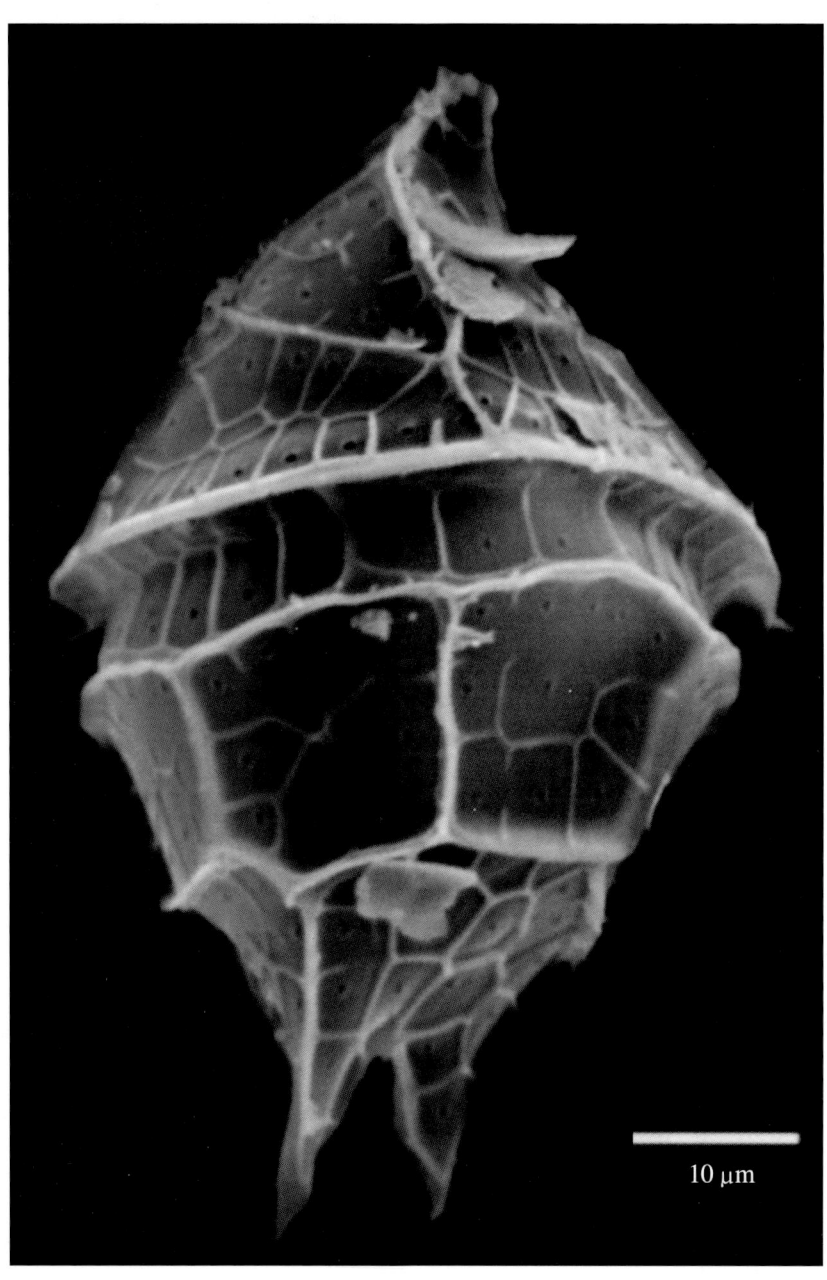

示左侧面观

米尔纳异甲藻

Heterodinium milneri (Murray & Whitting) Kofoid, 1906

藻体细胞近球形，顶角粗而短，具数个粗且具翼的底刺，横沟左旋，壳面多角形网格结构粗大明显，每个网格内有一个清晰的小孔。

样品采自西沙群岛附近海域，系中国首次记录。

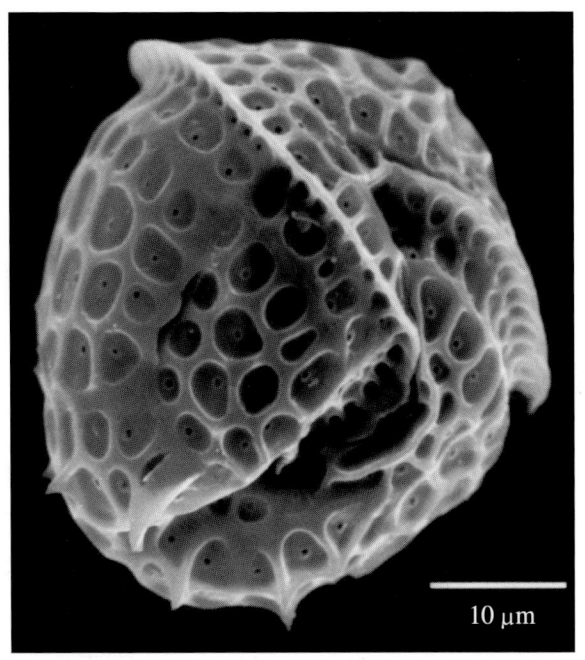

示腹面观

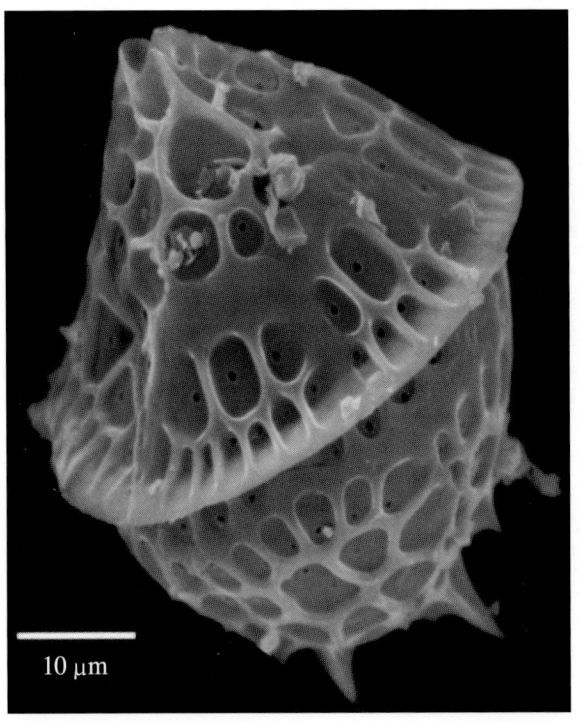

示左侧面观、背面观

坚硬异甲藻
Heterodinium rigdenae **Kofoid, 1906**

藻体背腹扁平，上体部近圆锥形，腹面中部具一肾形腹孔，下体部两底角较粗短，末端稍分歧，在成熟细胞中，壳面多角形网格结构发达，但在不成熟的细胞中，网格结构缺失。

样品采自三亚附近海域、南沙群岛附近海域、吕宋海峡。

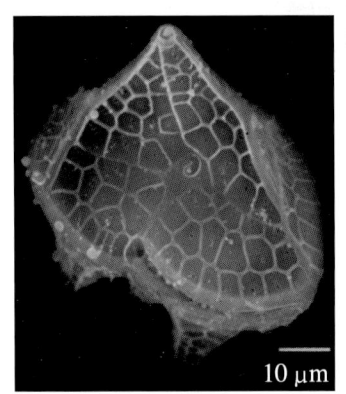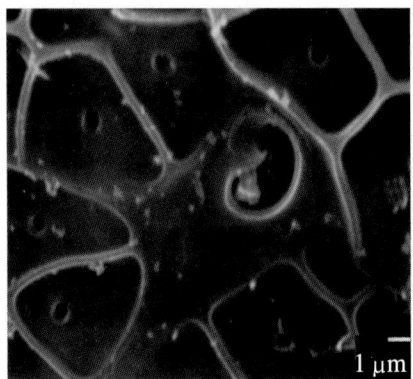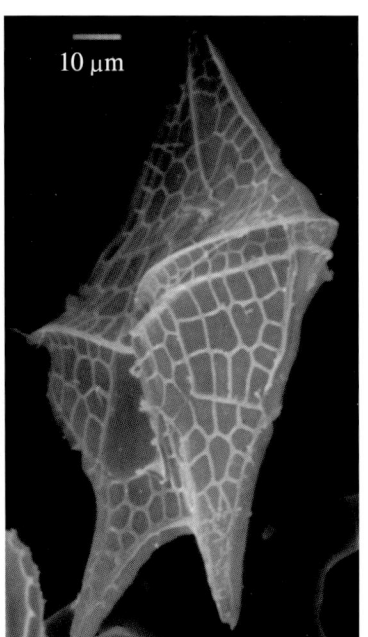

示顶面观、腹孔及网格结构　　　　　　　　　示左侧面观

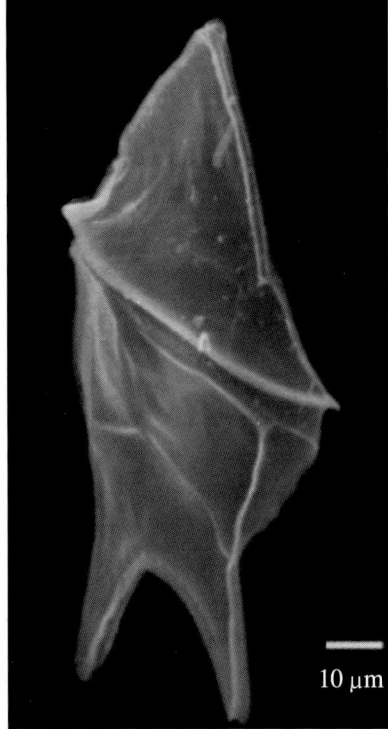

示背面观、右侧面观（不成熟细胞）

灰白异甲藻

Heterodinium whittingae Kofoid, 1906

藻体上体部呈圆锥形，两侧缘向外凸出，下体部两底角向内弧形弯曲，壳面多角形网格结构及孔清晰。

样品采自南海北部海域。

示背面观

中甲藻属 *Centrodinium*

介质中甲藻

Centrodinium intermedium **Pavillard, 1930**

藻体细胞中等大小，背腹面观双锥形，横沟左旋，壳面孔粗大明显。样品采自南海北部海域，系中国首次记录。

示背面观

伞甲藻属 *Corythodinium*

缢缩伞甲藻

Corythodinium constrictum (Stein) Taylor, 1976

藻体细胞较小，上壳顶端圆钝或较平坦，下壳距离横沟 1/4 至 1/3 下壳长度处明显向内缢缩，壳面具脊状纵条纹，纵条纹间密布小孔。

样品采自南海北部海域、吕宋海峡，系中国首次记录。

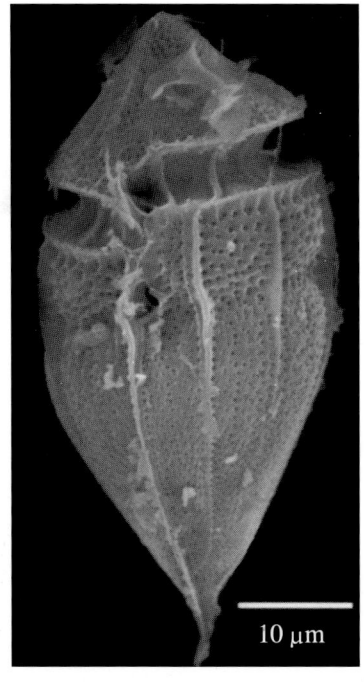

示腹面观

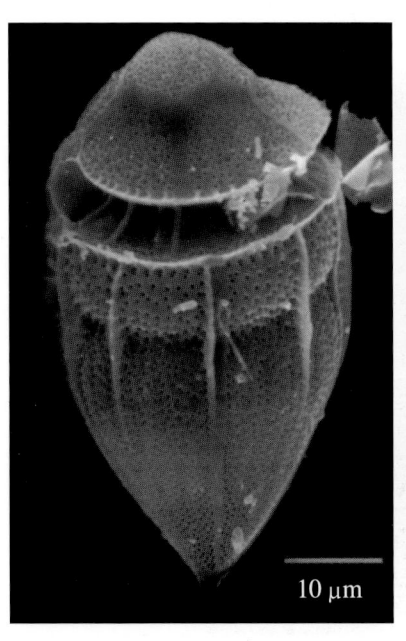 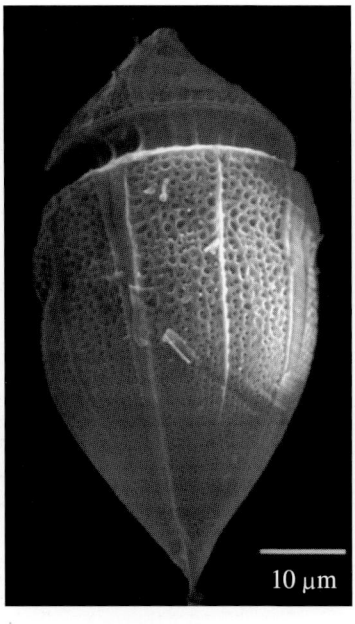 

示侧面观

优美伞甲藻
Corythodinium elegans (Pavillard) Taylor, 1976

  藻体细胞双圆锥形，上壳顶角较粗短，下壳末端生有一个三角形的底刺，壳面具许多横向和纵向的脊状条纹，将壳面分隔成网格状，网格内具孔。

  样品采自南海北部海域，系中国首次记录。

示侧面观

佛利伞甲藻
Corythodinium frenguellii (Rampi) Taylor, 1976

藻体细胞双圆锥形，较为粗壮，上壳短，末端较尖但无顶角，下壳长，底刺短而尖，壳面具脊状纵条纹，纵条纹间具网纹结构，网纹内具孔。

样品采自中沙群岛附近海域、黄岩岛附近海域，系中国首次记录。

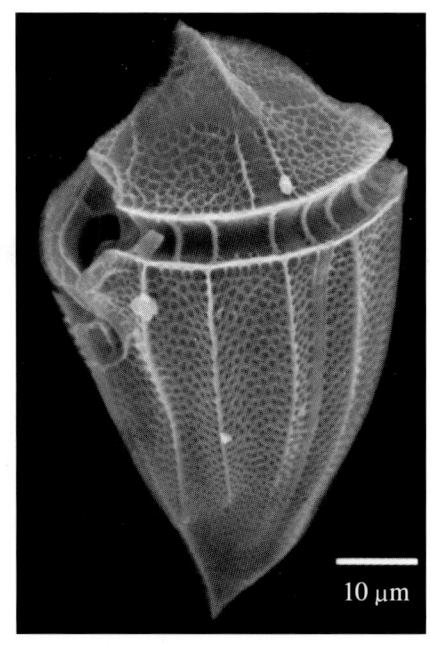

示左侧面观

 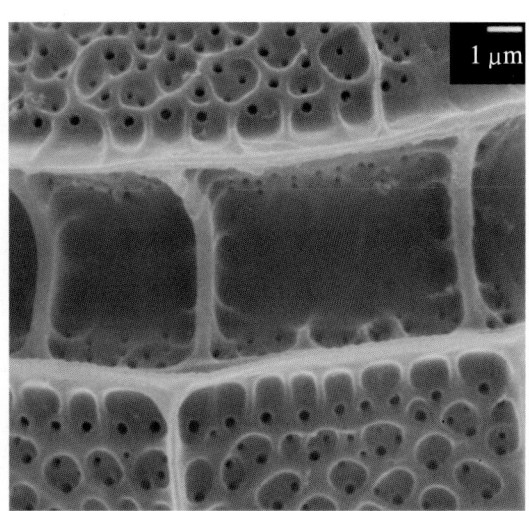

示腹面观、壳面网纹结构及孔

方格伞甲藻

Corythodinium tesselatum (Stein) Loeblich Jr. & Loeblich Ⅲ, 1966

藻体细胞双圆锥形，上壳短，无顶角，下壳末端有一个三角形的尖锐的底刺，壳面具横向和纵向的脊状条纹，形成网格状结构，网格下沿小孔横向规则排列。

样品采自南海北部海域。

示左侧面观

 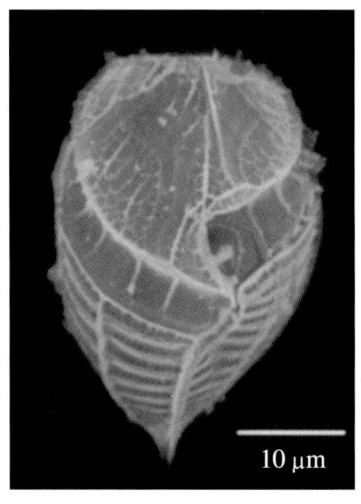 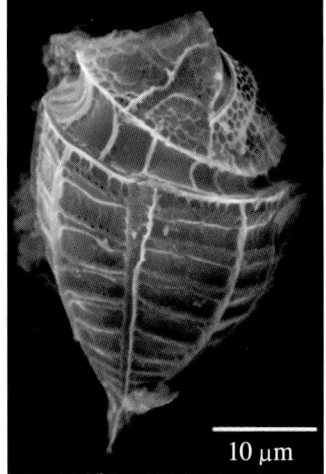

示侧面观、腹面观

尖甲藻属 *Oxytoxum*

查林尖甲藻

Oxytoxum challengeroides **Kofoid, 1907**

藻体细胞中等大小，顶角较短，约为体长的 1/5，具一小而尖的顶刺，底刺也较尖锐，壳面网纹结构精致细密，网纹内具孔。

样品采自南海北部海域。

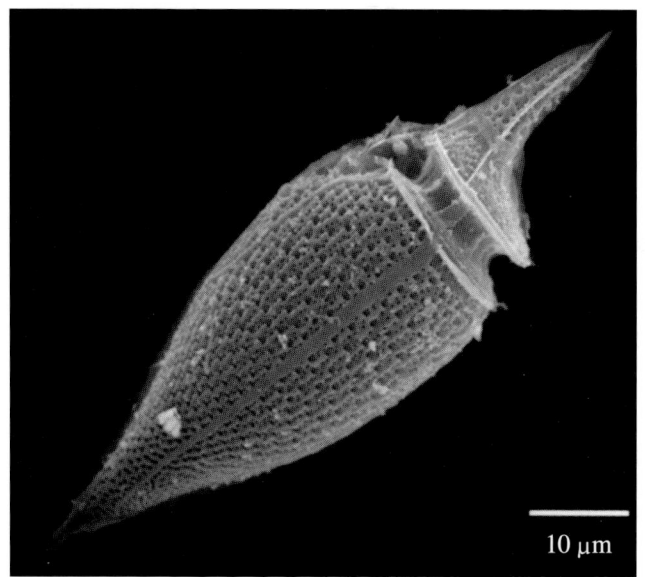

示左侧面观

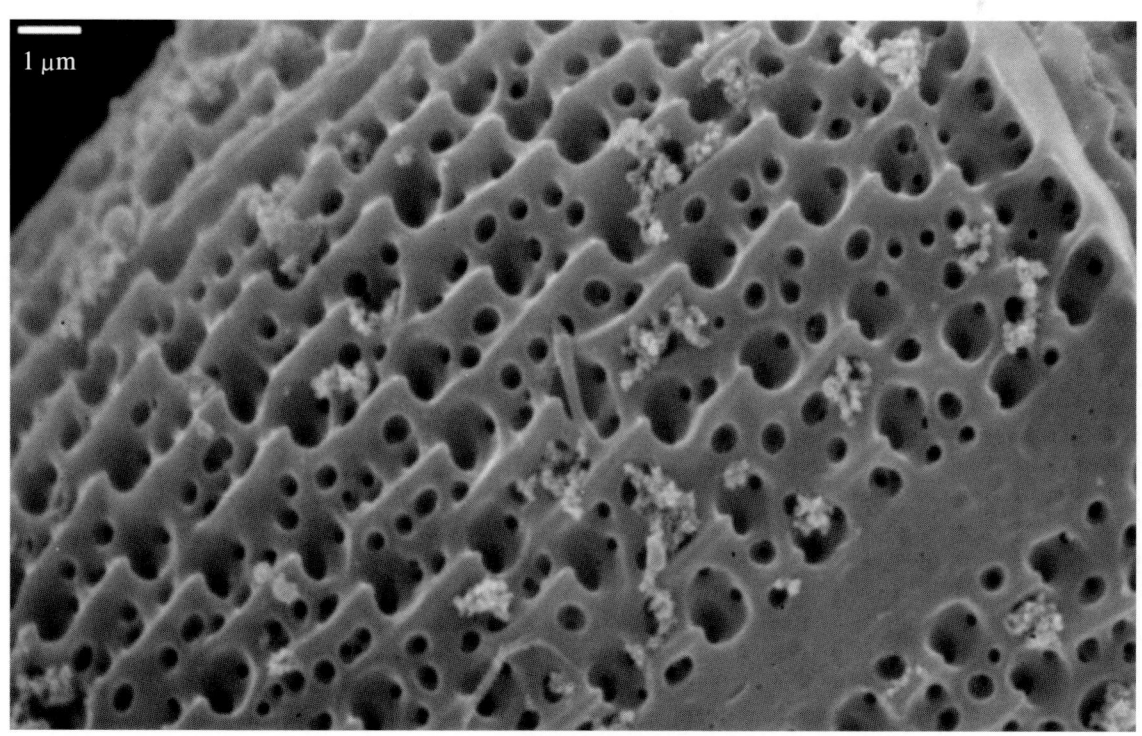

壳面网纹结构及孔

厚尖甲藻
Oxytoxum crassum Schiller, 1937

　　藻体细胞小，侧面观卵圆形，上壳短且圆钝，横沟宽阔，下壳长，末端具小刺，壳面具纵条纹，纵条纹间生有多角形网纹结构，孔分散其中。

　　样品采自南海北部海域，系中国首次记录。

示侧面观

米尔纳尖甲藻
Oxytoxum milneri **Murray & Whitting, 1899**

　　本种壳面网纹结构与查林尖甲藻 *O. challengeroides* 相似,但在外形上有所区别,本种顶角较细长,约为体长的 1/3,下壳末端也较后者更加尖细。

　　样品采自中沙群岛附近海域。

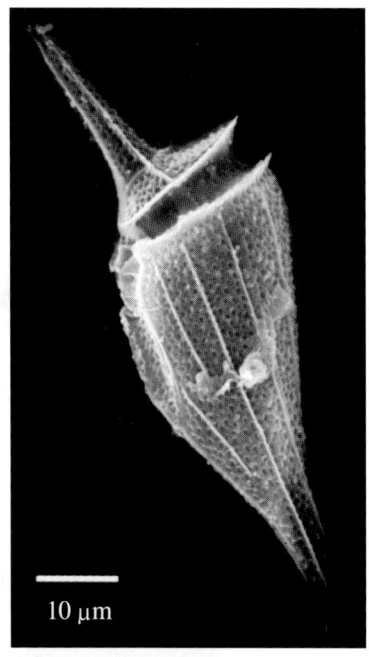

左侧面观

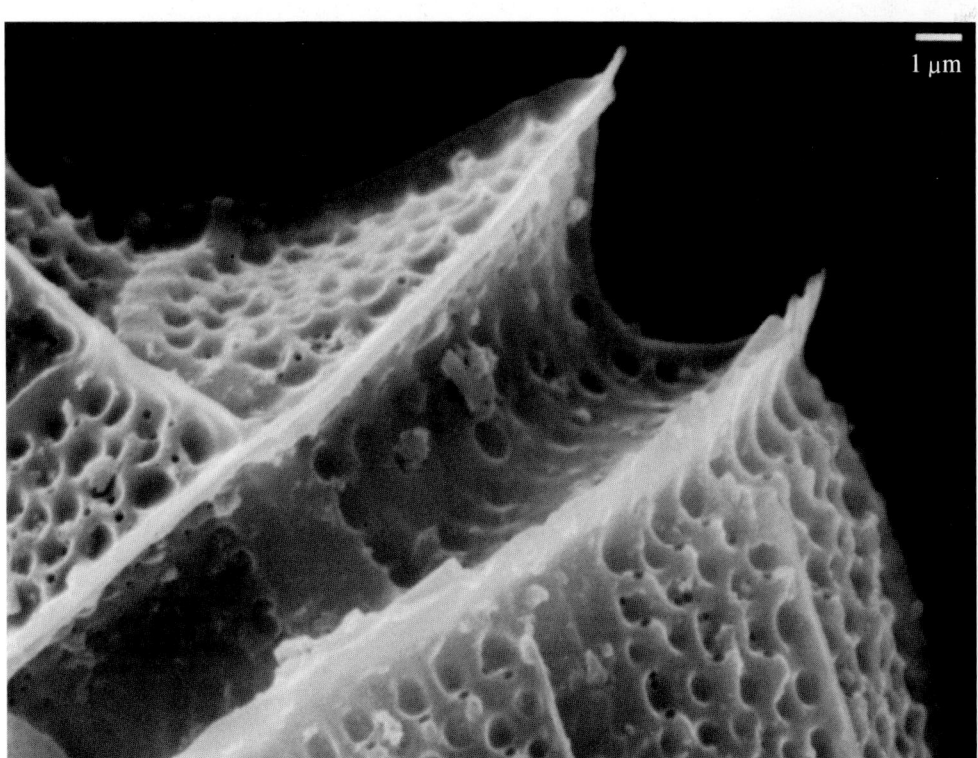

示壳面网纹结构及孔

刺尖甲藻
Oxytoxum scolopax Stein, 1883

藻体细胞长刺状，顶刺长且直，下壳末端囊状，底刺稍弯，壳面具许多脊状纵条纹。样品采自东海台湾北部海域、南海北部海域。

示左侧面观　　　　示右侧面观　　　　示顶刺及横沟

钻形尖甲藻
Oxytoxum subulatum Kofoid, 1907

藻体细胞双圆锥形，顶角细长且末端尖锐，长度约为体长的 1/3，壳面具十余条脊状纵条纹，纵条纹间小孔细弱。

本种外形与米尔纳尖甲藻 *O. milneri* 相似，但壳面纵条纹与小孔较后者细弱不明显。

样品采自南海北部海域。

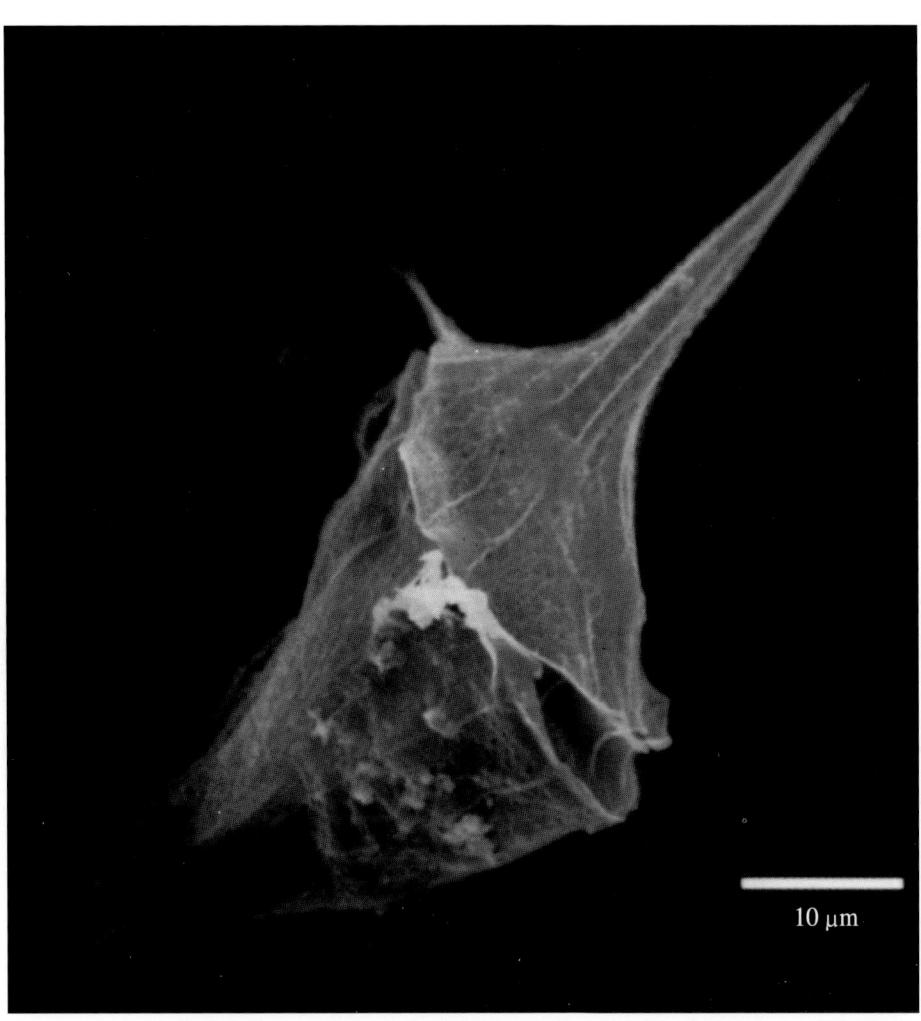

示侧面观（由于样品处理时破碎，图中横沟与下壳有些变形）

旋风尖甲藻
Oxytoxum turbo Kofoid, 1907

　　藻体细胞中等大小，上壳短呈半球形，顶角短且粗，末端圆钝，横沟较宽，下壳长呈圆锥形，末端尖锐，壳面具脊状纵条纹，其间有多角形的网纹结构，网纹结构内具孔。

　　样品采自南海北部海域，系中国首次记录。

示腹面观

斯比藻属 *Scrippsiella*

锥状斯比藻
Scrippsiella trochoidea (Stein) Balech ex Loeblich III, 1965

藻体细胞梨形，上体部顶部突起，具顶孔，1′为狭窄的四边形，横沟左旋，下体部圆钝，底端无刺，壳面较平滑，孔细小。

样品采自青岛沿海。

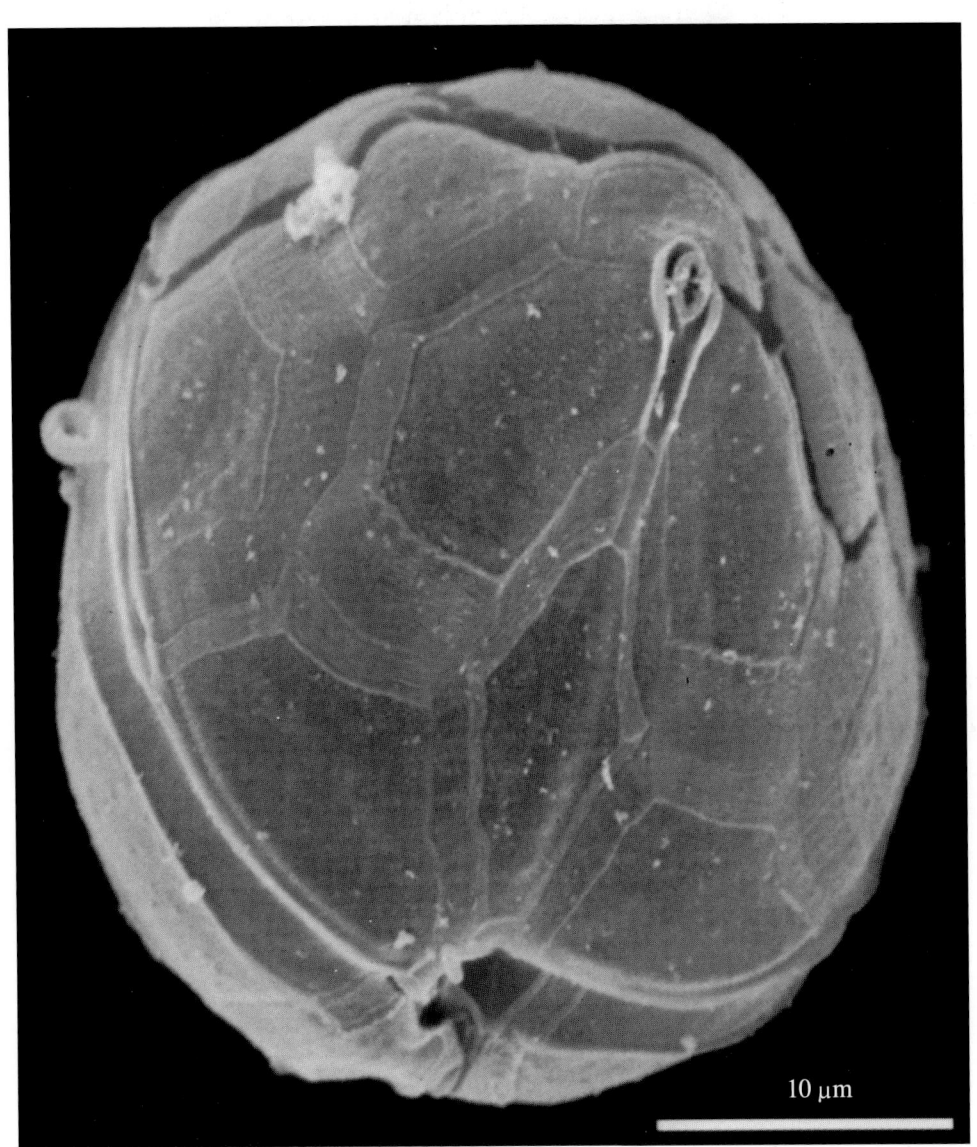

示顶面观

拟翼藻属 *Diplopsalopsis*

蓬勃拟翼藻
Diplopsalopsis bomba (Stein ex Jorgensen) Dodge & Toriumi, 1993

藻体细胞较大，呈球形至透镜形，具顶孔，第一间插板菱形，第二间插板近六边形，底板两块，壳面较平滑，孔清晰。

样品采自三亚近海、黄岩岛附近海域。

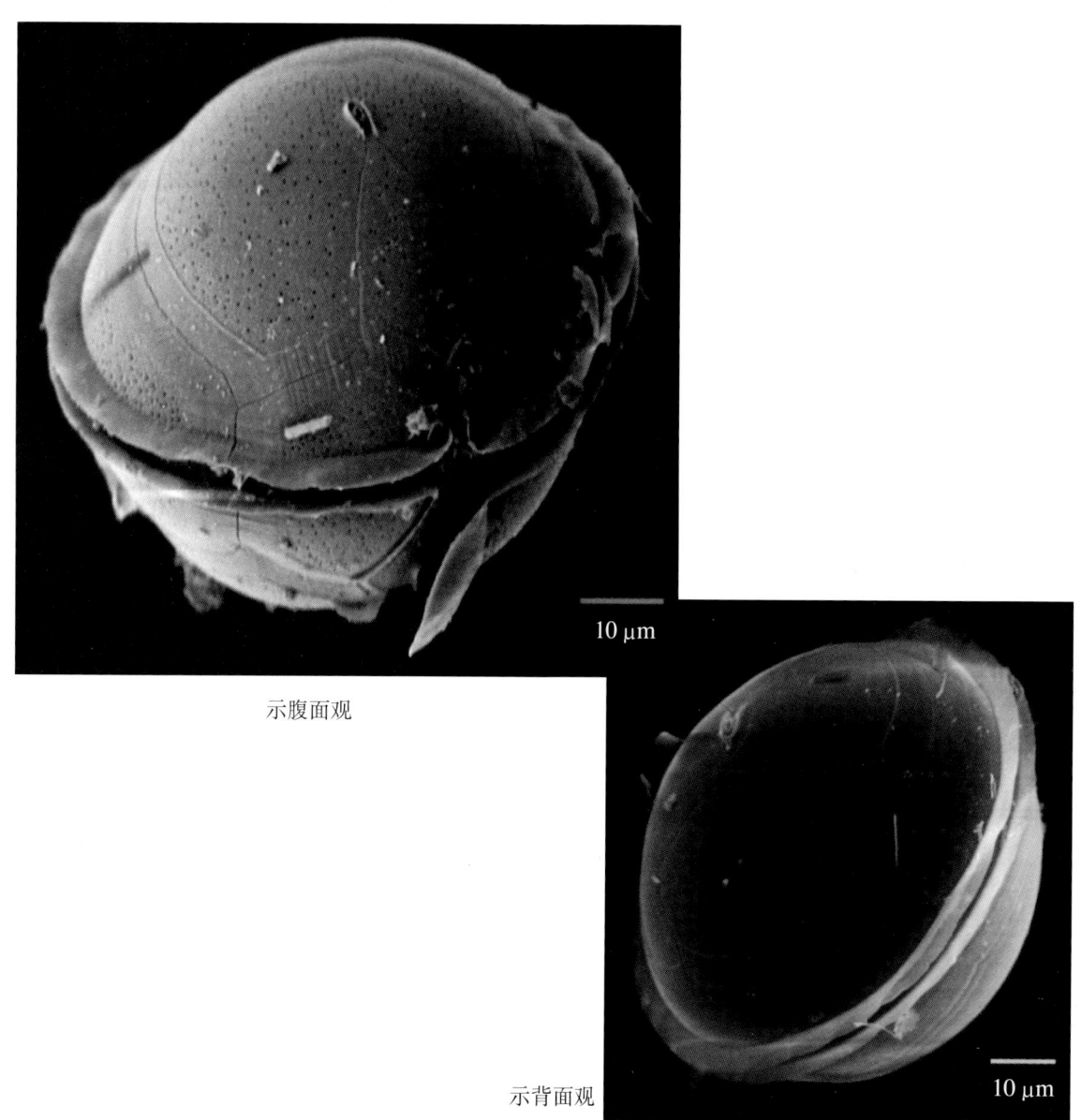

示腹面观

示背面观

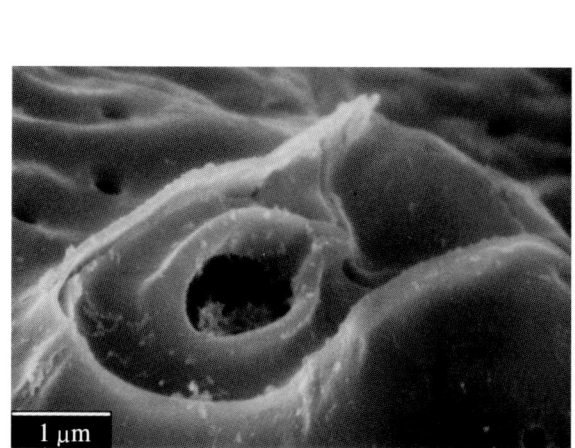

示顶孔

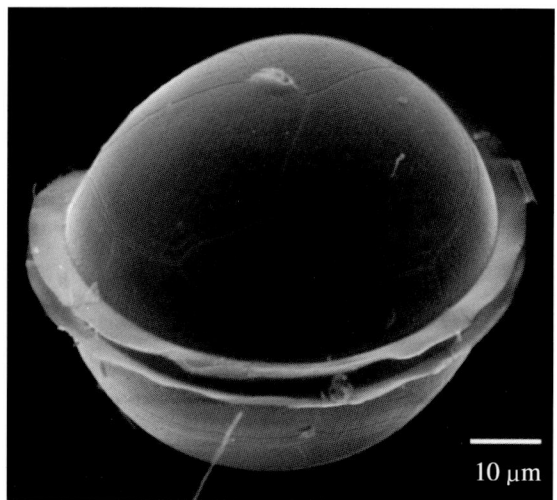

示左侧面观

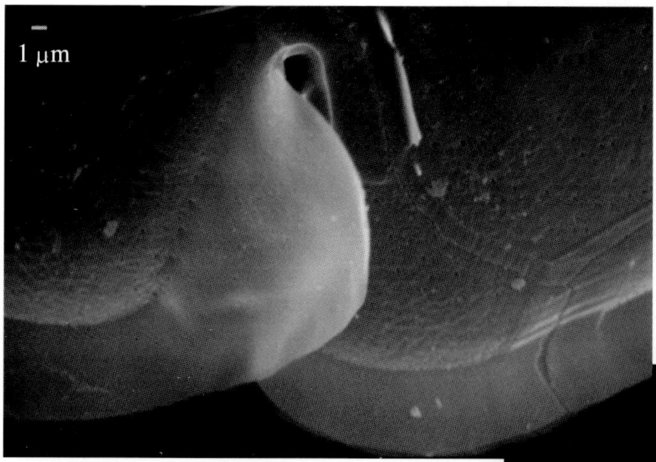

示底面小孔

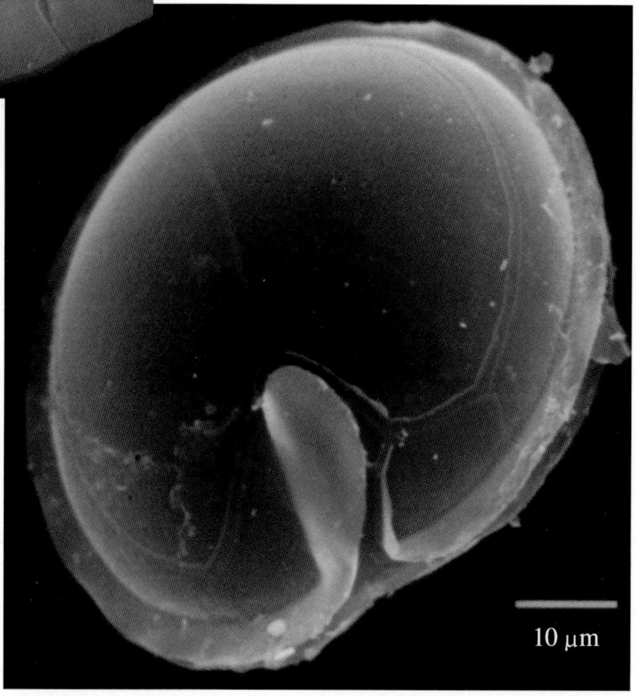

示底面观

囊甲藻属 *Blepharocysta*

美丽囊甲藻

***Blepharocysta splendor-maris* (Ehrenberg) Ehrenberg, 1873**

体细胞球形至椭球形，无顶角，具一顶孔，鞭毛孔外具两块近三角形的翼状边翅，壳面小孔排列细密。

样品采自台湾海峡、南海北部海域、南沙群岛附近海域、吕宋海峡。

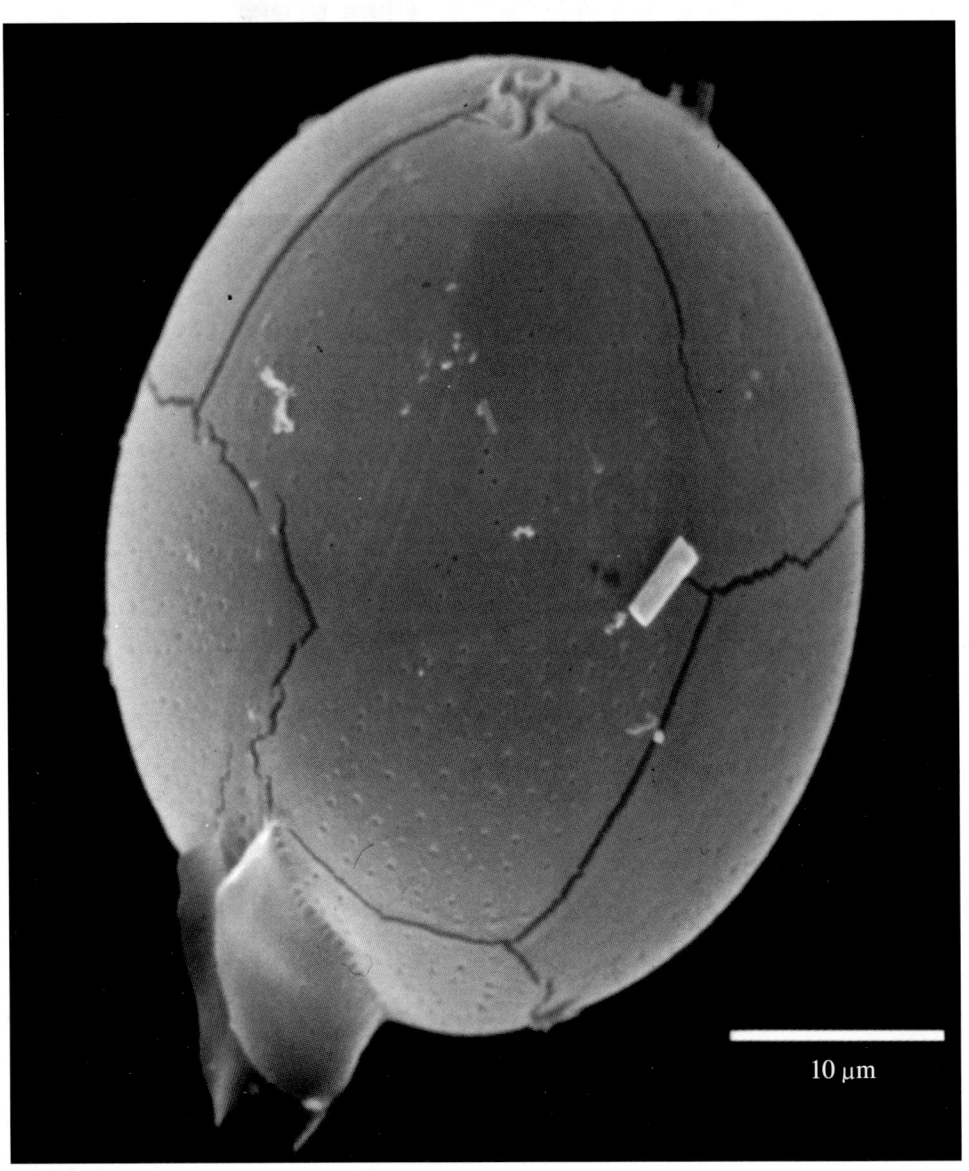

示腹面观

囊甲藻属 *Blepharocysta* | **163**

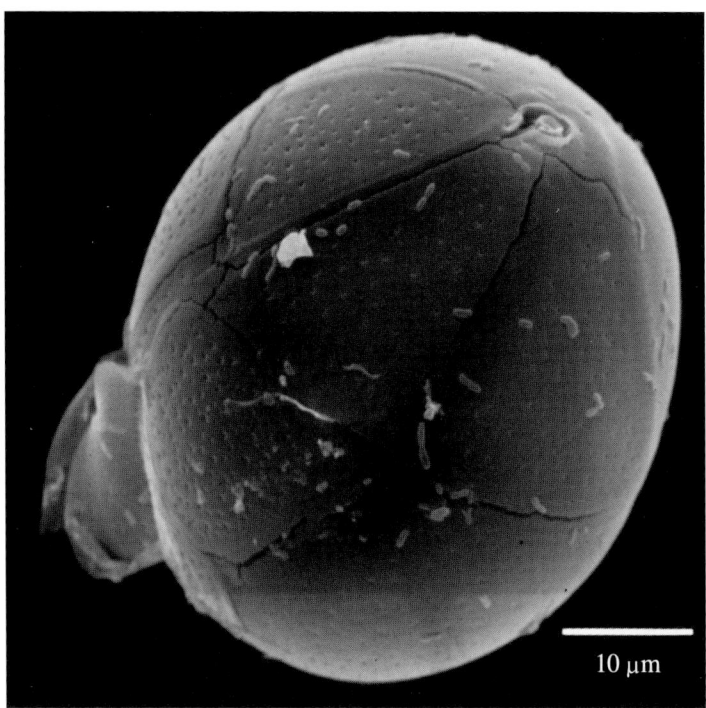

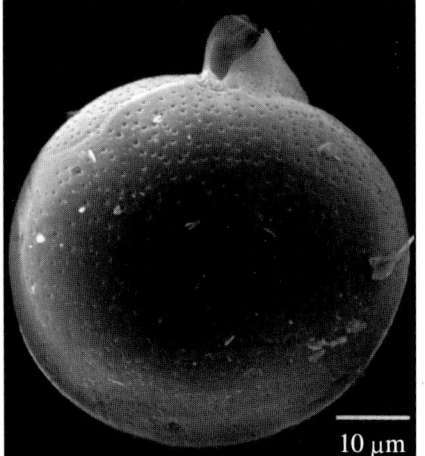

示左侧面观

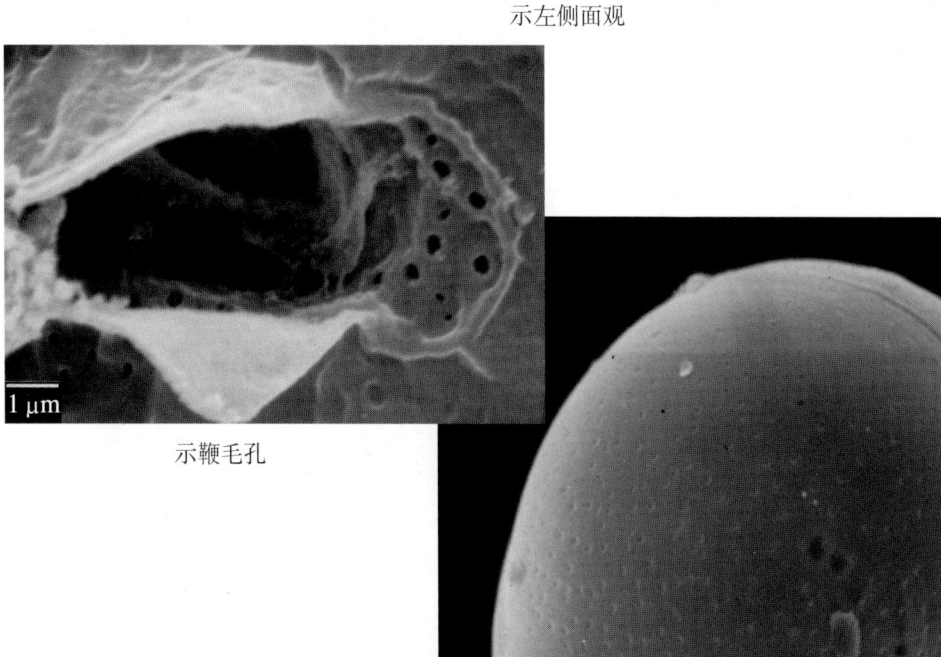

示鞭毛孔

示底面观

足甲藻属 *Podolampas*

二足甲藻
Podolampas bipes Stein, 1883

藻体细胞梨形，顶角短而平截，具两个边翅发达的底刺，沟后板具双孔管道，壳面孔大小不一。

样品采自东海冲绳海槽西侧、南海北部海域、吕宋海峡。

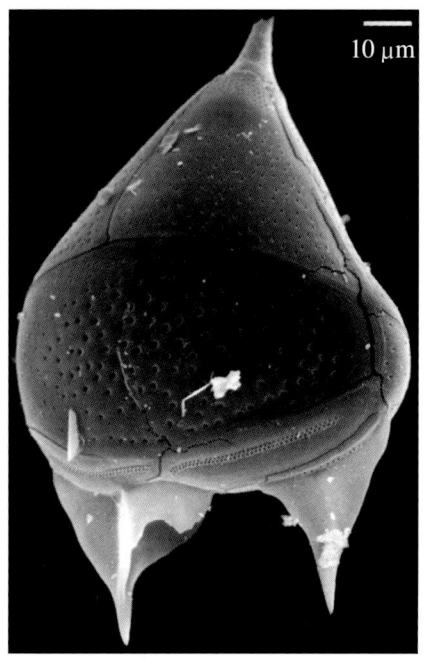

示背面观

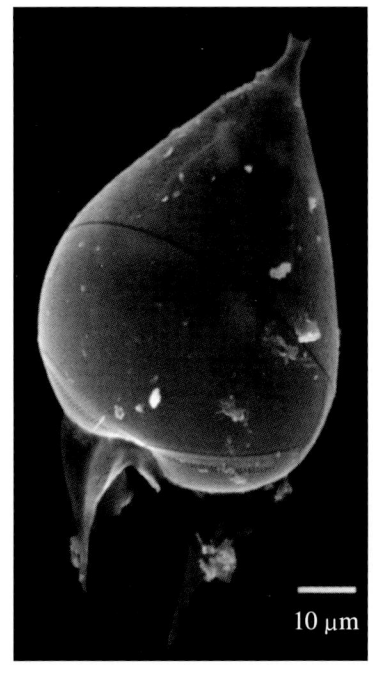 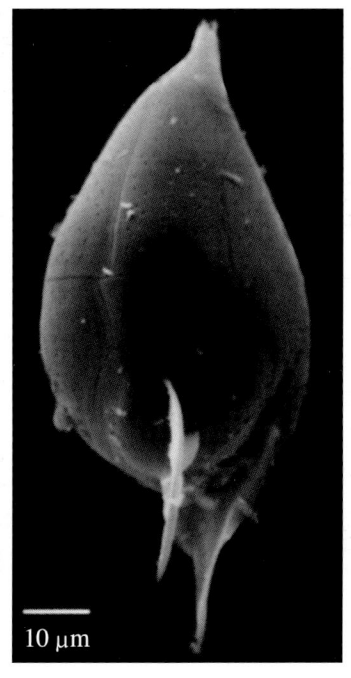 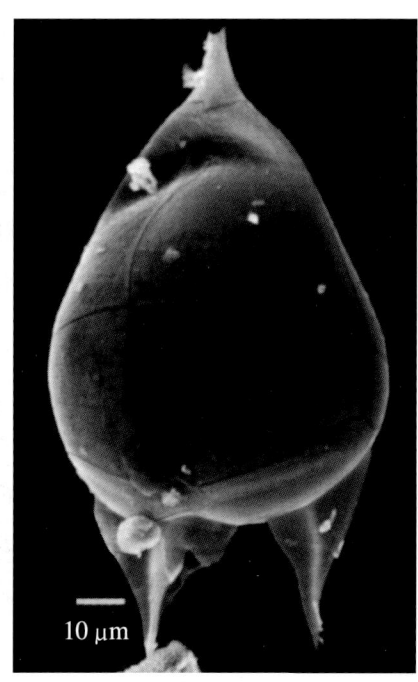

示背面观、右侧面观

瘦长足甲藻
Podolampas elegans Schütt, 1895

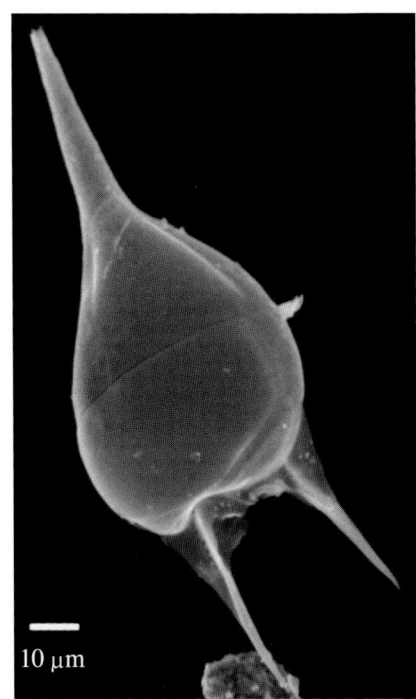

藻体细胞中等大小,顶角细长锥状,末端平截,底刺长且尖锐,边翅狭窄,壳面孔较细弱。

样品采自南海北部海域。

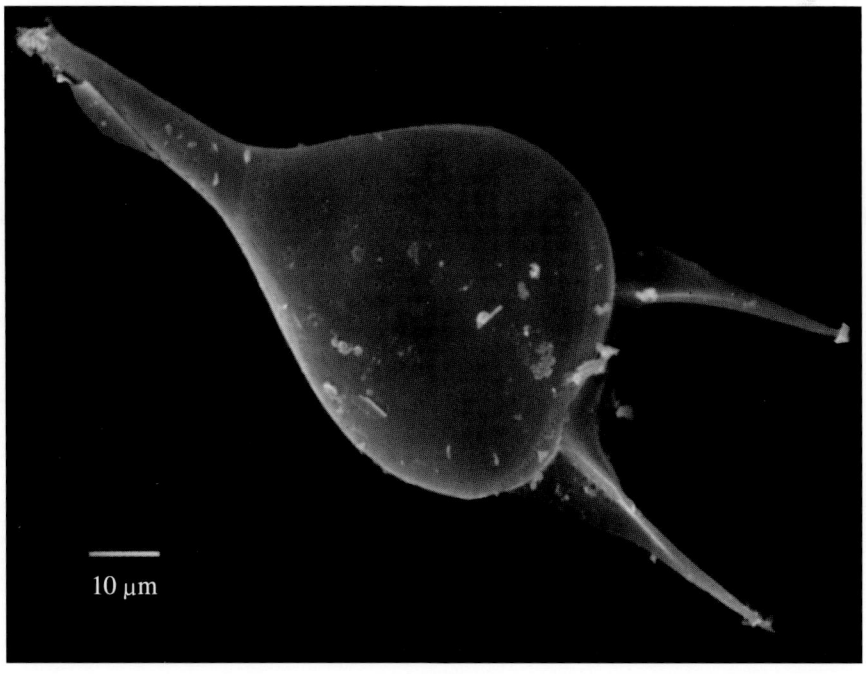

示背面观

掌状足甲藻
Podolampas palmipes **Stein, 1883**

藻体细胞细长梨状，两底刺形态不同，左底刺长，右底刺短且轻微分叉，壳面孔大小不一。

样品采自南海北部海域。

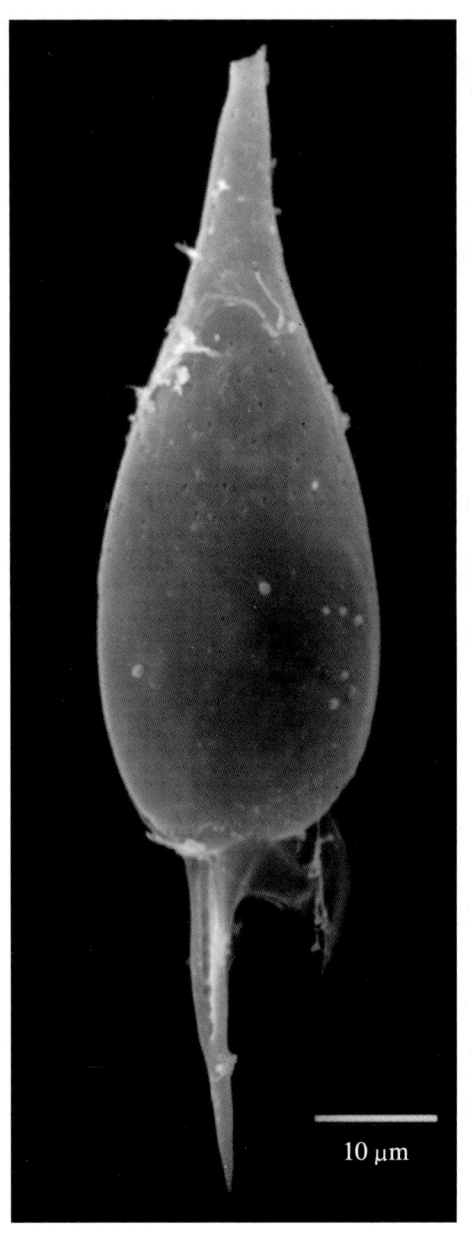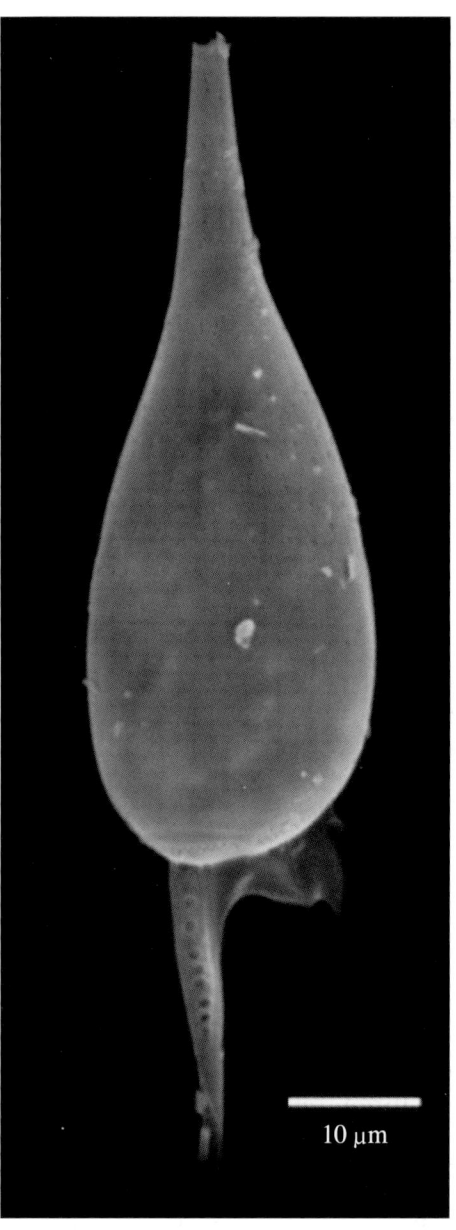

示背面观

单刺足甲藻
Podolampas spinifera **Okamura, 1912**

藻体细胞修长，顶角顶端具一小而弧形弯曲的顶刺，底刺一个，具翼，近勺形，壳面孔大小不一。

样品采自南海北部海域、吕宋海峡。

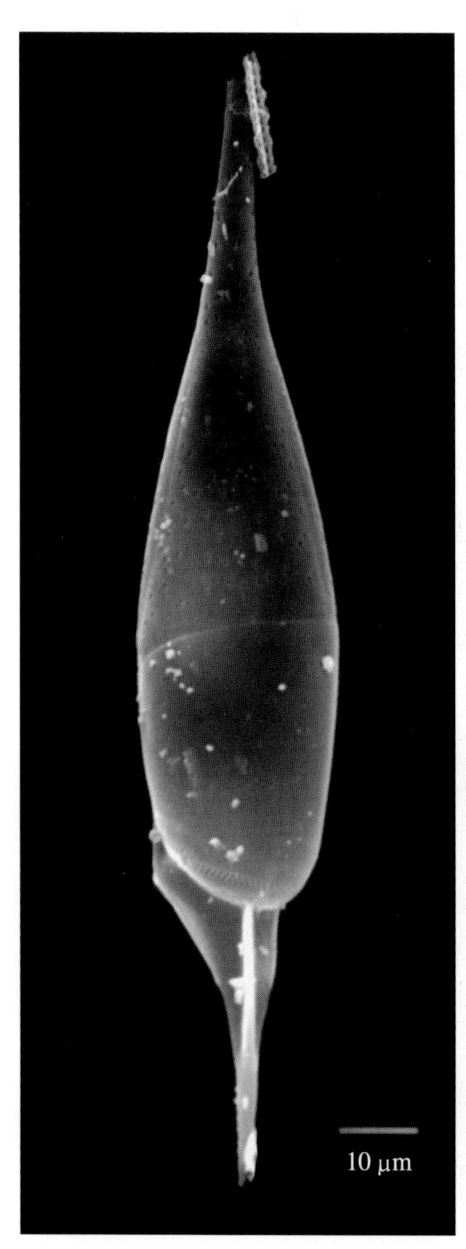
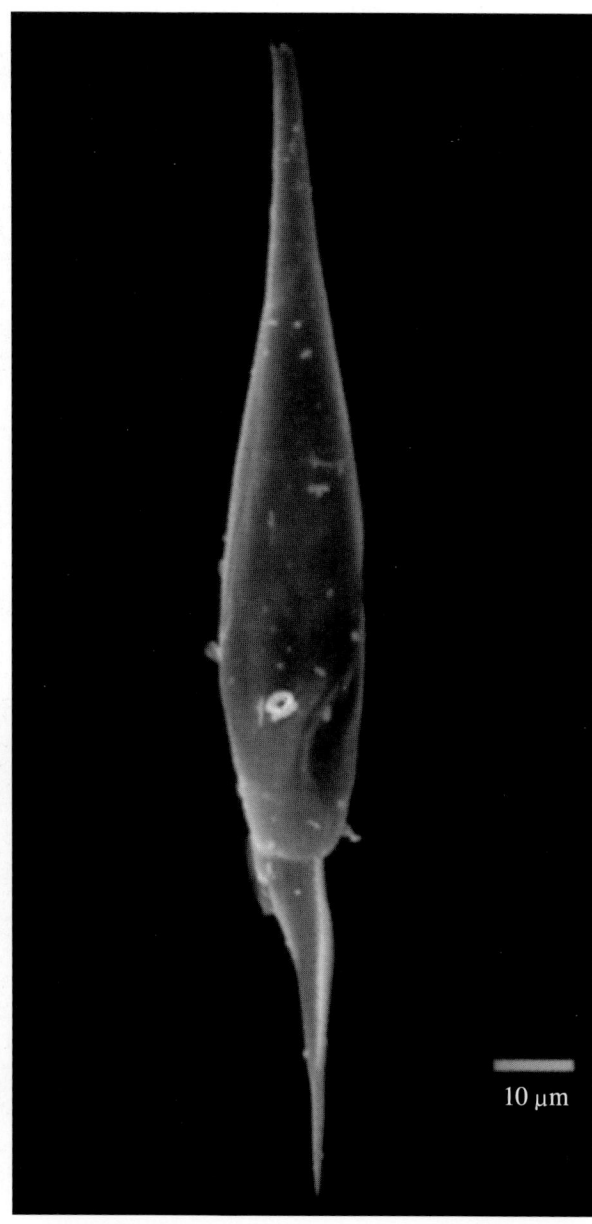

示左侧面观

原多甲藻属 *Protoperidinium*

球形原多甲藻

***Protoperidinium globulus* (Stein) Balech, 1974**

藻体细胞近球形，顶角非常短，无底角，但有时生有两个细小的底刺，横沟右旋，壳面网纹结构细密。

样品采自中沙群岛东部海域。

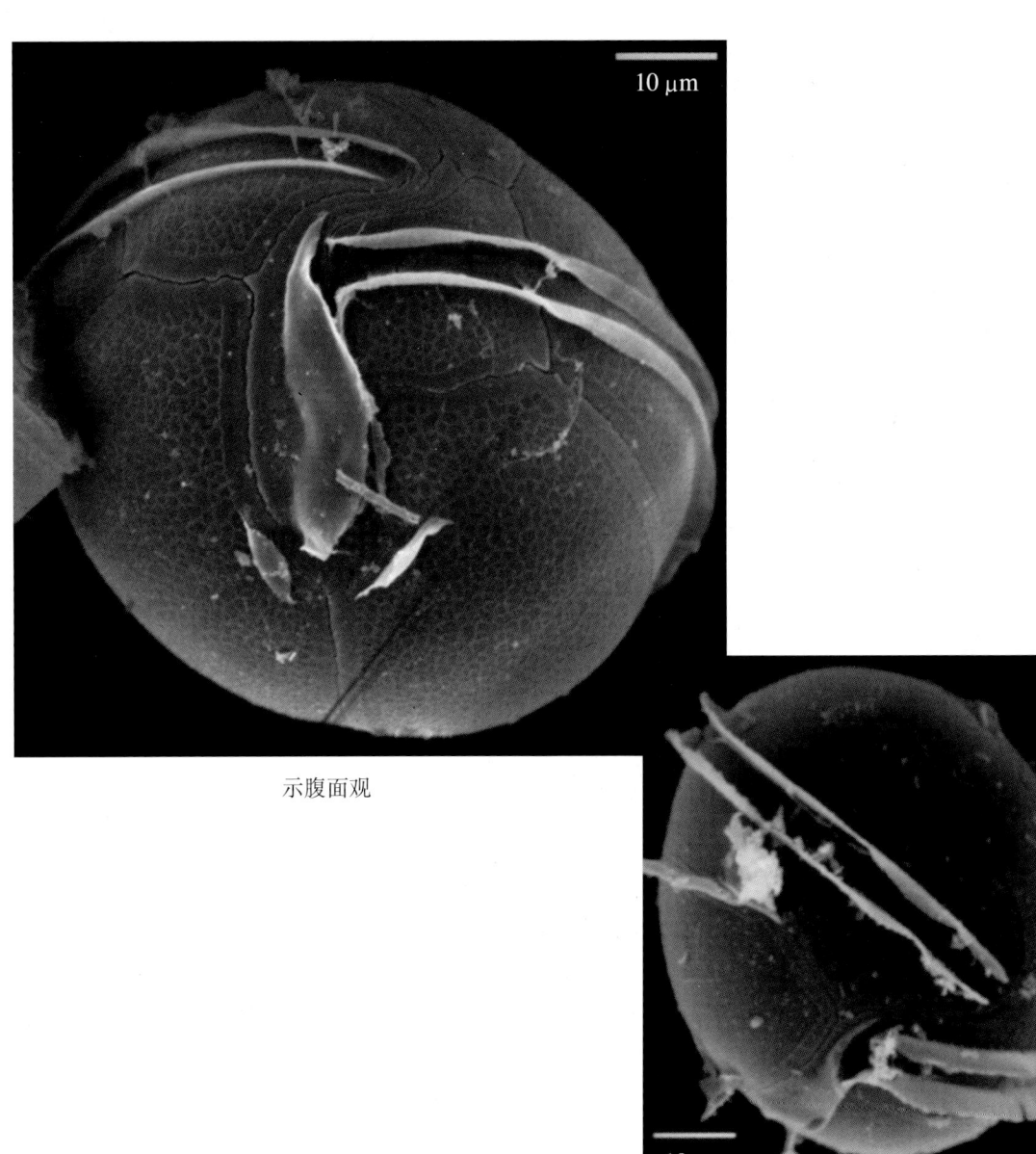

示腹面观

樱桃原多甲藻
Protoperidinium cerasus (Paulsen) Balech, 1973

藻体细胞近球形，顶角短，两底刺坚实，1′五边形，横沟右旋，壳面光滑无网纹结构。

样品采自南沙群岛北部海域，系中国首次记录。

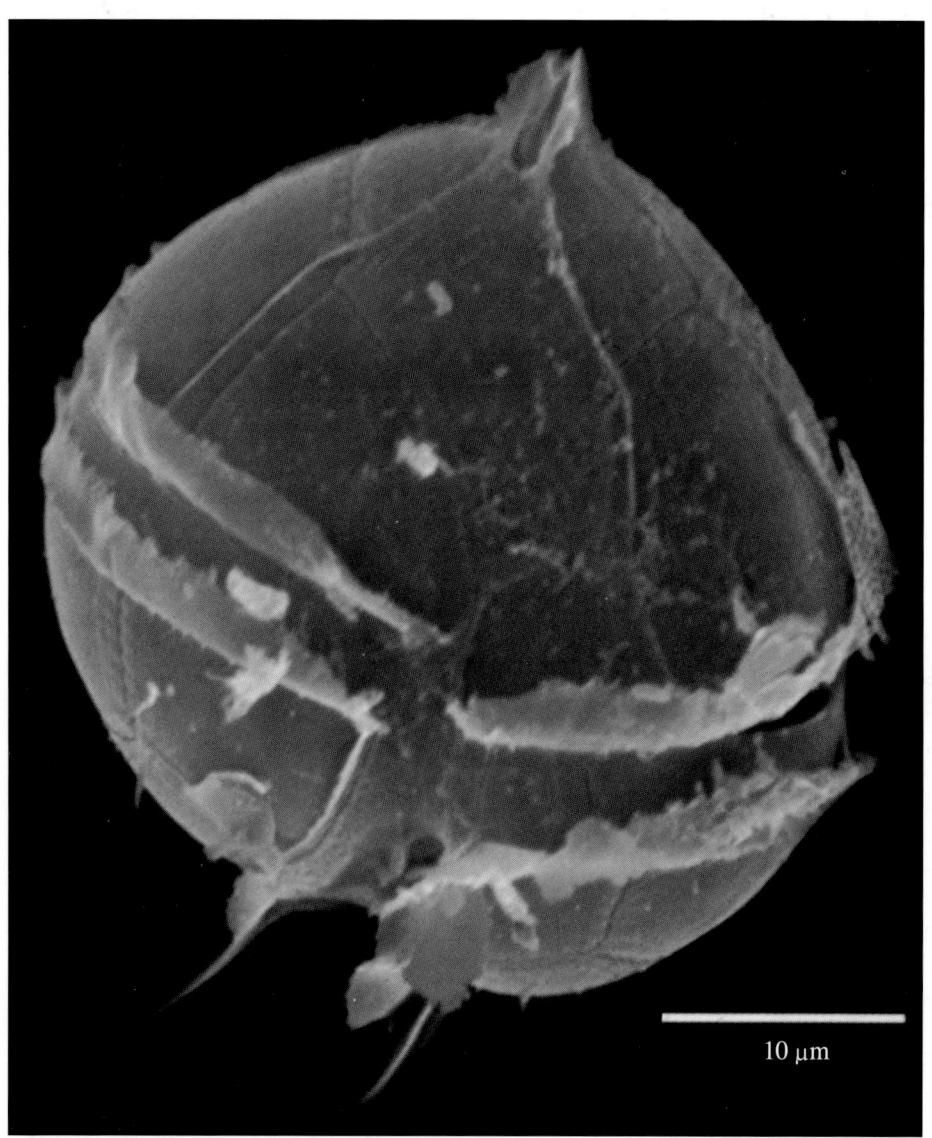

示腹面观

河滨原多甲藻
Protoperidinium hirobis (Abé) Balech, 1974

藻体细胞较小，顶角短，1′五边形，第二间插板六边形，横沟稍右旋，两底刺细长且弧形向外侧分歧，在左底刺基部内侧还生有一短刺，壳面较平滑，无网纹结构。

样品采自南海北部海域，系中国首次记录。

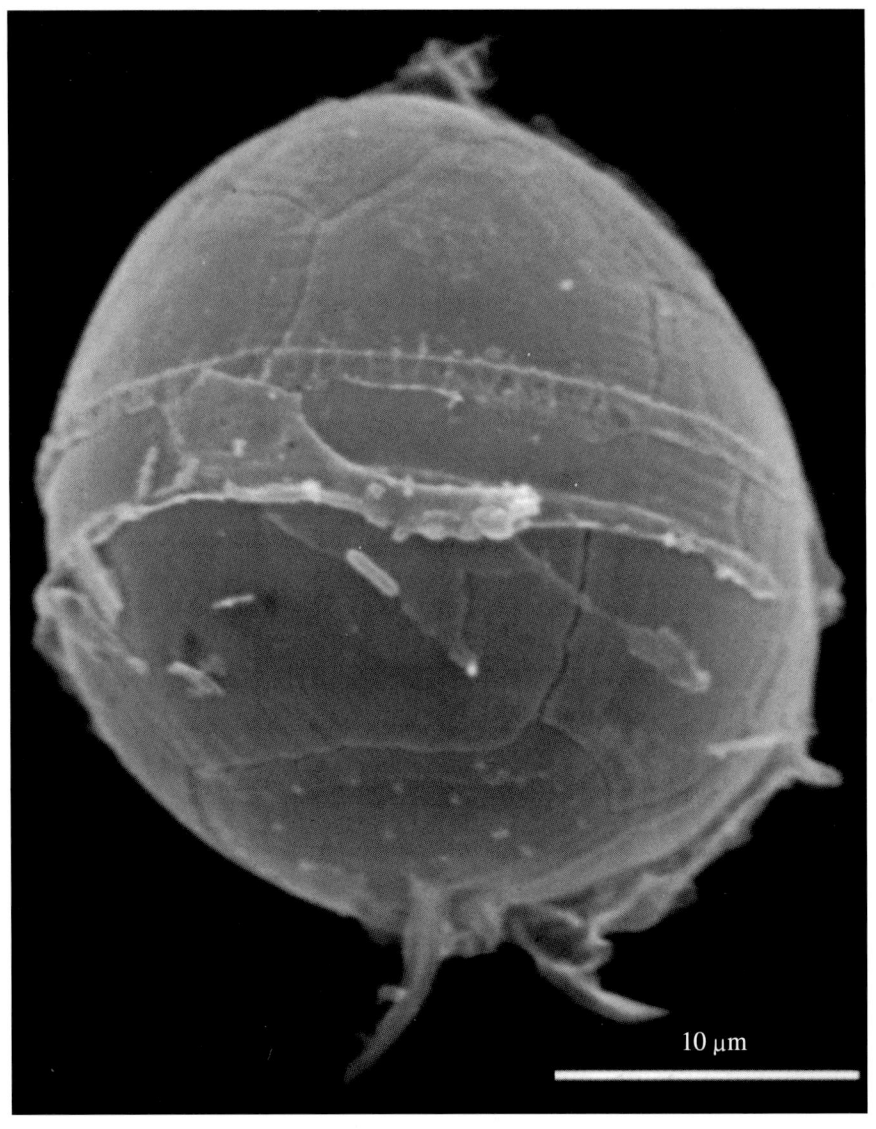

示右侧面观

膨大原多甲藻
Protoperidinium inflatum (Okamura) Balech, 1974

藻体细胞较大，1′五边形，两底角圆锥形，末端生有短而尖的底刺，横沟稍右旋，壳面网纹结构不明显，但脊状小凸起发达清晰。

样品采自黄岩岛附近海域。

示右侧面观

宽刺原多甲藻

Protoperidinium latispinum (Mangin) Balech, 1974

藻体细胞腹面观梨形，顶角锥形，无底角但有两个较长的底刺，1′和第二间插板均为五边形，横沟右旋，壳面具多边形网纹，网纹内具孔。

样品采自中沙群岛附近海域。

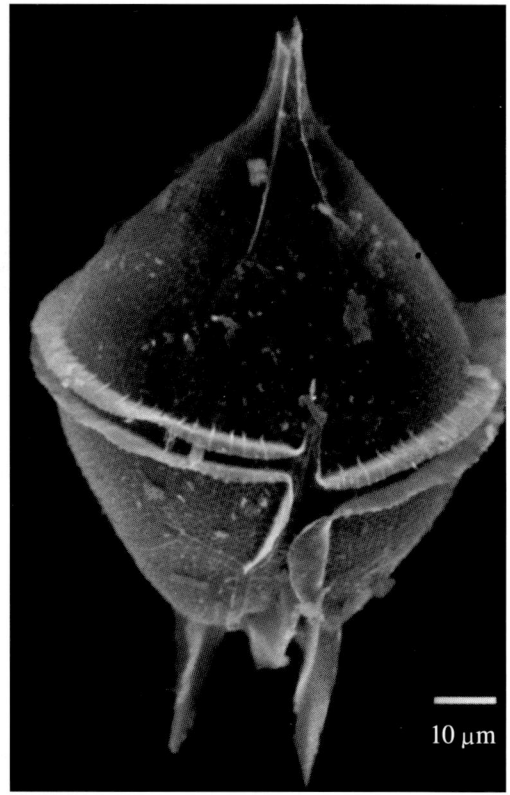

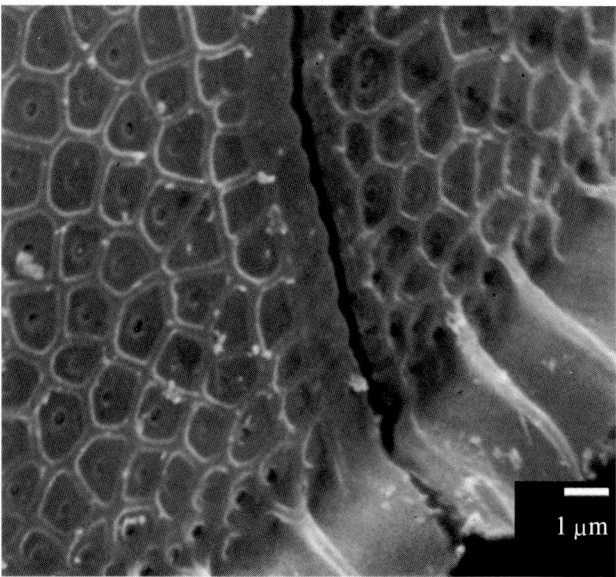

示右侧面观、壳面网纹及孔

罗姆科原多甲藻
Protoperidinium lomnickii (Woloszynska, 1916)
同种异名：*Peridinium lomnickii* Woloszynska, 1916

藻体细胞非常小，上体部圆锥形，下体部较圆钝，1′和第二间插板均为五边形，横沟中位或稍稍左旋，壳面密布棘状小刺。

样品采自南海北部海域，系中国首次记录。

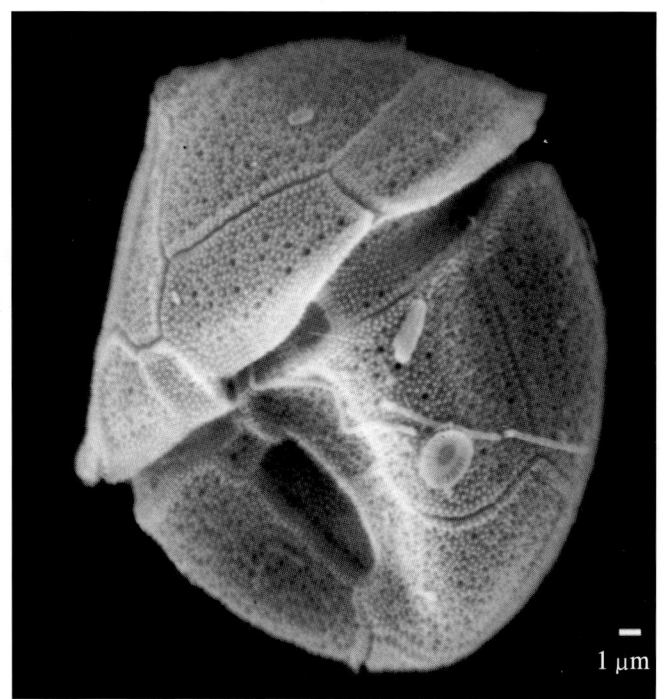

示腹面观

示壳面棘状小刺及孔

梅坦原多甲藻
Protoperidinium metananum (Balech) Balech, 1974

藻体细胞非常小，背面观板栗形，顶角短而平截，两底刺细小尖锐，1′五边形，第二间插板四边形，横沟稍稍右旋，壳面散布棘状小凸起。

样品采自南海北部海域，系中国首次记录。

示背面观

东方原多甲藻
Protoperidinium orientale (Matzenauer) Balech, 1974

藻体细胞非常小，腹面观梨形，顶角短，两底刺小而短，横沟稍右旋，1′五边形，第二间插板六边形，壳面网纹结构清晰，网结处具棘状小凸起明显。

样品采自南海北部海域，系中国首次记录。

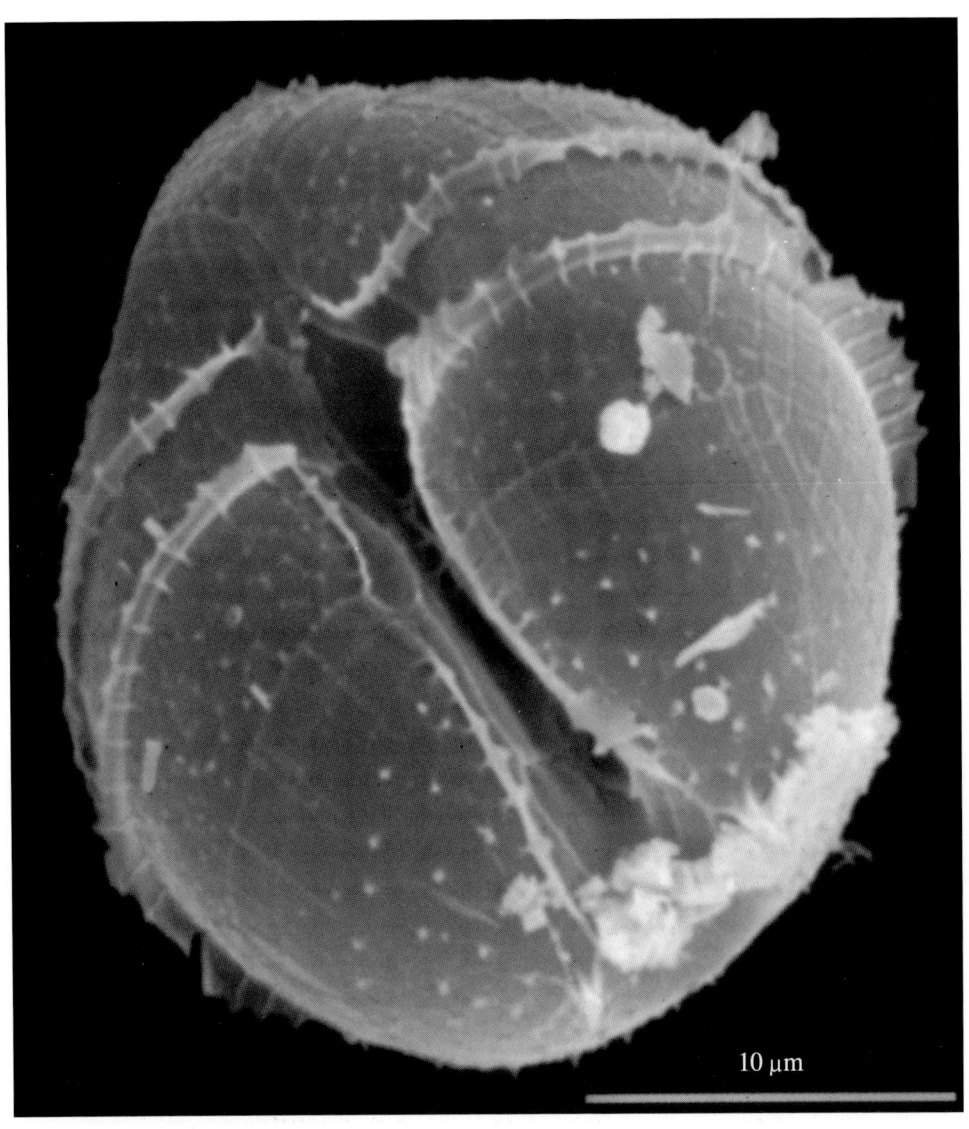

示腹面观

小型原多甲藻
Protoperidinium parvum Abé, 1981

藻体细胞扁梨形，顶角短小而平截，具两个细小的底刺，横沟右旋，1′五边形，第二间插板为宽大的六边形，壳面较平滑，网状结构不明显，孔小但清晰。

样品采自西沙群岛、中沙群岛附近海域，系中国首次记录。

示腹面观

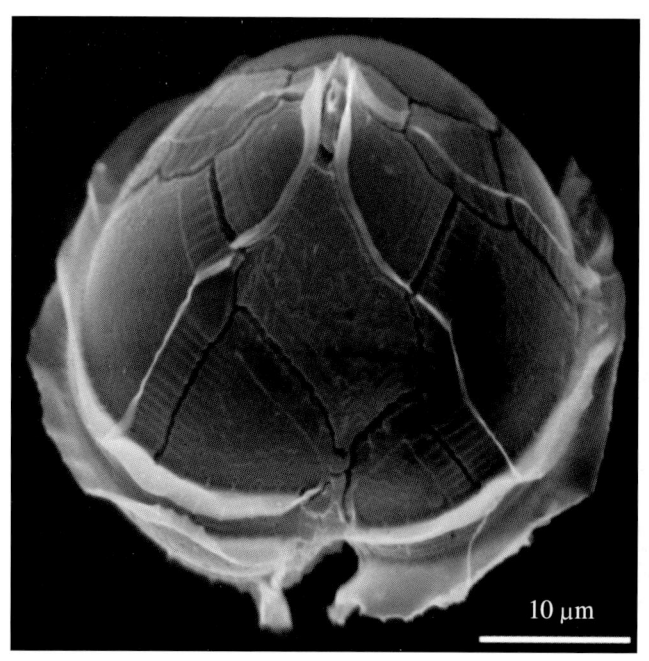 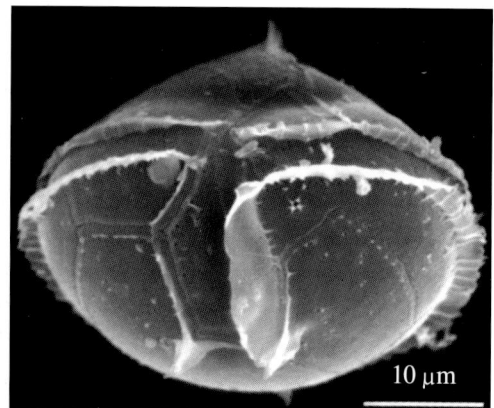

示顶面观、腹面观

直状原多甲藻
Protoperidinium rectum (Kofoid) Balech, 1974

藻体细胞中等大小，卵圆形至椭圆形，顶角短且末端平截，无底角但有两个明显的底刺，1′为近五边形，第二间插板五边形，横沟右旋，壳面多角形网纹细弱不明显。

样品采自南海北部海域。

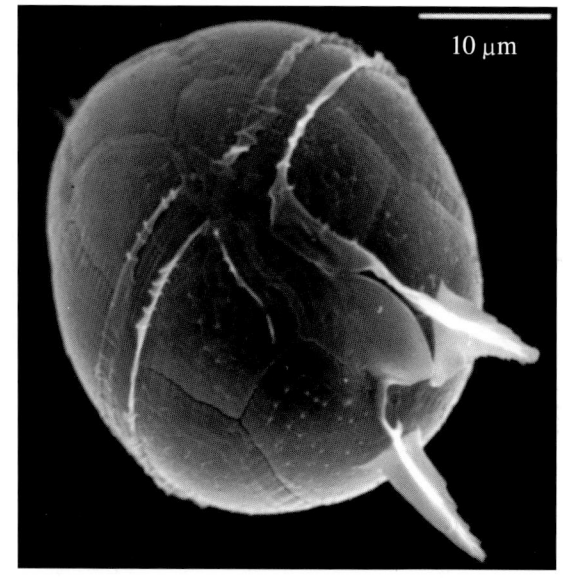

示腹面观

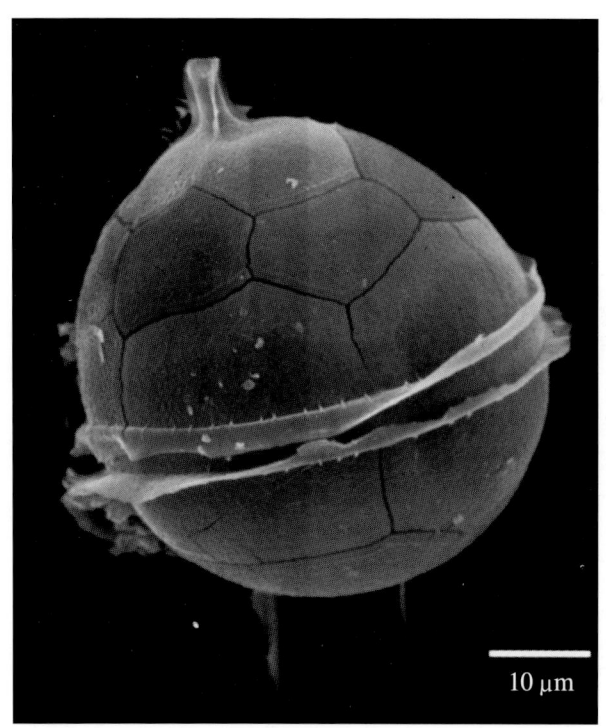

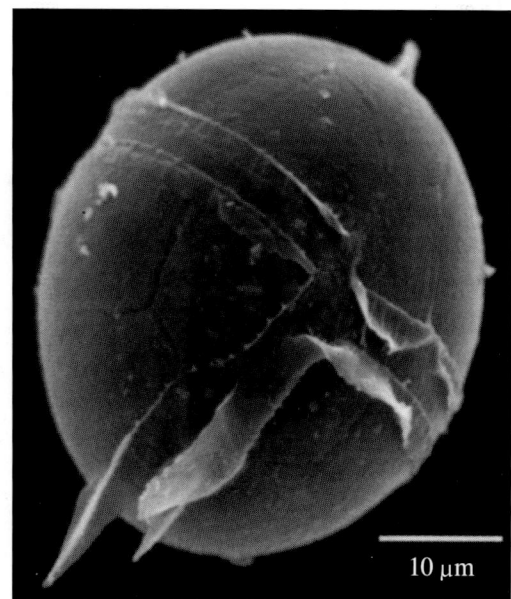

示背面观、腹面观

席勒原多甲藻
Protoperidinium schilleri (Paulsen) Balech, 1974

　　藻体细胞中等大小，腹面观梨形，顶角短，具两个短小的底刺，1′五边形，横沟右旋，纵沟左边翅较发达，壳面网纹结构紧密粗大。

　　样品采自南海北部海域，系中国首次记录。

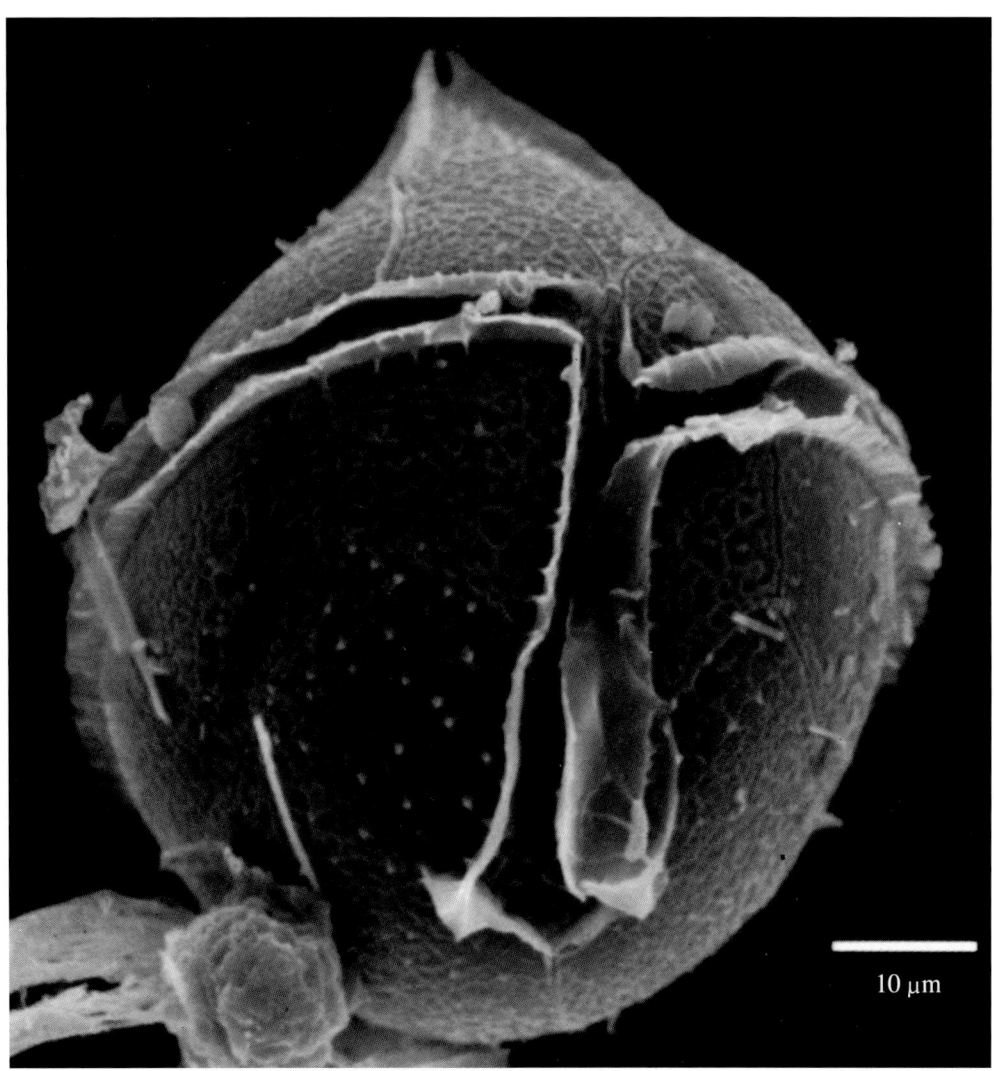

示腹面观

异轮原多甲藻
Protoperidinium heterocanthum (Dangeard) Balech, 1974

藻体细胞球形,顶角非常短,横沟右旋,纵沟边翅(尤其是左边翅)发达,一直延伸至底部并与底刺相连,1′六边形,壳面较光滑,具细弱的浅坑状凹陷结构。

样品采自南海北部海域,系中国首次记录。

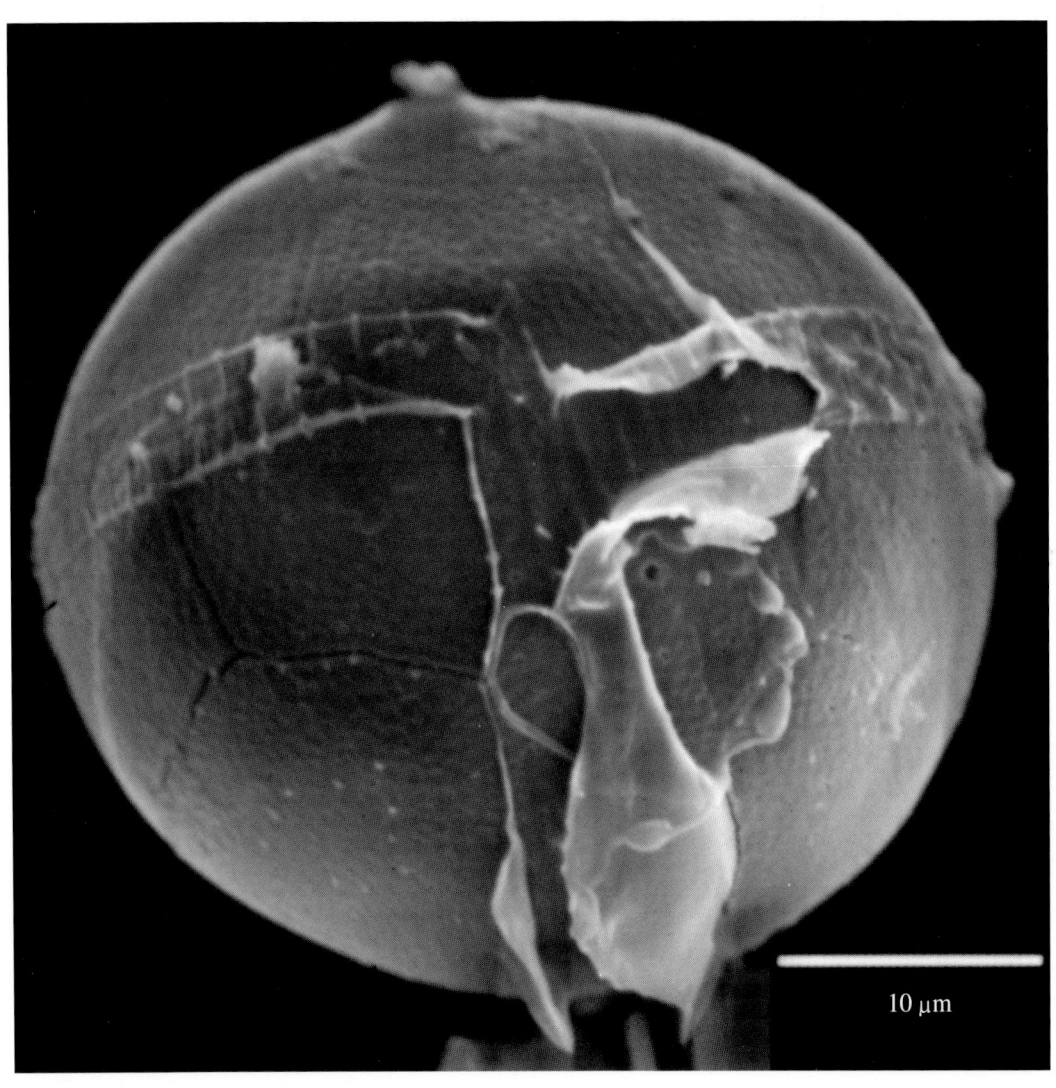

示腹面观

日本原多甲藻
Protoperidinium nipponicum (Abé) Balech, 1974

藻体细胞较小，背面观椭圆形，顶角短且末端平截，无底角，但有两个较长且坚实的底刺，底刺上还生有翼，1′六边形，第二间插板五边形，横沟右旋，壳面网纹结构及孔清晰。

样品采自南沙群岛北部海域。

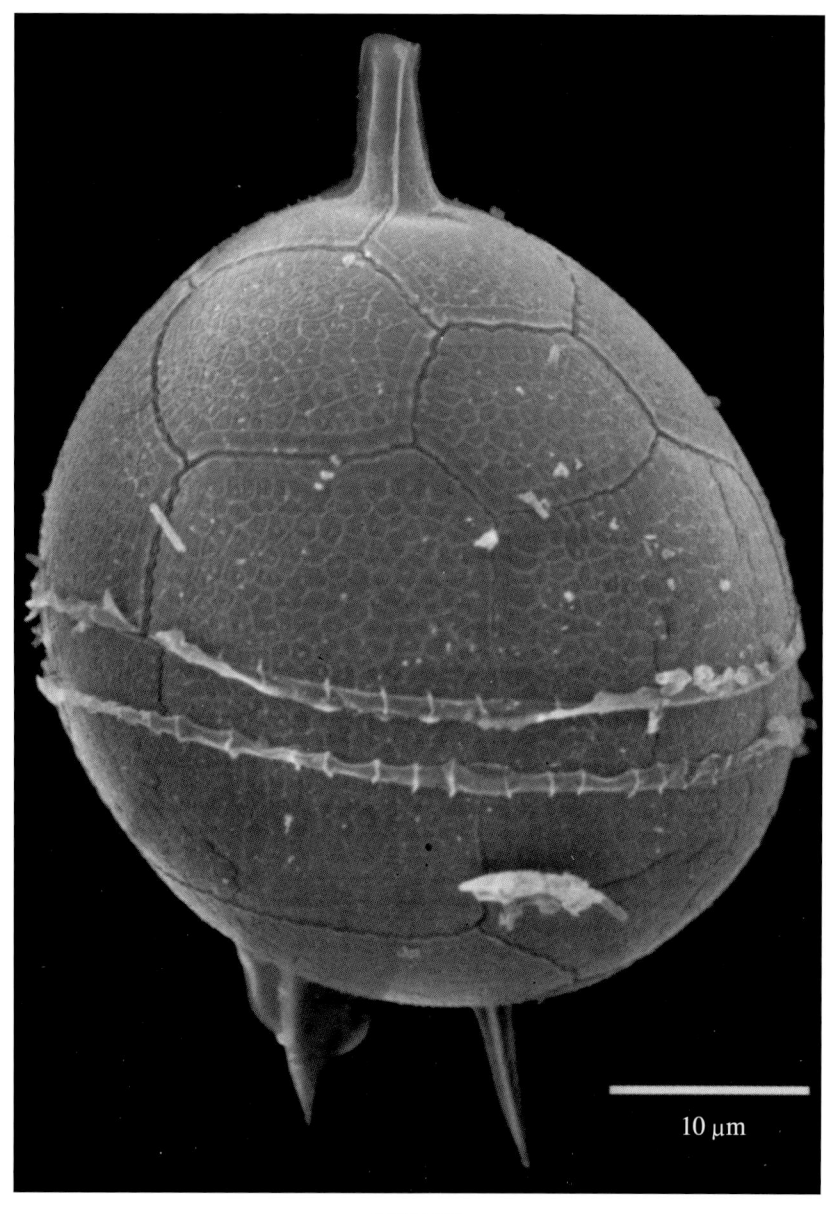

示背面观

细高原多甲藻
Protoperidinium tenuissimum (Kofoid) Balech, 1974

　　藻体细胞较小，腹面观卵圆形，顶角细长、平截，两底刺长且坚实，1′六边形，横沟右旋，壳面网纹结构细密。

　　样品采自南海北部海域，系中国首次记录。

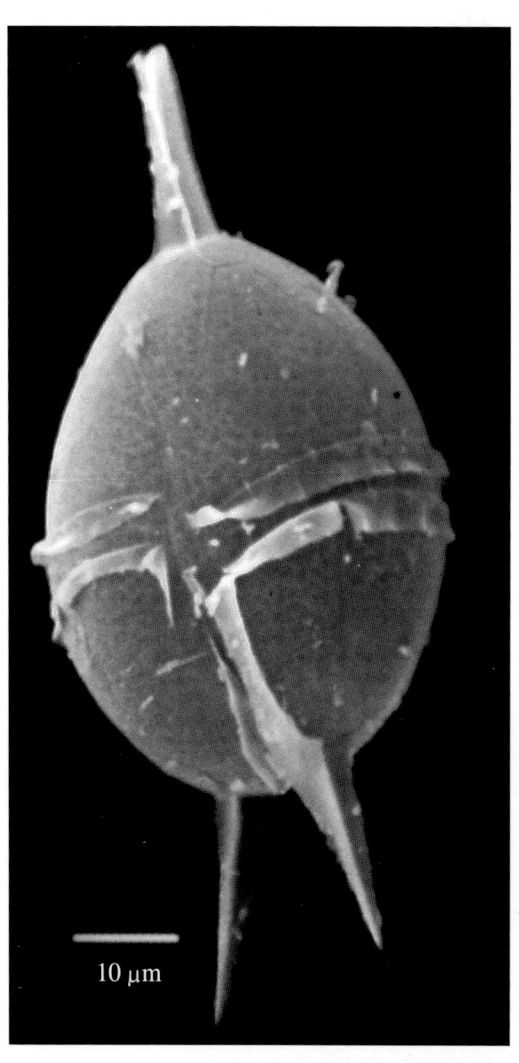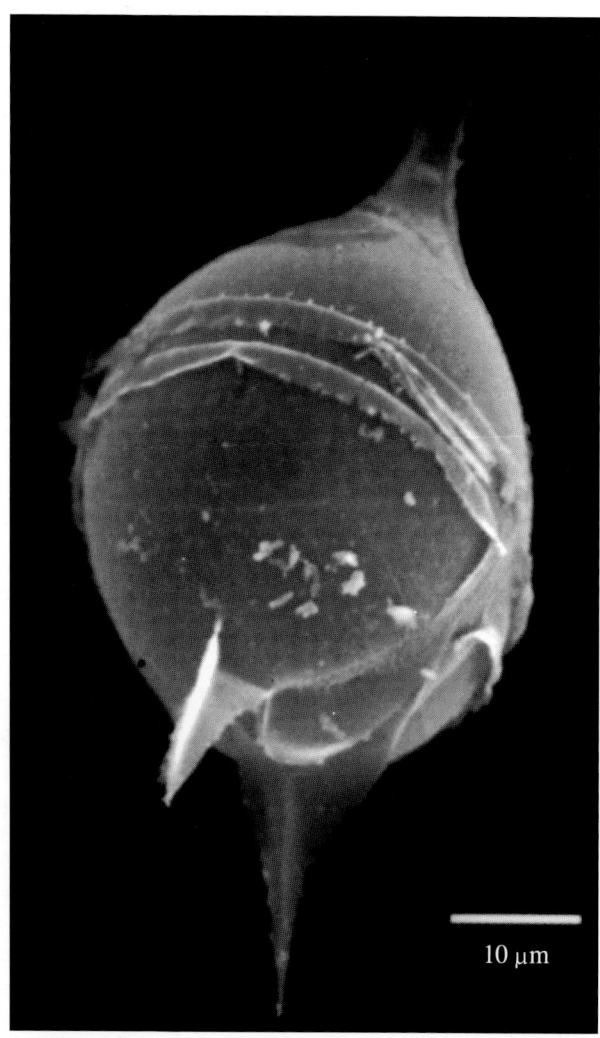

示腹面观、右侧面观

基刺原多甲藻
Protoperidinium diabolum (Cleve) Balech, 1974

藻体腹面观为棱角明显的五边形，顶角细长，两底角长且分歧，1′六边形，横沟右旋，壳面较光滑，孔不明显。

样品采自南海北部海域。

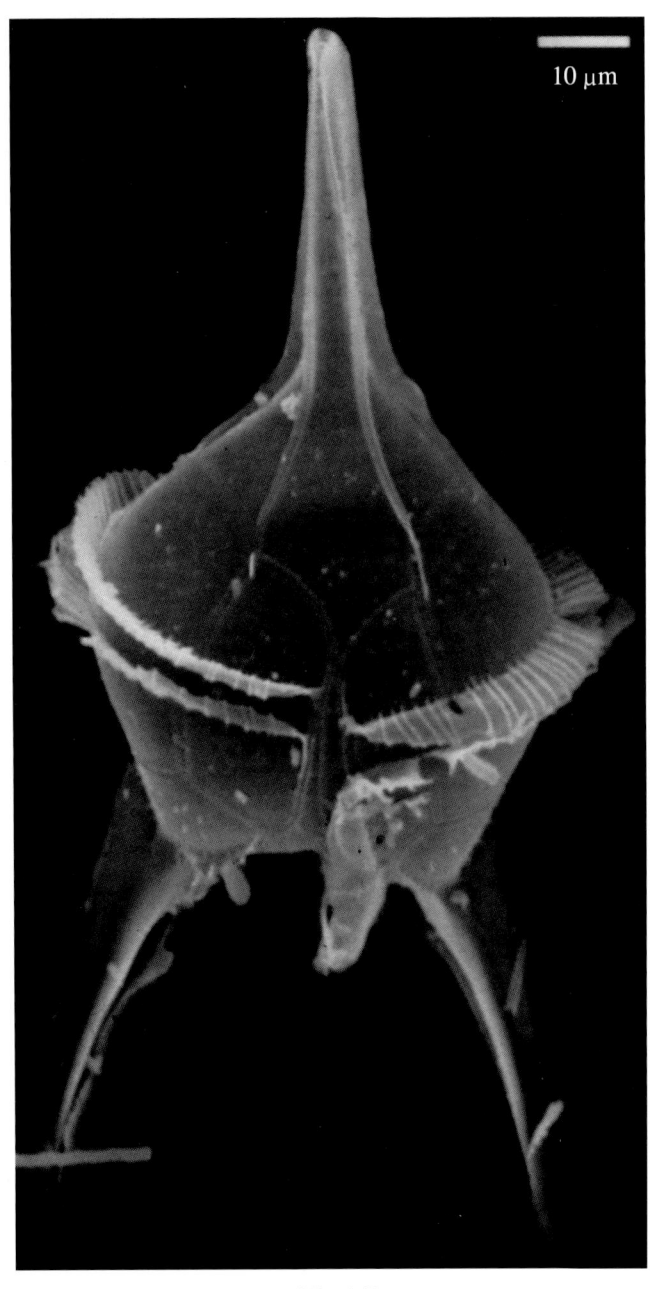

示腹面观

实角原多甲藻
Protoperidinium solidicorne (Mangin) Balech, 1974

藻体细胞中等大小，两底角短且末端较平，其上生有底刺，两底刺向外分歧，1′六边形，第二间插板四边形，壳面较平滑。

样品采自南海北部海域。

示腹面观

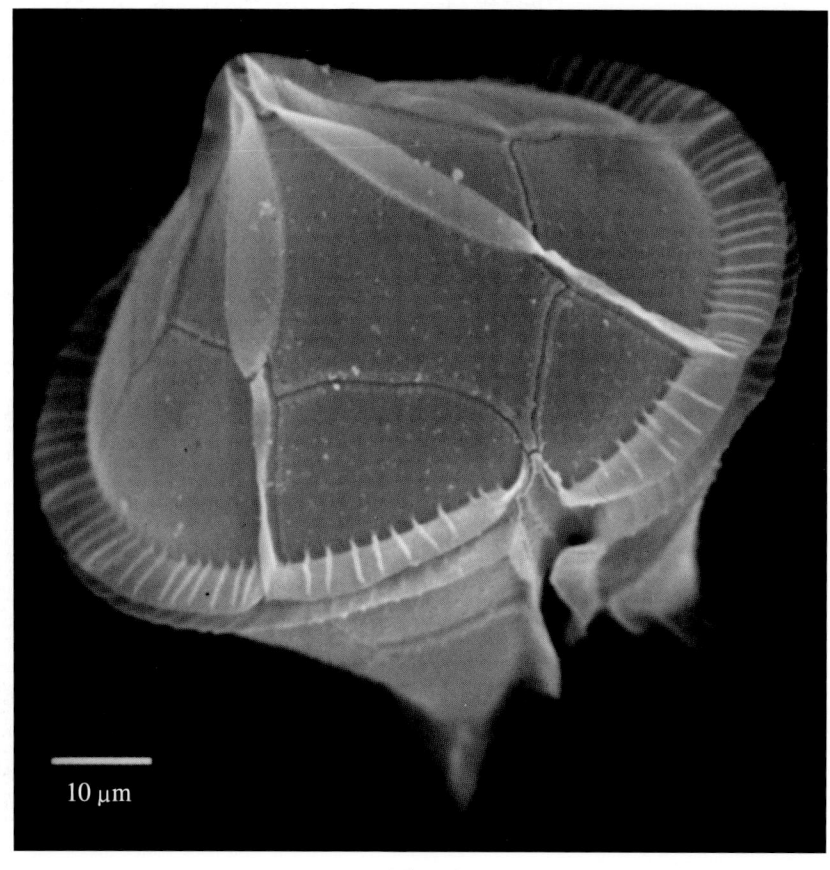

示腹面观

尖脚原多甲藻

Protoperidinium acutipes (Dangeard) Balech, 1974

本种与歧分原多甲藻 *P. divergens* 非常相似，但本种上体部两侧缘直或稍凸，两底角更加粗短。

1′五边形，壳面网纹结构致密坚实。

样品采自、南沙群岛附近海域、吕宋海峡，系中国首次记录。

示背面观

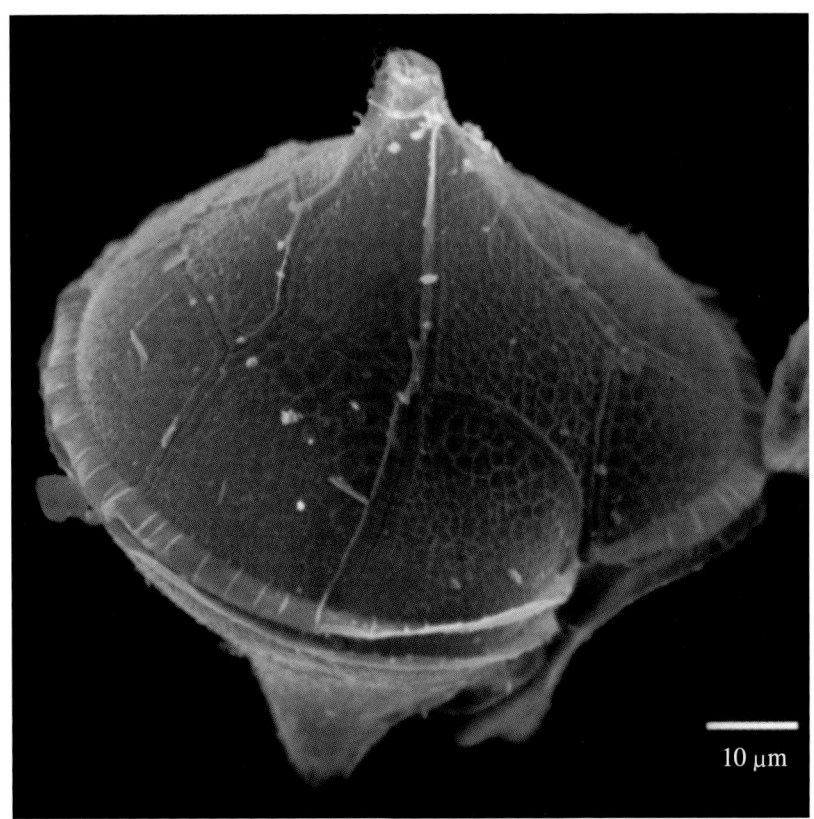

示腹面观

厚甲原多甲藻
Protoperidinium crassipes (Kofoid) Balech, 1974

　　藻体细胞中型至大型，高度与宽度相近，顶角和两底角基部粗壮，1′近五边形，横沟中位，壳面网纹结构粗大，网结处脊状小凸起发达。

　　样品采自南海北部海域。

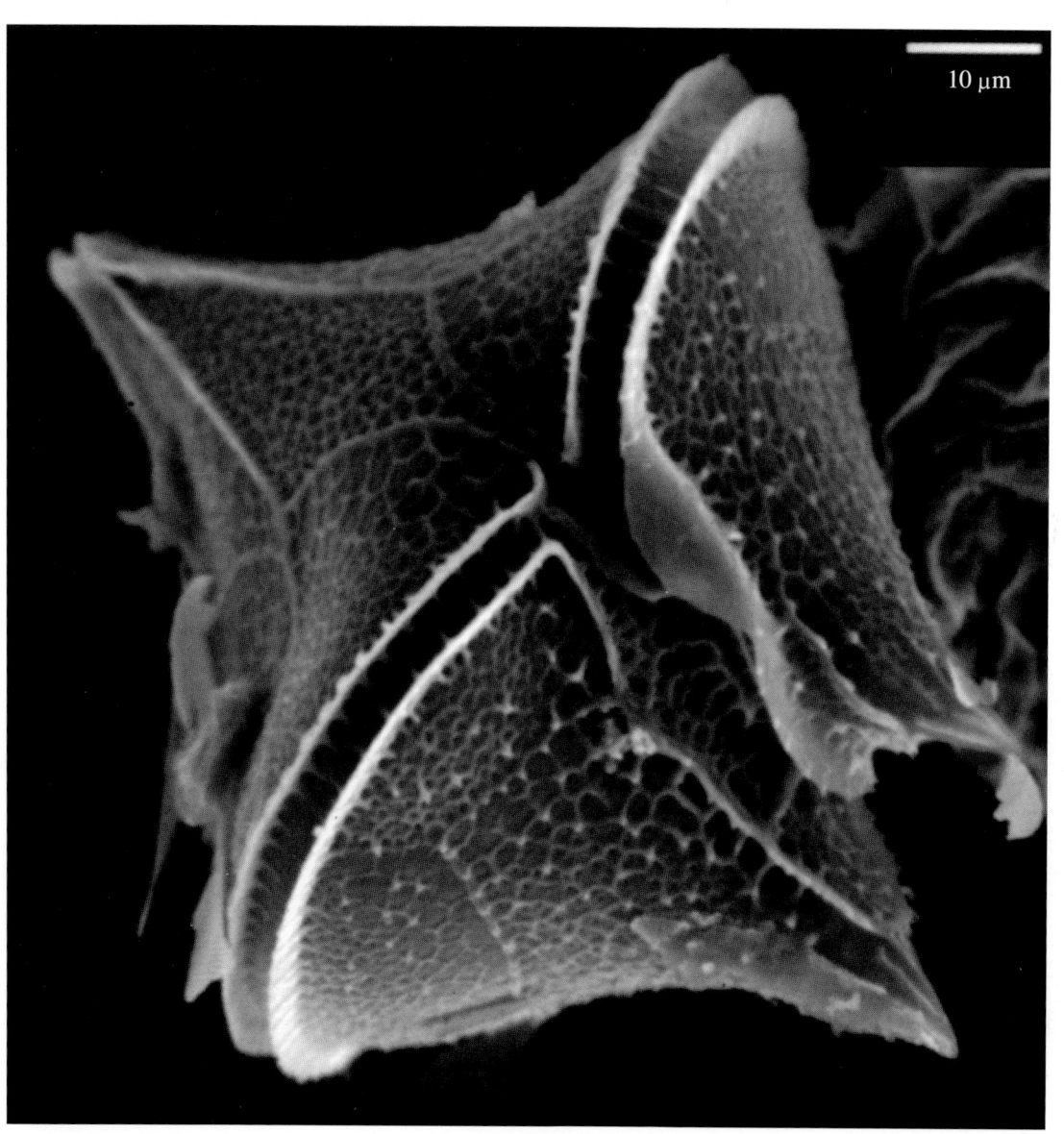

示腹面观

歧分原多甲藻
Protoperidinium divergens (Ehrenberg) Balech, 1974

本种与厚甲原多甲藻 *P. crassipes* 非常相似，但本种高度明显大于宽度。
1′ 五边形，壳面网纹结构和脊状小凸起清晰发达。
样品采自南海北部海域、南沙群岛附近海域、吕宋海峡。
示左侧面观、右侧面观。

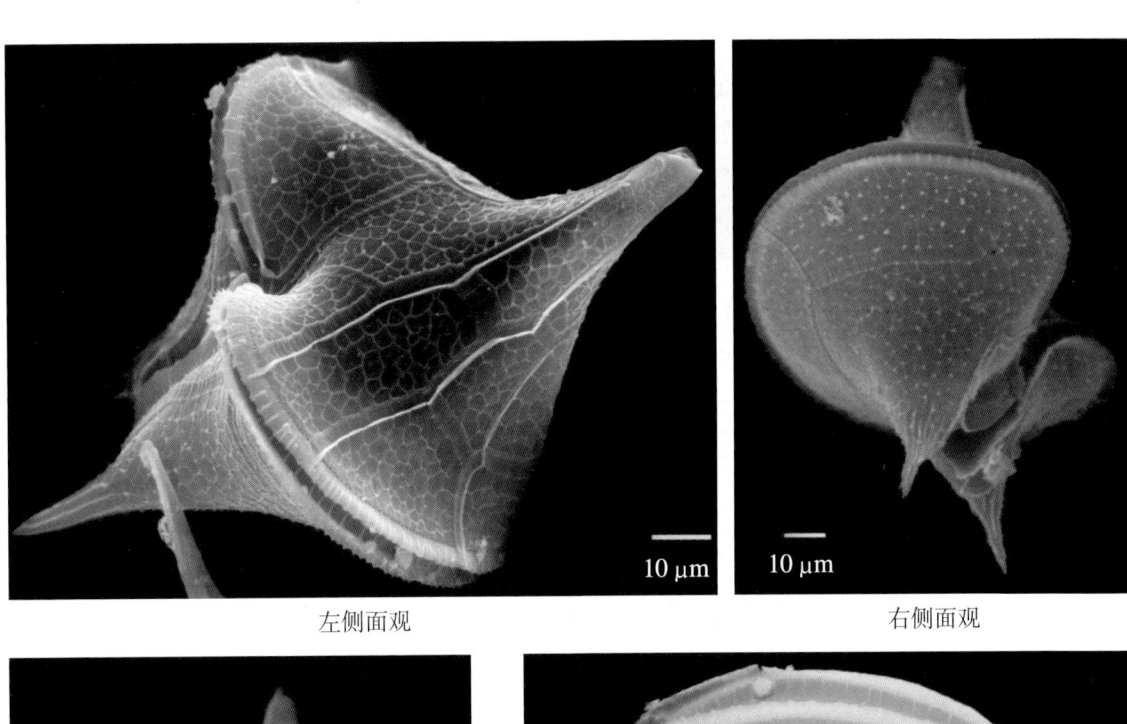

左侧面观   右侧面观

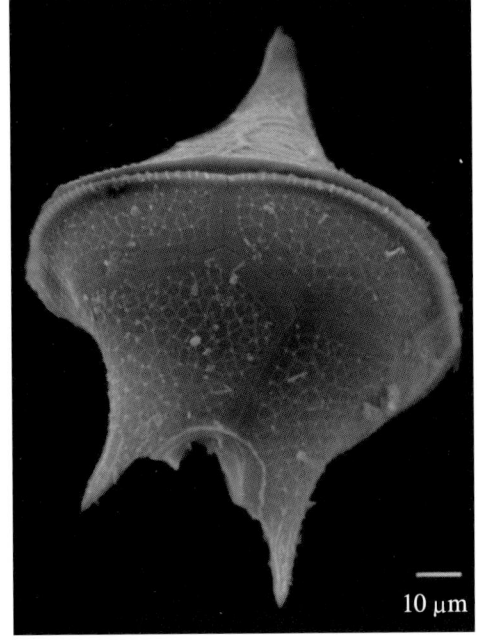

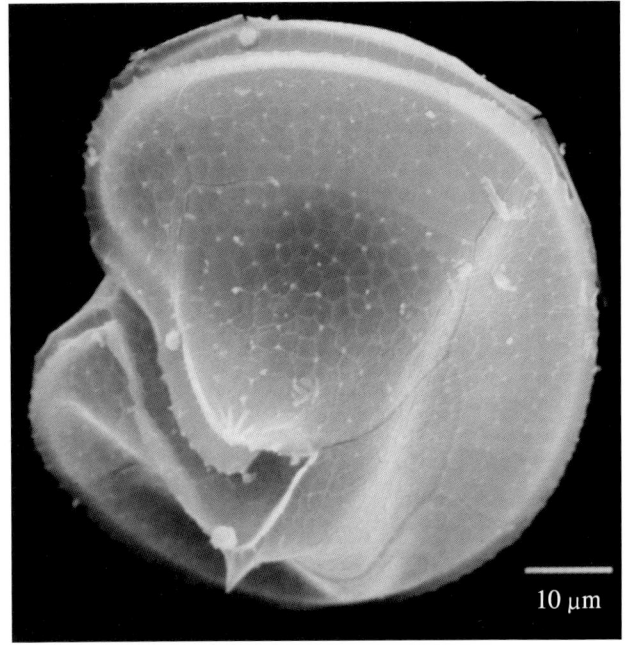

示背面观   底面观

优美原多甲藻原变种
Protoperidinium elegans var. *elegans* (Cleve) Balech, 1974

藻体细胞大，腹面观五角形，顶角及两底角细长，1′五边形，第二间插板四边形，壳面网纹结构及网结处的棘状小凸起清晰。

样品采自南海北部海域、西沙群岛附近海域、南沙群岛附近海域。

示左侧面观

优美原多甲藻颗粒变种
Protoperidinium elegans var. *granulata* (Karsten) Balech, 1974

本变种与原变种的区别在于本变种细胞更加巨大，两底角也较原变种更长。

示背面观

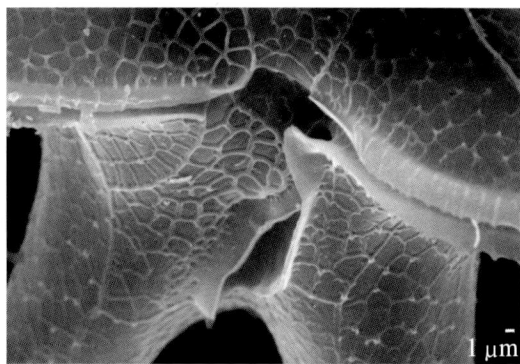

示腹面网纹结构及孔

示右侧面观

巨形原多甲藻
***Protoperidinium grande* (Kofoid) Balech, 1974**

本种与歧分原多甲藻 *P. divergens* 很相似，但本种顶角及两底角相对较长，个体也明显较后者更大。样品采自西沙群岛、东沙群岛附近海域。

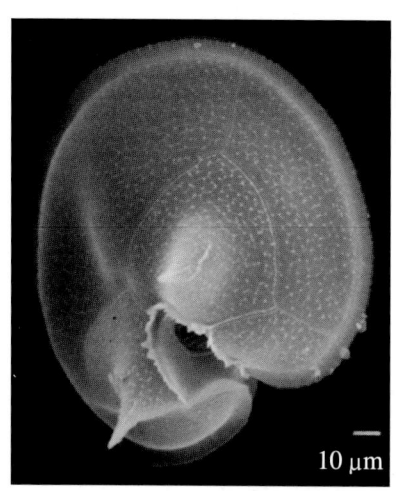
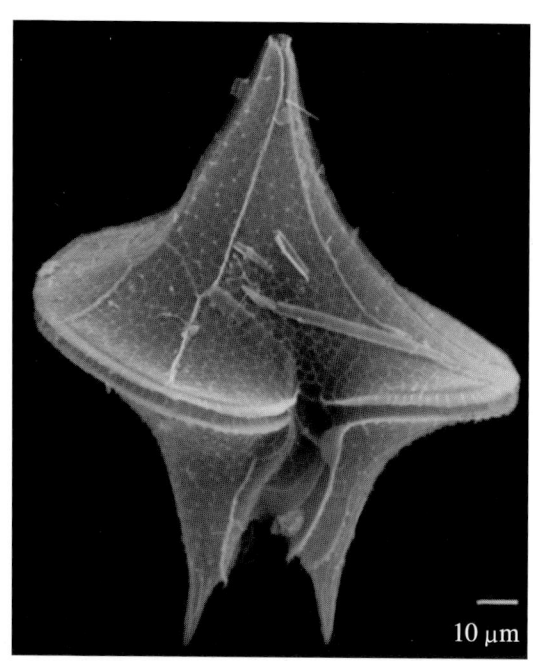

示底面观、腹面观

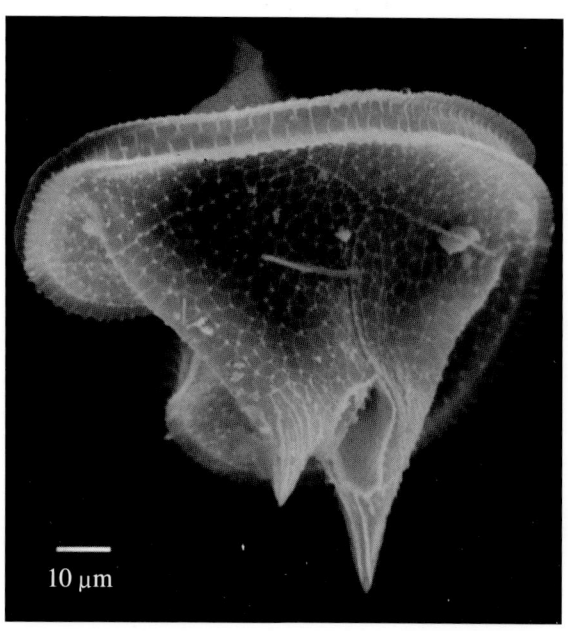
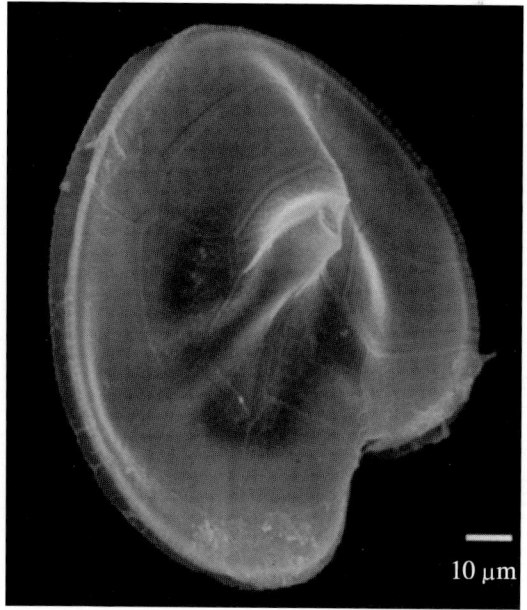

示左侧面观、顶面观

肿胀原多甲藻
Protoperidinium tumidum (Okamura) Balech, 1988

藻体细胞呈稍长的五角形，顶角与两底角均较细长，1′五边形，第二间插板四边形，横沟中位，壳面具网纹结构，网结处棘状小凸起明显，成长的标本片间带宽，具平行的横纹。

样品采自西沙群岛附近海域、吕宋海峡。

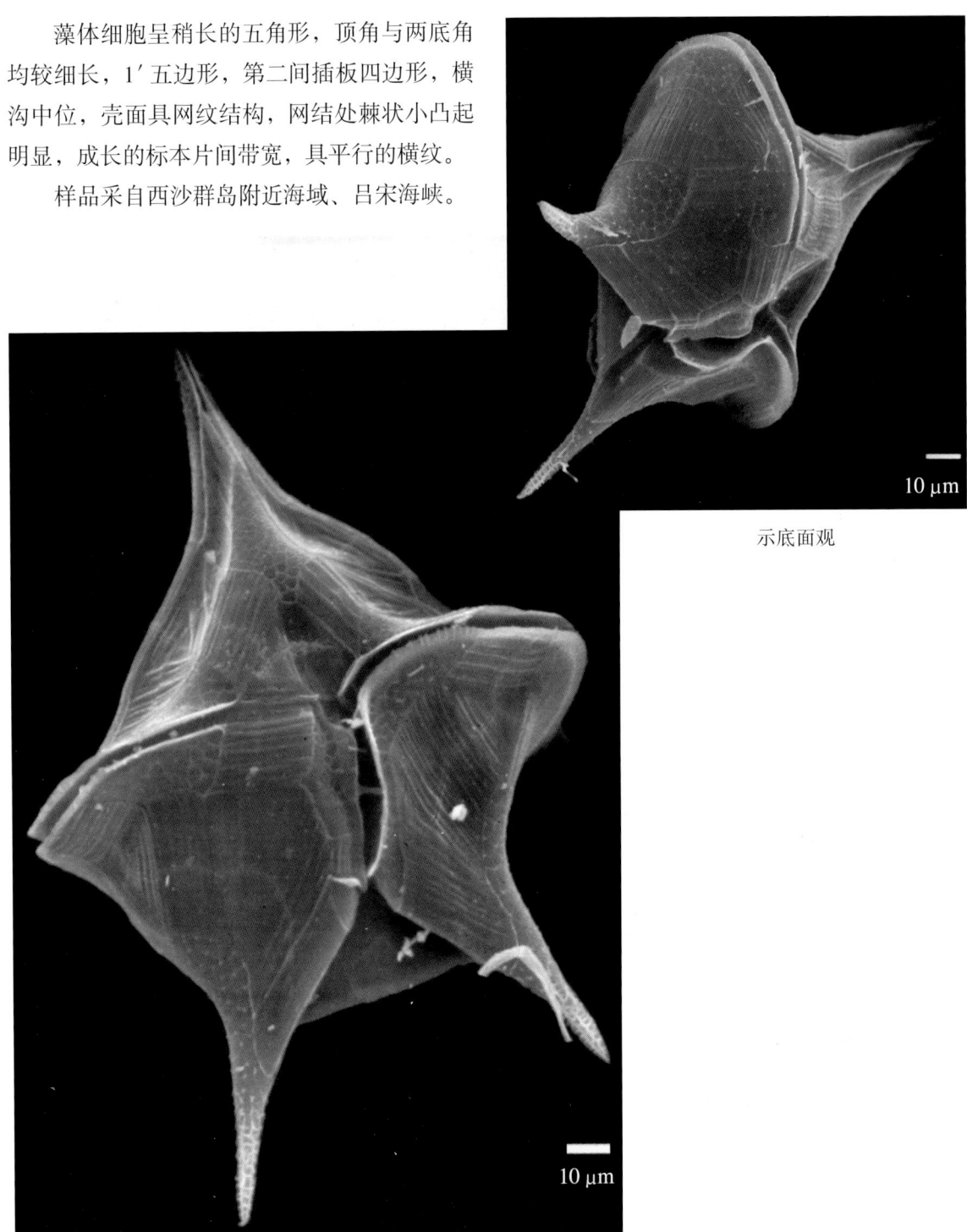

示底面观

示腹面观

锥形原多甲藻

Protoperidinium conicum (Gran) Balech, 1974

藻体细胞中等大小，腹面观双锥形，无顶角，底角短但叉分明显，1′为较宽大的四边形，横沟左旋，壳面网纹结构较细密。

样品采自青岛沿海。

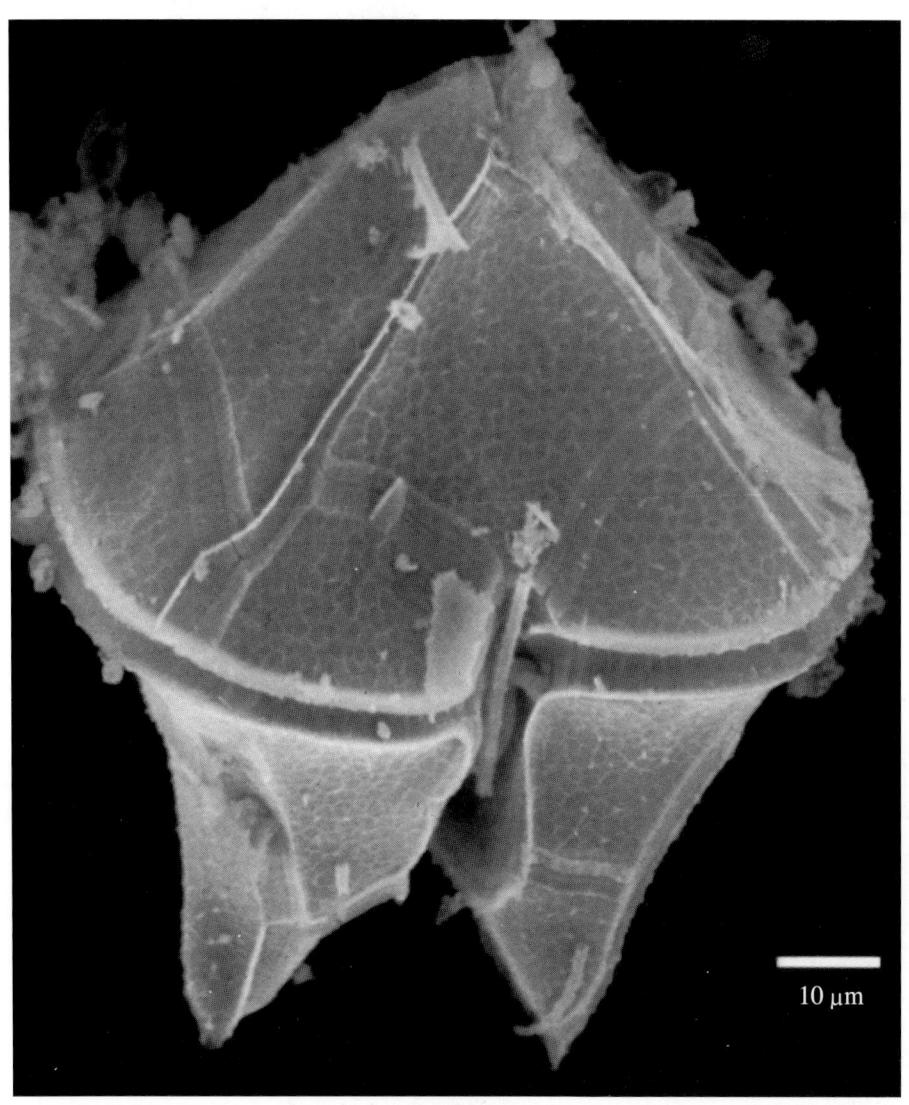

示腹面观

宽阔原多甲藻
Protoperidinium latissimum (Kofoid) Balech, 1974

　　藻体细胞较大，呈五角形，无顶角，两底角小，1′为宽阔的四边形，横沟左旋，壳面具多角形网纹，网结处棘状小凸起清晰。

　　样品采自黄岩岛附近海域。

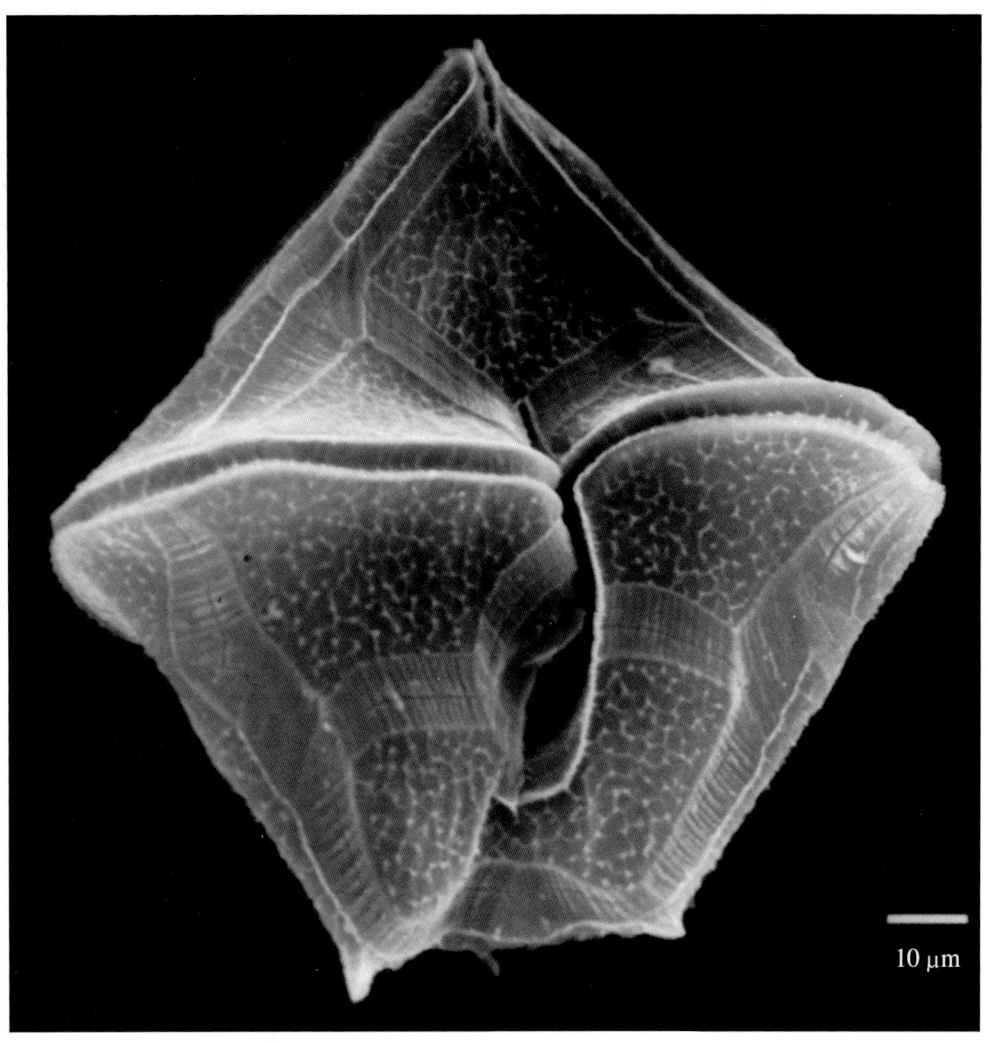

示腹面观

里昂原多甲藻
Protoperidinium leonis (Pavillard) Balech, 1974

藻体细胞中等大小，腹面观近五角形，无顶角，两底角较短，1′窄四边形，第二间插板六边形，横沟左旋，壳面网纹清晰，网结处棘状小凸起发达。

样品采自三亚附近海域。

示腹面观

点刺原多甲藻
Protoperidinium punctulatum (Paulsen) Balech, 1974

藻体细胞双锥形，上体部尖，下体部较圆钝，1′四边形，第二间插板五边形，横沟中位，壳面密布小棘刺。

样品采自南海北部海域。

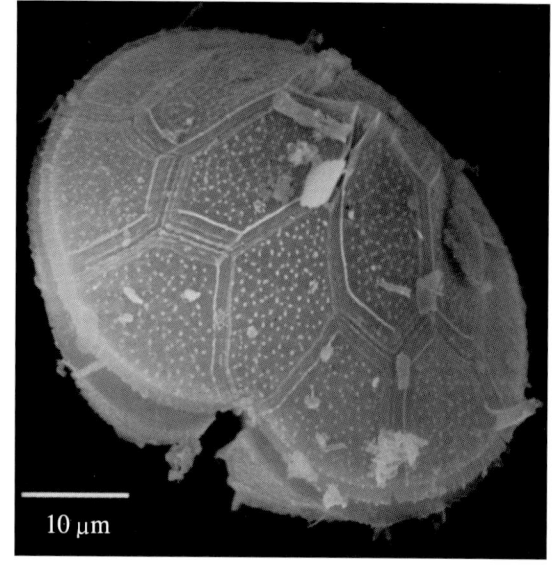

示顶面观

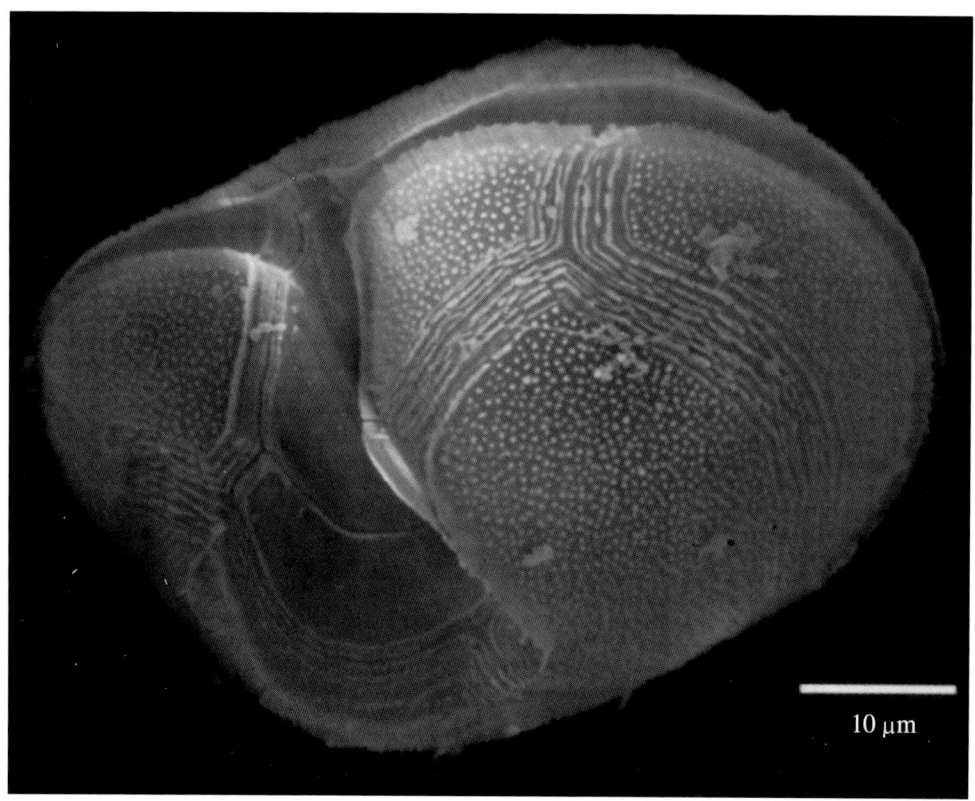

示腹面观

五角原多甲藻
Protoperidinium pentagonum (Gran) Balech, 1974

藻体细胞中等大小，腹面观五角形，1′为较宽大的四边形，横沟左旋，壳面网纹结构清晰，网结处具棘状小凸起。

样品采自西沙群岛附近海域。

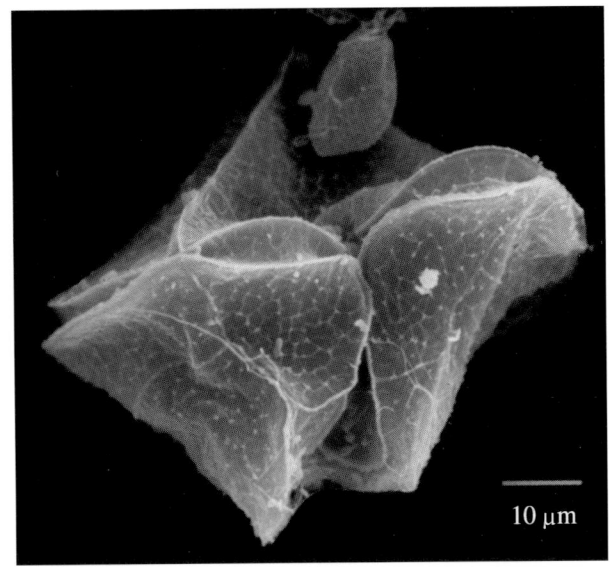

示腹面观

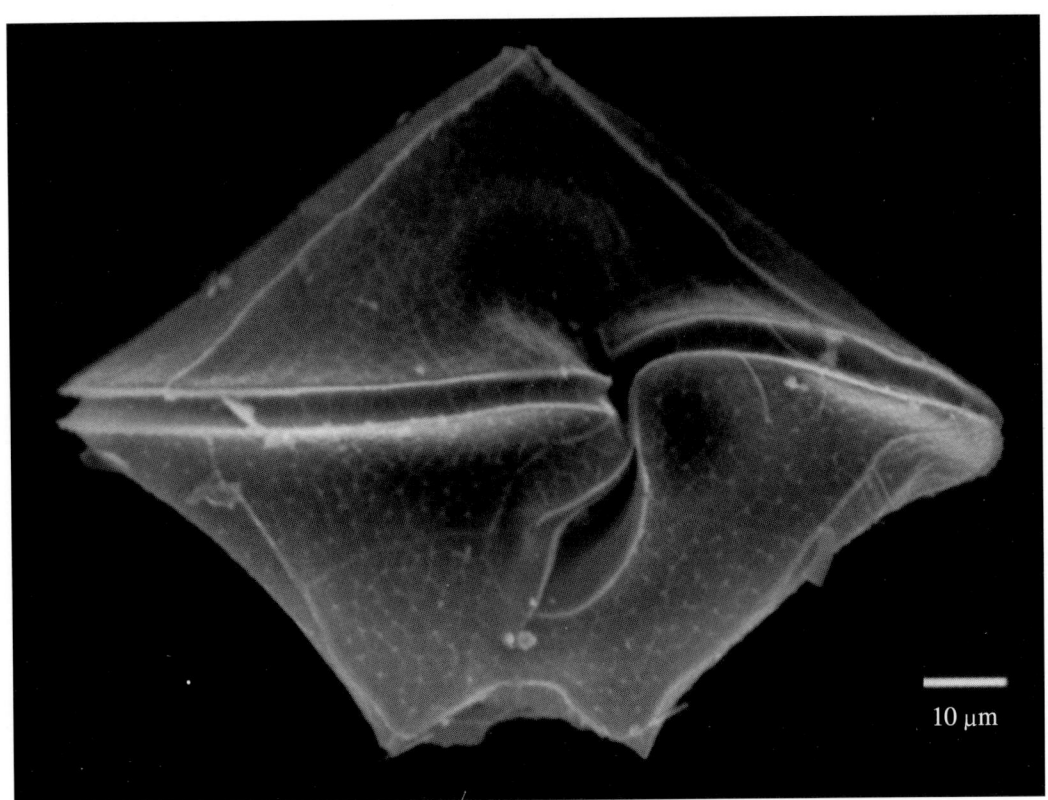

示腹面观

扁平原多甲藻

Protoperidinium depressum (Bailey) Balech, 1974

藻体细胞扁透镜形，顶角和两底角长而明显，1′和第二间插板均为四边形，横沟左旋，壳面网纹细密，孔清晰，网结处具棘状小凸起。

样品采自青岛沿海。

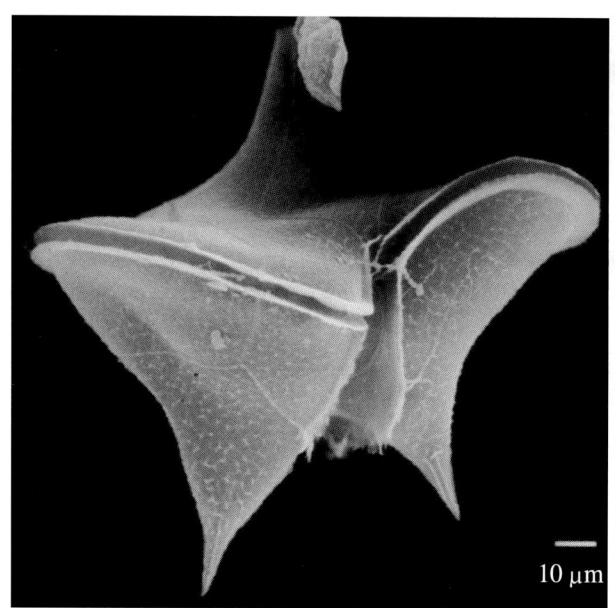 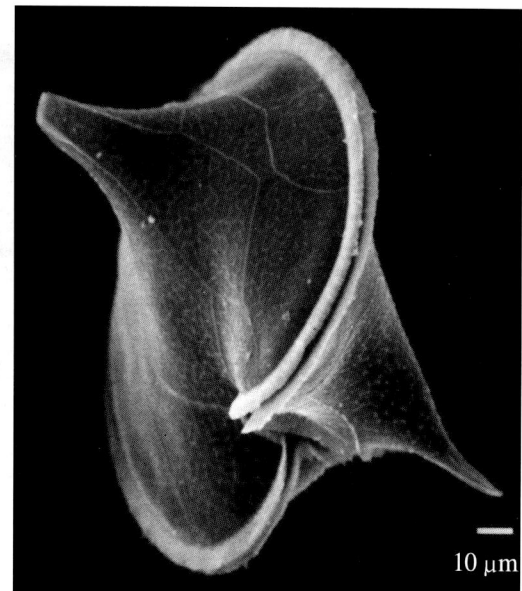

示腹面观、左侧面观

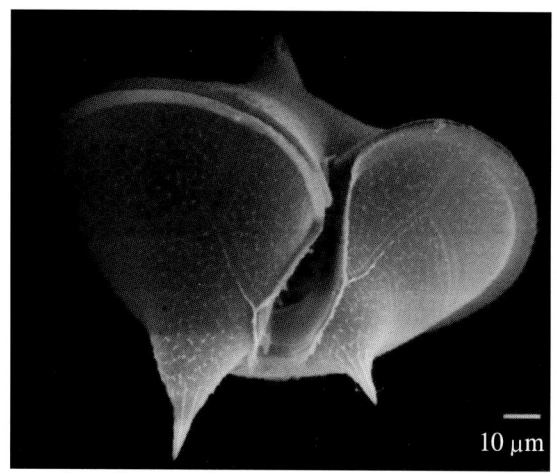 

示腹面观、背面观

墨氏原多甲藻
Protoperidinium murrayi (Kofoid) Hernández-Becerril, 1991

本种与海洋原多甲藻 *P. oceanicum* 非常相似，但细胞体没有后者那么膨大，体长明显大于体宽。

样品采自南海北部海域。

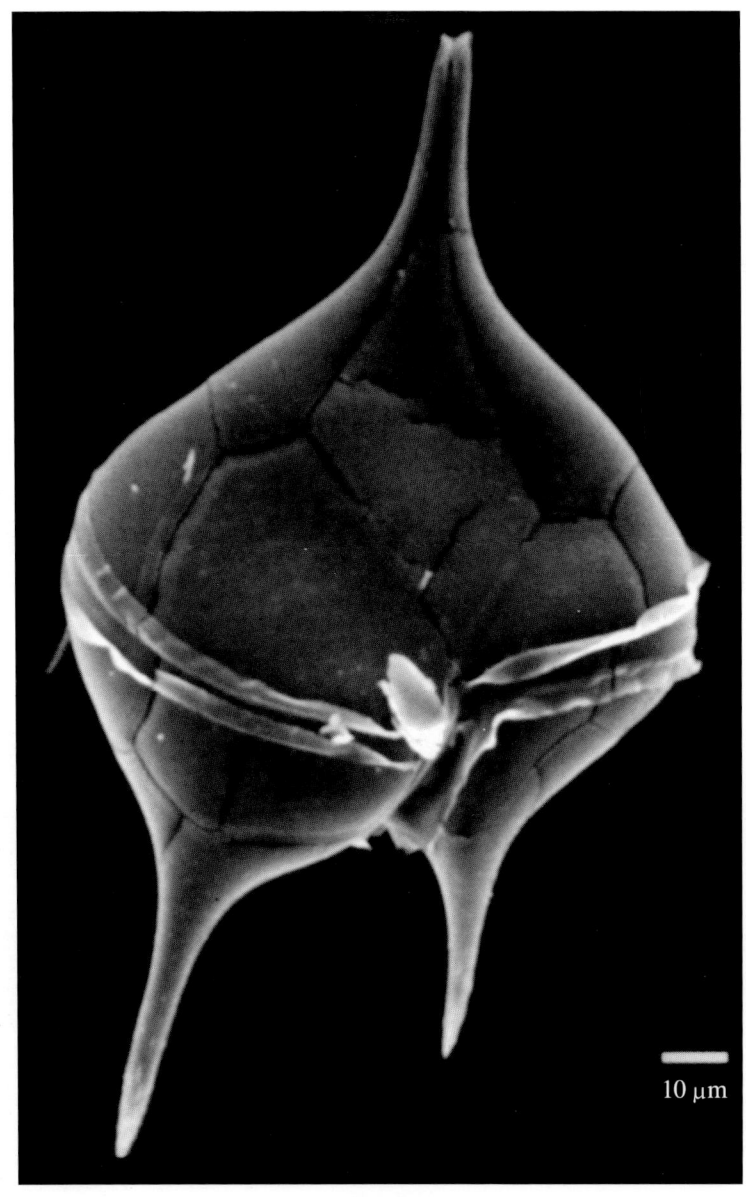

示腹面观

长椭圆原多甲藻

Protoperidinium oblongum (Aurivillius) Parke & Dodge, 1976

藻体细胞中等大小，顶角和两底角较长，1′四边形，横沟左旋，壳面网纹和孔较细弱。样品采自南海北部海域、南沙群岛附近海域、吕宋海峡。

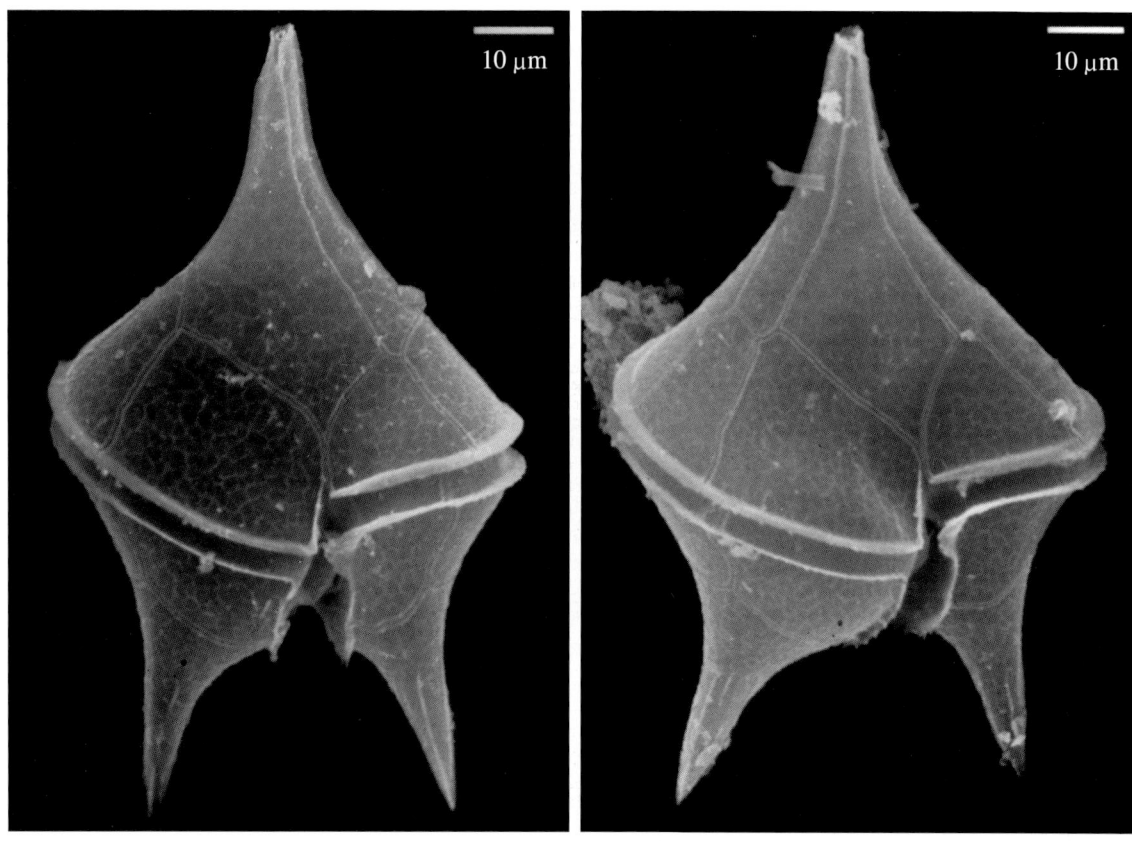

示腹面观

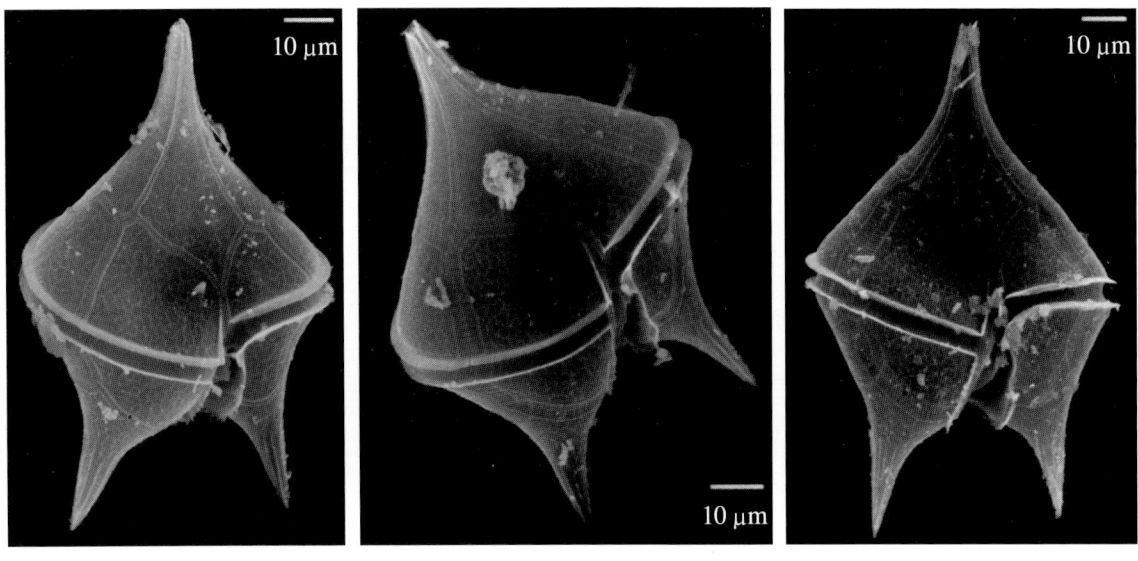

示腹面观

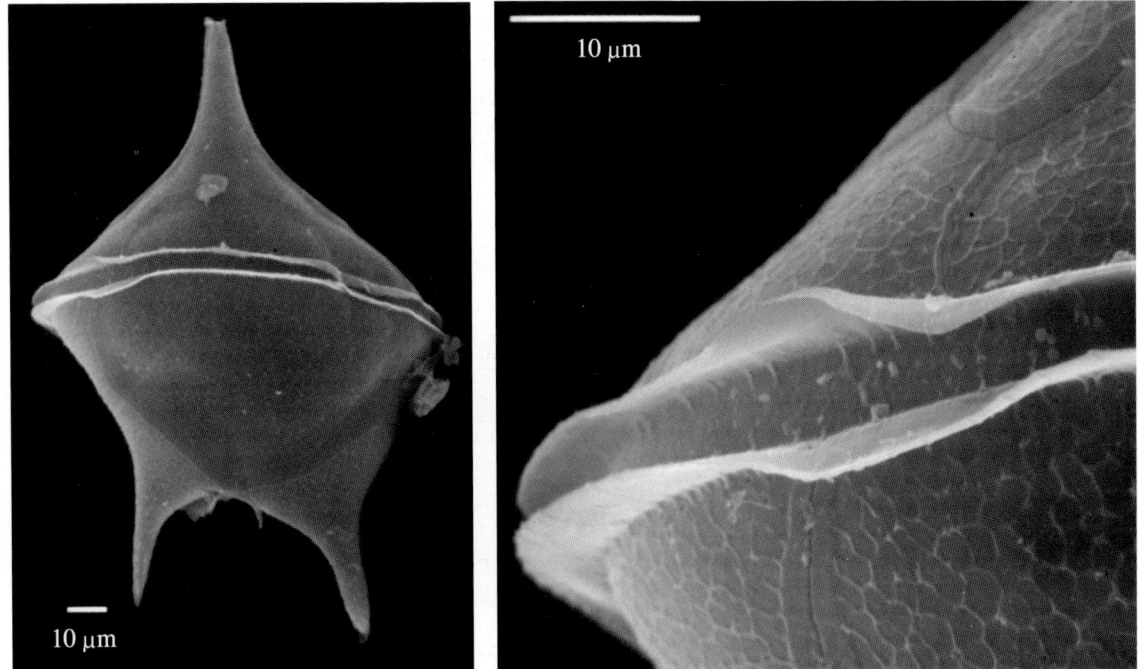

示背面观、壳面网纹结构及孔

平行原多甲藻
Protoperidinium parallelum Broch, 1906

藻体细胞中等大小，顶角短锥形，两底角细小，1′和第二间插板均为四边形，横沟左旋，壳面具网纹结构，网结处棘状小凸起清晰。

样品采自黄海北部海域。

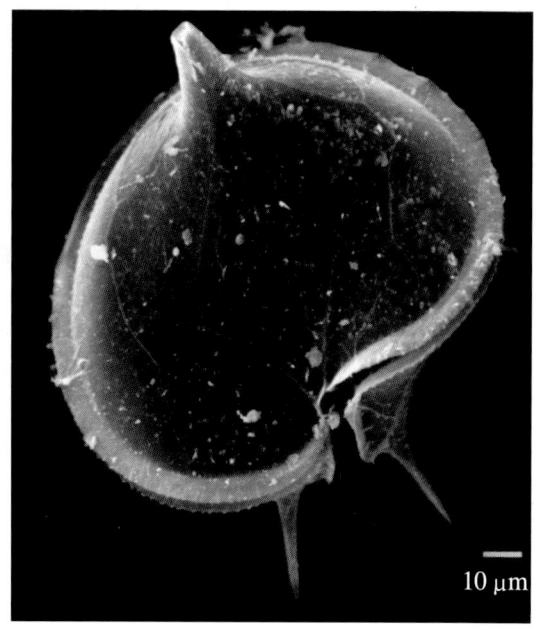

示腹面观

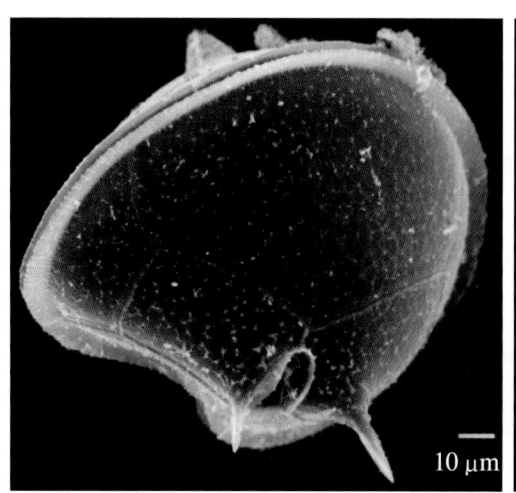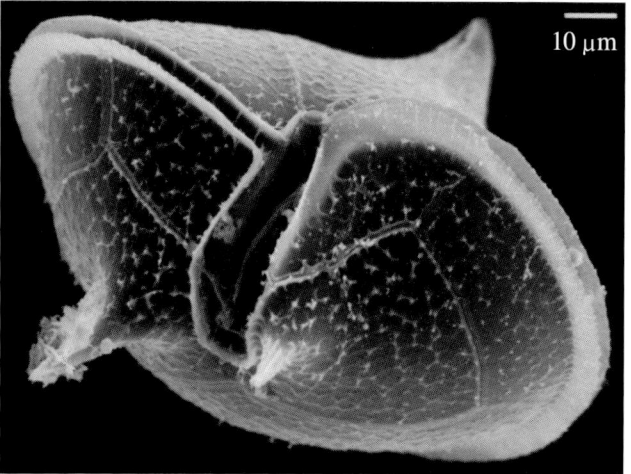

示底面观

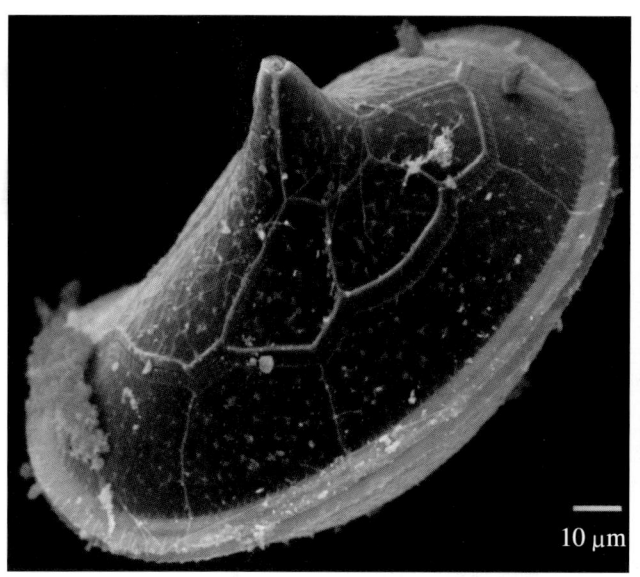
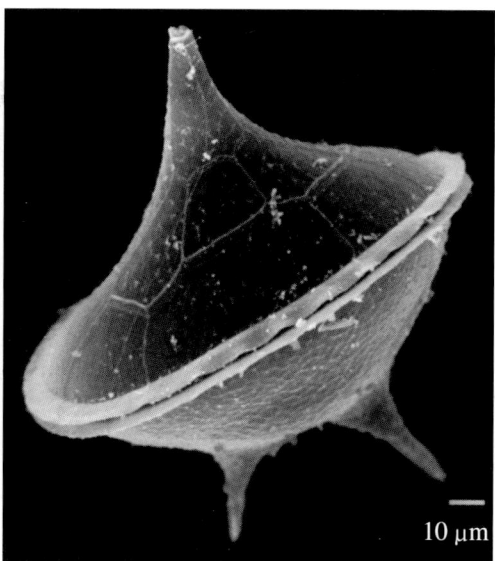

示背面观

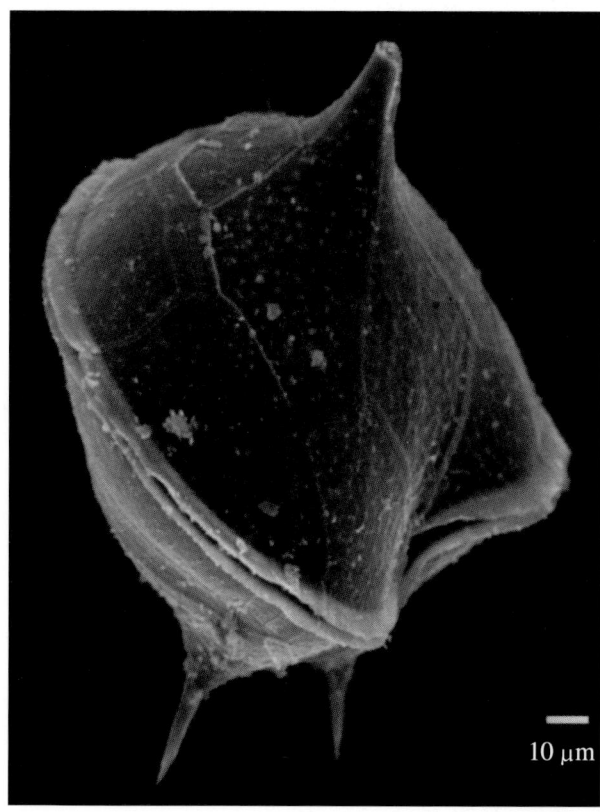
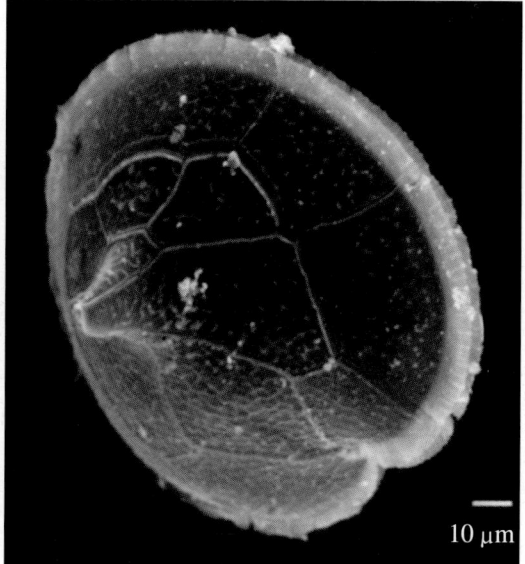

示右侧面观、顶面观

海洋原多甲藻
Protoperidinium oceanicum (VanHöffen) Balech, 1974

藻体细胞中等大小，具明显的顶角和两底角，1′四边形，横沟左旋，壳面网纹较细弱，网结处具棘状小凸起。

样品采自青岛沿海、东海、南海。

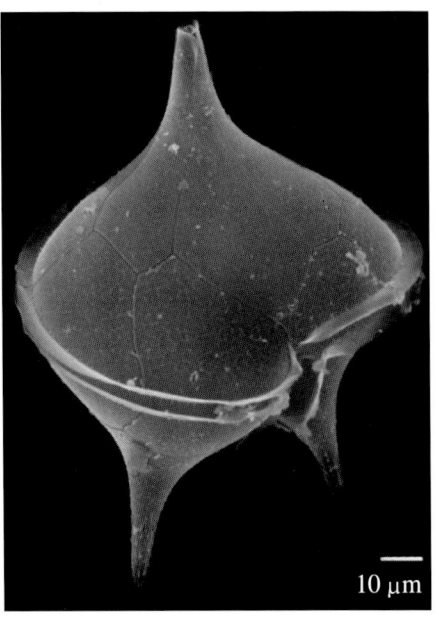

示腹面观

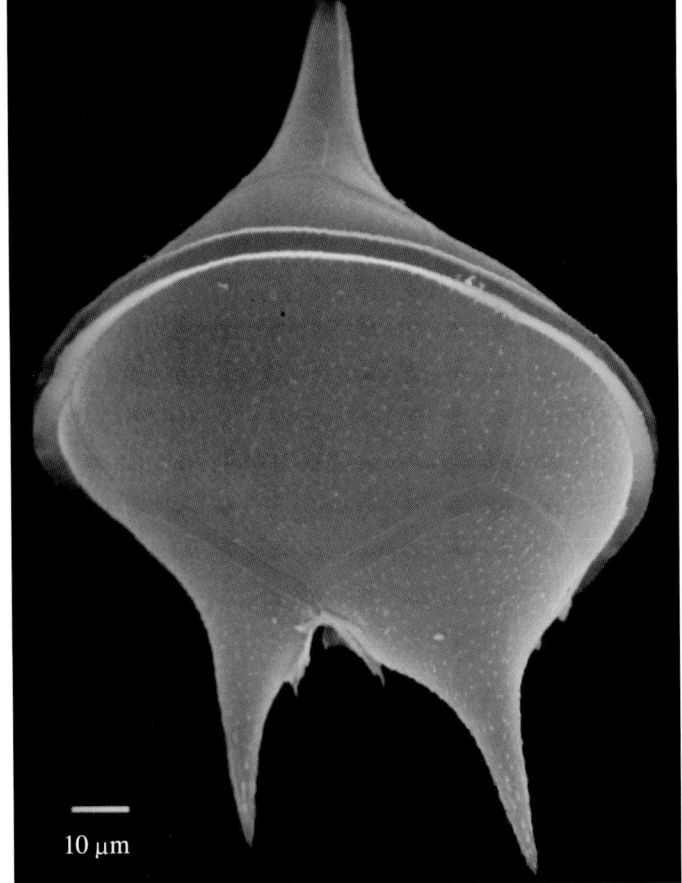

示背面观

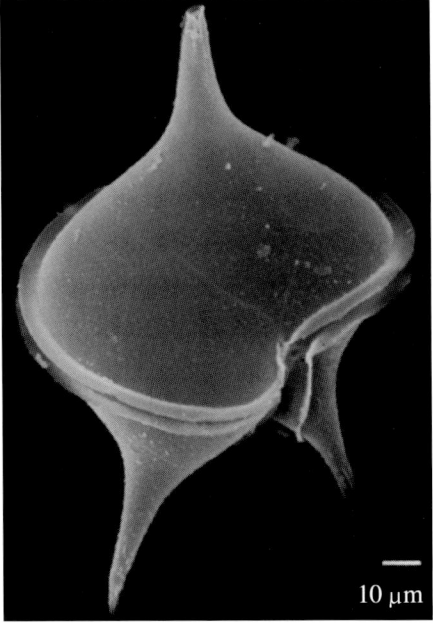

示腹面观

参考文献

陈国蔚, 倪达书. 1988. 南海鳍藻科三个属的分类. 海洋与湖沼, 19(3): 238-248.

陈国蔚. 1981. 西沙群岛附近海域甲藻的研究Ⅰ. 角甲藻属甲板形态及种的描述. 海洋与湖沼, 12(1): 91-99.

陈国蔚. 1982. 西沙群岛附近海域甲藻的研究Ⅱ. 双管藻属. 海洋与湖沼, 13(6): 531-537.

陈国蔚. 1989. 西沙群岛甲藻的研究Ⅲ. 几种罕见的热带大洋性甲藻. 海洋与湖沼, 20(3): 230-237.

郭玉洁, 叶嘉松, 周汉秋. 1983. 西沙、中沙群岛海域的角藻. 海洋科学集刊, 20: 69-108.

李瑞香, 毛兴华. 1985. 东海陆架区的甲藻. 东海海洋, 3(1): 41-55.

林金美. 1984. 中太平洋西部水域甲藻 (Pyrrophyta) 的分类. 西太平洋热带水域浮游生物论文集, 22-46, pls. 1-5.

林永水, 周近明, 赵迪 等. 2009. 中国海藻志, 第六卷 甲藻门, 第一册 甲藻纲 角藻科. 北京: 科学出版社, 1-93, pls. 1-18.

林永水, 周近明. 1993. 南海甲藻（一）. 北京: 科学出版社, 1-115.

林永水, 周近明, 何建宗. 2001. 赤潮生物. 北京: 科学出版社, 1-79.

陆斗定, Gobel J. 2001. 东海陆架黑潮区鸟尾藻的分类及其生态分布特点. 东海海洋, 19(3): 11-18.

吕颂辉, 张玉宇, 陈菊芳. 2003. 东海具齿原甲藻的扫描电子显微结构. 应用生态学报, 14(7): 1070-1072.

齐雨藻, 钱峰. 1994. 大鹏湾几种赤潮甲藻的分类学研究. 海洋与湖沼, 25(2): 206-210.

福代康夫, 高野秀昭, 千原光雄 等. 1990. 日本の赤潮生物（写真と解说）. 东京: 内田老鹤圃, 1-407.

山路勇. 1977. 日本プランクトン図鑑. 保育社, 65-108, pls. 31-51.

Abé T H. 1927. Report of the biological survey of Mutsu Bay. 3. Notes on the protozoan fauna of Mutsu Bay. I. Peridiniales. Science Reports of the Tohoku Imperial University, Biology, Sendai, Japan, Ser. 4, Biol. 2(4): 383-438.

Abé T H. 1941. Studies on the Protozoan Fauna of Shimoda Bay. The Diplopsalis group. Records of Ocean Works in Japan, 12: 121-144.

Abé T H. 1966. The armoured dinoflagellata: Ⅰ. Podolampidae. Publications of the Seto Marine Biological Laboratory, 14(2): 129-154.

Abé T H. 1967a. The armoured dinoflagellata: Ⅱ. Prorocentridae and Dinophysidae (A). Publications of the Seto Marine Biological Laboratory, 14(5): 369-389.

Abé T H. 1967b. The armoured dinoflagellata: Ⅱ. Prorocentridae and Dinophysidae (B). *Dinophysis* and its allied genera. Publications of the Seto Marine Biological Laboratory, 15(1): 37-78.

Abé T H. 1967c. The armoured dinoflagellata: Ⅱ. Prorocentridae and Dinophysidae (C). *Ornithocercus*, *Histioneis*, *Amphisolenia* and others. Publications of the Seto Marine Biological Laboratory, 15(2): 79-116.

Abé T H. 1981. Studies on the family Peridiniales. Publications of the Seto Marine Biological Laboratory, Special Publication Series, 6: 1-409.

Al-Kandari M, Al-Yamani D F Y, Al-Rifaie K. 2009. Marine phytoplankton atlas of Kuwait's waters. Kuwait Institute for Scientific Research, 1-350.

Al-Yamani F Y, Saburova M A. 2010. Illustrated guide on the Flagellates of Kuwait's intertidal soft sediments. Kuwait Institute for Scientific Research, 1-197.

Andreis C, Andreoli C. 1975. SEM survey on mediterranean species of Podolampas. Giornale Botanico Italiano, 109: 387-397.

Andreis C, Ciapi M D, Rodondi G. 1982. The thecal surface of some Dinophyceae: A comparative SEM approach. Botanica Marina, 25: 225−236.

Balech E. 1988. Los dinoflagellados del Atlantico sudoccidental. Publicaciones Especiales Instituto Espanol de Oceanografia, 1: 1−310.

Bergh R S. 1881. Der Organismus der Cilioflagellaten. Eine phylogenetische Studie. Gegenbauer's Morphologisches Jahrbuch, 7(2): 177−288, pls.12−16.

Burns D A, Mitchell J S. 1980. Some dinoflagellates of the genus *Ceratium* from around New Zealand. New Zealand Journal of Marine & Freshwater Research, 14(2): 149−153.

Burns D A, Mitchell J S. 1982. Dinoflagellates of the genus *Dinophysis* Ehrenberg from New Zealand coastal waters. New Zealand Journal of Marine and Freshwater Research, 16: 289−298.

Burns D A, Mitchell J S. 1982. Further examples of the dinoflagellate genus *Ceratium* from New Zealand coastal waters. New Zealand Journal of Marine & Freshwater Research, 16: 57−67.

Carbonelle-Moore M C. 1996. On *Spiraulax jollifei* (Murray et Whitting) Kofoid and *Gonyaulax fusiformis* Graham (Dinophyceae). Botanica Marina, 39: 347−370.

Chomérat N, Couté A. 2008. *Protoperidinium bolmonense* sp. nov. (Peridiniales, Dinophyceae), a small dinoflagellate from a brackish hypereutrophic lagoon (South of France). Phycologia, 47(4): 392−403.

Chomérat N, Sellos D, Zentz F, et al. 2010. Morphology and molecular phylogeny of *Prorocentrum consutum* sp. nov. (Dinophyceae), a new benthic dinoflagellate from South Brittany (northwestern France). Journal of Phycology, 46: 183−194.

Couté A, Iltis A. 1985. Etude au microscope électronique à balayage de quelques algues (Dinophycées et Diatomophycées) de la lagune Ebrié (Côte d'Ivoire). Nova Hedwigia, 41: 69−79, pls. 1−9.

Dodge J D. 1982. Marine Dinoflagellates of the British Isles. London: Her Majesty's Stationery Office, 1−303.

Dodge J D. 1985. Atlas of Dinoflagellates. London: Farrand Press, 1−119.

Dodge J D. 1988. An SEM study of thecal division in *Gonyaulax* (Dinophyceae). Phycologia, 27: 241−247.

Dodge J D. 1995. Thecal structure, taxonomy, and distribution of the planktonic dinoflagellate *Micracanthodinium setiferum* (Gonyaulacales, Dinophyceae). Phycologia, 34(4): 307−312.

Dodge J D, Bibby B T. 1973. The Prorocentrales (Dinophyceae): I. A comparative account of fine structuere in the genera *Prorocentrum* and *Exuviaella*. Botanical Journal of the Linnean Society, 67(2): 175−187.

Dodge J D, Hermes H. 1981. A revision of the Diplopsalis group of dinoflagellates (Dinophyceae) based on material from the British Isles. Botanical Journal of the Linnean Society, 83: 15−26.

Dodge J D, Saunders R D. 1985. A partial revision of the genus *Oxytoxum* (Dinophyceae) with the aid of scanning electron microscopy. Botanica Marina, 28: 99−122.

Shin Eun-Young, Park Jong-Gyu, Yeo Hwan-Goo. 2004. Ataxonomic study of family Dinophysiaceae Stein (Dinophysiales, Dinophyta) in Korean coastal waters. Ocean and Polar Research, 26(4): 655−668.

Faust M A. 1990. Morphological details of six benthic species of *Prorocentrum* (Pyrrophyta) from a mangrove island, Twin Cays, Belize, including two new species. Journal of Phycology, 26: 548−558.

Faust M A. 1991. Morphology of ciguatera-causing *Prorocentrum lima* (Pyrrhophyta) from widely differing sites. Journal of Phycology, 27(5): 642−648.

Faust M A. 1993. Three new benthic species of *Prorocentrum* (Dinophyceae) from Twin Cays, Belize: *P. maculosum*, sp. nov., *P. foraminosum* sp. nov., and P. *formosum* sp. nov.. Phycologia, 32(6): 410−418.

Faust M A. 1994. Three new benthic species of *Prorocentrum* (Dinophyceae) from Carrie Bow Cay, Belize: *P. sabulosum* sp. nov., *P. sculptile* sp. nov., and *P. arenarium* sp. nov. Journal of Phycology, 30(4): 755−763.

Faust M A. 1995. Observation of sand-dwelling toxic dinoflagellates (Dinophyceae) from widely differing sites, including two new species. Journal of Phycology, 31(6): 996-1003.

Faust M A. 1997. Three new benthic species of *Prorocentrum* (Dinophyceae) from Belize: *P. norrisianum* sp. nov., *P. tropicalis* sp. nov., and *P. reticulatum* sp. nov.. Journal of Phycology, 33(5): 851-858.

Faust M A. 2000. Dinoflagellate associations in a coral reef-mangrove ecosystem: Pelican and associated Cays. Atoll Research Bulletin, Smithonian Institution, Washington D.C., 473: 135-152.

Faust M A, Larsen J, Moestrup Ø. 1999. Potentially toxic Phytoplankton 3. Genus *Prorocentrum* (Dinophyceae). ICES Identification Leaflets for Plankton, 184: 1-24.

Gayoso A M, Dover S, Morton S, et al. 2002. Diarrhetic shellfish poisoning associated with *Prorocentrum lima* (Dinophyceae) in Patagonian Gulfs (Argentina). Journal of Shellfish Research, 21(2): 461-463.

Gómez F. 2007. Synonymy and biogeography of the dinoflagellate genus *Histioneis* (Dinophysiales: Dinophyceae). Rev Biol Trop, 55(2): 459-477.

Gómez F, Moreira D, López-Garcia P. 2010. *Neoceratium* gen. nov., a New Genus for All Marine pecies Currently Assigned to *Ceratium* (Dinophyceae). Protist, 161: 35-54.

Gul S, Saifullah S M. 2010. Taxonomic and ecological studies on three marine genera of Dinophysiales from Arabian Sea Shelf of Pakistan. Pak J Bot, 42(4): 2647-2660.

Hansen G, Turquet J, Quod J P. 2001. Potentially harmful microalgae of the western Indian Ocean — a guide based on a preliminary survey. Intergovernmental Oceanographic Commision Unesco, 1: 1-107.

Hernández-Becerril D U. 1989. Species of the dinoflagellate genus *Ceratium* Schrank (Dinophyceae) in the Gulf of California and coasts off Baja California, Mexico. Nova Hedwigia, 48: 33-54.

Kofoid C A. 1907. Dinoflagellates of the San Diego Region: Ⅲ. Description of new species. University of California Publications in Zoology, 3: 299-340.

Kofoid C A. 1911. Dinoflagellata of the San Diego Region: Ⅳ. The genus *Gonyaulax*, with notes on its skeletal morphology and a discussion of its generic and specific characters. University of California Publications in Zoology, 8(4): 187-286, incl. pls. 9-17.

Kofoid C A, Adamson A M. 1933. The Dinoflagellata: the family Heterodiniidae of the Peridinioidae. Memoirs of the Museum of Comparative Zoology at Harvard College, 54(1): 1-136, pls.1-22.

Lebour M V, Sc D, F Z S. 1925. The Dinoflagellates of Northern Seas. Marine Biological Association of the United Kingdom, 1-250, incl. pls. 1-35.

Licea S, Zamudio M E, Luna R, et al. 2004. Free-living dinoflagellates in the southern Gulf of Mexico: report of data. Phycological Research, 52: 419-428.

Loeblich A R Ⅲ. 1982. Dinophyceae. In: Parker S P, ed. Synopsis and Classification of Living Organisms. New York: McGraw-Hill, 1: 101-115.

Loeblich A R Ⅲ, Sherly J L, Schmidt R J. 1979. The correct position of the flagellar insertion in *Prorocentrum* and description of *Prorocentrum rhathymum* sp. nov. (Pyrrhophyta). Journal of Plankton Research, 1(2): 113-120.

Lu D, Goebel J. 2001. Five red tide species in the genus *Prorocentrum* including the description of *Prorocentrum donghaiense* Lu sp. nov. from the East China Sea. Chin J Ocean Limn, 19: 337-344.

Lucas I A N, Vesk M. 1990. The fine structure of two photosynthetic species of *Dinophysis* (Dinophysiales, Dinophyceae). Journal of Phycology, 26(2): 345-357.

Marie-Dominique P, Rodolphe L, Natalie S, et al. 2009. Night and Day Morphologies in a Planktonic Dinoflagellate. Protist, 1-11, doi:10.1016/ j.protis.2009.04.003.

Meave del Castillo E, Zamudio Resendiz E, Okolodkov Y B, et al. 2003. *Ceratium balechii* sp. nov. (Dinophyceae: Gonyaulacales) from the Mexican Pacific. Hidrobiológica, 13(1): 75–91.

Montresor M. 1995. *Scrippsiella ramonii* sp. nov. (Peridiniales, Dinophyceae) a marine dinoflagellate producing a calcareous resting cyst. Phycologia, 34(1): 87–91.

Montresor M, Zingone A. 1988. *Scrippsiella precaria* sp. nov. (Dinophyceae), a marine dinoflagellate from the Gulf of Naples. Phycologia, 27(3): 387–394.

Murray S, Nagama Y, Fukuyo Y. 2007. Phylogenetic study of benthic, spine-bearing prorocentroids, including *Prorocentrum fukuyoi* sp. nov. Phycolgical Research, 55: 91-102.

Nie D. 1936. Dinoflagellata of the Hainan Region: I. *Ceratium*. Contributions from the Biological Laboratory of the Science Society of China, Nanking. Zoological Series, 12(3): 29–73.

Nie D, Wang C C. 1942. Dinoflagellata of the Hainan region: V. On the thecal morphology of the genus *Goniodoma*, with description of the species of the region. Sinensia, 13(1–6): 61–68.

Nielsen E S. 1934. Untersuchungen über die Verbreitung, Biologie und Variation der Ceratien im südlichen stillen ozean. B Luno a/s, USA, 1–68.

Omura T, Lwataki M, Borja V M, et al. 2012. Marine Phytoplankton of the Western Pacific. Tokyo: Kouseisha Kouseikaku Co., Ltd., 1–160.

Schiller J. 1931. Dinoflagellatae (Peridineae) in monographischer Behandlung. In: Dr. L.Rabenhorst's Kryptogamen-Flora von Deutschland, Österreich und der Schweiz. Bd. 10(3). Teil, 1(1): 1–256.

Schiller J. 1932. Dinoflagellatae (Peridineae) in monographischer Behandlung. In: Dr. L.Rabenhorst's Kryptogamen-Flora von Deutschland, Österreich und der Schweiz. Bd. 10(3). Teil, 1(2): 257–432.

Schiller J. 1933. Dinoflagellatae. In: Rabenhorst L, ed. Kryptogamen-Flora 10(3). I Teil. Leipzig: Akademische Verlagsgesellschaft, 1–617.

Schiller J. 1937. Dinoflagellatae (Peridineae) in monographischer Behandlung. In: Dr. L.Rabenhorst's Kryptogamen-Flora von Deutschland, Österreich und der Schweiz. Bd. 10(3). Teil, 2(4): 481–590.

Selina M S, Hoppenrath M. 2004. Morphology of *Sinophysis minima* sp. nov. and three *Sinophysis* species (Dinophyceae, Dinophysiales) from the Sea of Japan. Phycological Research, 52: 149–159.

Spector D L. 1984. Dinoflagellates. Orlando: Academic Press, Inc., 1–545.

Steidinger K A, Davis J T, Williams J. 1967. A key to the marine Dinoflagellate genera of the west coast of Florida. St. Petersburg, 52: 1–45, incl. pls. 1–9.

Subrahmanyan R. 1968. The Dinophyceae of the Indian seas: I. Genus *Ceratium* Schrank. Mar. biol. Ass. India, Mem., 2: 1–129.

Subrahmanyan R. 1971. The Dinophyceae of the Indian seas: II. Family Peridiniaceae Schüt emend. Lindemann. Mar. biol. Ass. India, Mem., 2(2): 1–334.

Taylor F J R. 1971. Scanning electron microscopy of thecae of the dinoflagellate genus *Ornithocercus*. Journal of Phycology, 7: 249–258.

Taylor F J R. 1973. Topography of cell division in the structurally complex dinoflagellate genus *Ornithocercus*. Journal of Phycology, 9: 1–10.

Taylor F J R. 1976. Dinoflagellates from the International Indian Ocean1976. Expedition. Bibliotheca Botanica, 132: 1–234, pls. 1–46.

Taylor F J R. 1980. On dinoflagellate evolution. BioSystems, 13: 65–108.

Tomas C R. 1997. Identifying Marine Phytoplankton. San Diego: Academic Press, 1–858.

Toriumi S. 1980. *Prorocentrum* species (Dinophyceae) causing red tide in Japanese coastal waters. Bulletin of Plankton Society of Japan, 27(2): 105-112.

Vargas-Montero M, Freer E. 2004. Presencia de los dinoflagelados *Ceratium dens*, *C. fusus* y *C. furca* (Gonyaulacales: Ceratiaceae) en el Golfo de Nicoya, Costa Rica. Rev. Biol. Trop., 52(Suppl. 1): 115-120.

Wood E J F. 1954. Dinoflagellates in the Australian region. Australian Journal of Marine and Freshwater Research, 5(2): 171-351.

Yang Z B, Hodkiss I J, Hansen G. 2001. *Karenia longicanalis* sp. nov. (Dinophyceae): a new bloom-forming species isolated from Hong Kong, May 1998. Botanica Marina, 44: 67-74.

Yang Z B, Takayama H, Matsuoka K, et al. 2000. *Karenia digitata* sp. nov. (Gymnodiniales, Dinophyceae). A new harmful algal species from the coastal waters of west Japan and Hong Kong. Phycologia, 39: 463-470.

Yoshimatsu S, Toriumi S, Dodge J D. 2000. Light and scanning microscopy of two benthic species of *Amphidiniopsis* (Dinophyceae), *Amphidiniopsis hexagona* sp. nov. and *Amphidiniopsis swedmarkii* from Japan. Phycological Research, 48: 107-113.

Yoshimatsu S, Toriumi S, Dodge J D. 2004. Morphology and taxonomy of five marine sand-dwelling *Thecadinium* species (Dinophyceae) from Japan, including four new species: *Thecadinium arenarium* sp. nov., *Thecadinium ovatum* sp. nov., *Thecadinium striatum* sp. nov. and *Thecadinium yashimaense* sp. nov.. Phycological Research, 52: 211-223.

学名索引

拉丁种名	中文名	页码
Amphisolenia asymmetrica Kofoid	歪突双管藻	14
Amphisolenia bidentata Schröder	二齿双管藻	15
Amphisolenia globifera Stein	二球双管藻	16
Amphisolenia schroederi Kofoid	锥形双管藻	17
Amphisolenia sp.	双管藻	18
Blepharocysta splendor-maris (Ehrenberg) Ehrenberg	美丽囊甲藻	162
Centrodinium intermedium Pavillard	介质中甲藻	148
Ceratocorys horrida Stein	多刺角甲藻	119
Citharistes apsteini Schütt	阿斯坦音匣藻	19
Citharistes regius Stein	王室音匣藻	20
Corythodinium constrictum (Stein) Taylor	缢缩伞甲藻	149
Corythodinium elegans (Pavillard) Taylor	优美伞甲藻	150
Corythodinium frenguellii (Rampi) Taylor	佛利伞甲藻	151
Corythodinium tesselatum (Stein) Loeblich Jr. & Loeblich III	方格伞甲藻	152
Dinophysis acuminata Claparède & Lachmann	渐尖鳍藻	36
Dinophysis acutoides Balech	锋利鳍藻	21
Dinophysis amandula (Balech) Sournia	阿曼达鳍藻	22
Dinophysis apicata (Kofoid & Skogsberg) Abé	顶生鳍藻	23
Dinophysis argus (Stein) Abé	光亮鳍藻	24
Dinophysis caudata Saville-Kent	具尾鳍藻	37
Dinophysis complanata (Gaarder)	平面鳍藻	25
Dinophysis cuneus (Schütt) Abé	楔形鳍藻	26
Dinophysis doryphorum (Stein) Abé	具刺鳍藻	35
Dinophysis ellipsoidea Mangin	椭圆鳍藻	38
Dinophysis exigua Kofoid & Skogsberg	弱小鳍藻	34
Dinophysis expulsa Kofoid et Michener	驱逐鳍藻	27
Dinophysis favus (Kofoid & Michener) Balech	蜂窝鳍藻	28
Dinophysis hastata Stein	矛形鳍藻	41
Dinophysis laevis Claparède & Lachmann	平滑鳍藻	29
Dinophysis lativelata (Kofoid & Skogsberg) Balech	宽阔鳍藻	34
Dinophysis miles Cleve	勇士鳍藻	39
Dinophysis mitra (Schütt) Abé	帽状鳍藻	30
Dinophysis porodictyum (Stein) Abé	孔状鳍藻	31

拉丁种名	中文名	页码
Dinophysis rapa (Stein) Abé	萝卜鳍藻	32
Dinophysis rotundata Claparède & Lachmann	圆鳍藻	33
Dinophysis schuettii Murray & Whitting	斯氏鳍藻	42
Dinophysis similis Kofoid & Skogsberg	相似鳍藻	40
Diplopsalopsis bomba (Stein ex Jorgensen) Dodge & Toriumi	蓬勃拟翼藻	160
Goniodoma polyedricum (Pouchet) Jörgensen	多边屋甲藻	125
Goniodoma sphaericum Murray & Whitting	球形屋甲藻	124
Gonyaulax birostris Stein	井脊膝沟藻	127
Gonyaulax cochlea Meunier	螺状膝沟藻	128
Gonyaulax digitale (Pouchet) Kofoid	具指膝沟藻	129
Gonyaulax fusiformis Graham	纺锤膝沟藻	130
Gonyaulax kofoidii Pavillard	科氏膝沟藻	131
Gonyaulax pacifica Kofoid	太平洋膝沟藻	132
Gonyaulax polygramma Stein	多纹膝沟藻	133
Gonyaulax sphaeroidea Kofoid	球状膝沟藻	135
Gonyaulax spinifera (Claparede & Lachmann) Diesing	具刺膝沟藻	136
Gonyaulax subulata Kofoid & Michener	钻形膝沟藻	137
Gonyaulax turbynei Murray & Whitting	陀形膝沟藻	138
Heterodinium blackmanii (Murray & Whitting) Kofoid	勃氏异甲藻	143
Heterodinium elongatum Kofoid & Michener	延长异甲藻	144
Heterodinium milneri (Murray & Whitting) Kofoid	米尔纳异甲藻	145
Heterodinium rigdenae Kofoid	坚硬异甲藻	146
Heterodinium whittingae Kofoid	灰白异甲藻	147
Histioneis cleaveri Rampi	刀形帆鳍藻	52
Histioneis crateriformis Stein	杯状帆鳍藻	62
Histioneis depressa Schiller	扁形帆鳍藻	53
Histioneis gregoryi Böhm	格雷戈里帆鳍藻	60
Histioneis highleyi Murray & Whitting	高地帆鳍藻	63
Histioneis mitchellana Murray & Whitting	米切尔帆鳍藻	54
Histioneis para Murray & Whitting	锥形帆鳍藻	58
Histioneis paraformis (Kofoid & Skogsberg) Balech	拟锥形帆鳍藻	59
Histioneis pieltainii Osorio-Tafall	皮坦尼帆鳍藻	61
Histioneis pietschmannii Böhm	皮氏帆鳍藻	55
Histioneis schilleri Böhm	席勒帆鳍藻	57
Histioneis subcarinata Rampi	亚龙骨帆鳍藻	63
Lingulodinium polyedrum (Stein) Dodge	多边舌甲藻	139
Neoceratium azoricum (Cleve) Gómez, Moreira & López-Garcia=*Ceratium azoricum* Cleve	亚速尔新角藻 = 亚速尔角藻	95

拉丁种名	中文名	页码
Neoceratium bigelowii (Kofoid) Gómez, Moreira & López-Garcia=*Ceratium bigelowii* Kofoid	毕氏新角藻＝毕氏角藻	74
Neoceratium breve (Ostenfeld & Schmidt) Gómez, Moreira & López-Garcia=*Ceratium breve* (Ostenfeld et Schmidt) Schröder	短角新角藻＝短角角藻	96
Neoceratium breve var. *parallelum* (Schmidt)=*Ceratium breve* var. *parallelum* (Schmidt) Jörgensen	短角新角藻平行变种＝短角角藻平行变种	97
Neoceratium candelabrum (Ehrenberg) Gómez, Moreira & López-Garcia=*Ceratium candelabrum* (Ehrenberg) Stein	蜡台新角藻＝蜡台角藻	67
Neoceratium candelabrum var. *depressum* (Pouchet)=*Ceratium candelabrum* var. *depressum* (Pouchet) Jörgensen	蜡台新角藻宽扁变种＝蜡台角藻宽扁变种	68
Neoceratium carriense (Gourret) Gómez, Moreira & López-Garcia=*Ceratium carriense* Gourret	歧分新角藻＝歧分角藻	81
Neoceratium cephalotum (Lemmermann) Gómez, Moreira & López-Garcia=*Ceratium cephalotum* (Lemmermann) Jörgensen	脑形新角藻＝脑形角藻	64
Neoceratium contortum (Gourret) Gómez, Moreira & López-Garcia=*Ceratium contortum* var. *saltans* (Schröder) Jörgensen	扭状新角藻＝扭角藻舞姿变种	98
Neoceratium contrarium (Gourret) Gómez, Moreira & López-Garcia=*Ceratium contrarium* (Gourret) Pavillard	反转新角藻＝反转角藻	82
Neoceratium declinatum (Karsten) Gómez, Moreira & López-Garcia=*Ceratium declinatum* Karsten	偏斜新角藻＝偏斜角藻	100
Neoceratium deflexum (Kofoid) Gómez, Moreira & López-Garcia=*Ceratium deflexum* (Kofoid) Jörgensen	偏转新角藻＝偏转角藻	83
Neoceratium dens (Ostenfeld & Schmidt) Gómez, Moreira & López-Garcia=*Ceratium dens* Ostenfeld et Schmidt	臼齿新角藻＝臼齿角藻	80
Neoceratium euarcuatum (Jörgensen) Gómez, Moreira & López-Garcia=*Ceratium euarcuatum* Jörgensen	弓形新角藻＝弓形角藻	101
Neoceratium furca (Ehrenberg) Gómez, Moreira & López-Garcia=*Ceratium furca* (Ehrenberg) Claparide et Lachmann	叉状新角藻＝叉状角藻	69
Neoceratium furca var. *eugrammum* (Ehrenberg)=*Ceratium furca* var. *eugrammum* (Ehrenberg) Jörgensen	叉状新角藻矮胖变种＝叉状角藻矮胖变种	70
Neoceratium fusus (Ehrenberg) Gómez, Moreira & López-Garcia=*Ceratium fusus* (Ehrenberg) Dujardin	梭状新角藻＝梭角藻	75
Neoceratium gallicum (Kofoid)=*Ceratium macroceros* var. *gallicum* (Kofoid) Jörgensen	橡实新角藻＝大角角藻橡实变种	88
Neoceratium geniculatum (Lemmermann) Gómez, Moreira & López-Garcia=*Ceratium geniculatum* (Lemmermann) Cleve	曲肘新角藻＝曲肘角藻	78
Neoceratium gibberum var. *dispar* (Pouchet)=*Ceratium gibberum* var. *dispar* (Pouchet) Sournia	瘤状新角藻异角变种＝瘤状角藻异角变种	102
Neoceratium gravidum (Gourret) Gómez, Moreira & López-Garcia=*Ceratium gravidum* Gourret	圆头新角藻＝圆头角藻	65
Neoceratium hexacanthum (Gourret) Gómez, Moreira & López-Garcia=*Ceratium hexacanthum* Gourret	网纹新角藻＝网纹角藻	84
Neoceratium hexacanthum (Gourret) Gómez, Moreira & López-Garcia=*Ceratium hexacanthum* var. *hexacanthum* f. *spirale* (Kofoid) Schiller	网纹新角藻＝网纹角藻原变种旋角变型	84
Neoceratium hexacanthum var. *contortum* (Lemmermann)=*Ceratium hexacanthum* var. *contortum* Lemmermann	网纹新角藻反曲变种＝网纹角藻反曲变种	85
Neoceratium humile (Jörgensen) Gómez, Moreira & López-Garcia=*Ceratium humile* Jörgensen	矮胖新角藻＝矮胖角藻	103

拉丁种名	中文名	页码
Neoceratium inflatum (Kofoid) Gómez, Moreira & López-Garcia=*Ceratium inflatum* (Kofoid) Jörgensen	膨胀新角藻＝膨角藻	79
Neoceratium karstenii (Pavillard) Gómez, Moreira & López-Garcia=*Ceratium contortum* var. *karstenii* (Pavillard) Sournia	卡氏新角藻＝扭角藻卡氏变种	99
Neoceratium kofoidii (Jörgensen) Gómez, Moreira & López-Garcia=*Ceratium boehmii* Graham et Broniovsky	科氏新角藻＝波氏角藻	71
Neoceratium limulus (Gourret) Gómez, Moreira & López-Garcia=*Ceratium limulus* Gourret	歪斜新角藻＝歪斜角藻	105
Neoceratium longipes (Bailey) Gómez, Moreira & López-Garcia=*Ceratium longipes* (Bailey) Gran	弯顶新角藻＝弯顶角藻	86
Neoceratium lunula (Schimper et Karsten) Gómez, Moreira & López-Garcia=*Ceratium lunula* (Schimper et Karsten) Jörgensen	新月新角藻＝新月角藻	104
Neoceratium macroceros (Ehrenberg) Gómez, Moreira & López-Garcia=*Ceratium macroceros* (Ehrenberg) Cleve	大角新角藻＝大角角藻	87
Neoceratium massiliense (Gourret) Gómez, Moreira & López-Garcia=*Ceratium massiliense* (Gourret) Jörgensen	马西里亚新角藻＝马西里亚角藻	89
Neoceratium molle (Kofoid)=*Ceratium horridum* var. *molle* (Kofoid) Graham et Broniovsky	柔软新角藻＝粗刺角藻柔软变种	91
Neoceratium paradoxides (Cleve) Gómez, Moreira & López-Garcia=*Ceratium paradoxides* Cleve	圆胖新角藻＝圆胖角藻	107
Neoceratium patentissimum (Karsten)=*Ceratium horridum* var. *patentissimum* (Ostenfeld et Schmidt) Taylor	伸展新角藻＝粗刺角藻伸展变种	92
Neoceratium praeolongum (Lemmermann) Gómez, Moreira & López-Garcia=*Ceratium praelongum* (Lemmermann) Kofoid et Jörgensen	长头新角藻＝长头角藻	66
Neoceratium pulchellum (Schröder) Gómez, Moreira & López-Garcia=*Ceratium tripos* var. *pulchellum* (Schröder) López	美丽新角藻＝三角角藻美丽变种	114
Neoceratium ranipes (Cleve) Gómez, Moreira & López-Garcia=*Ceratium ranipes* Cleve	蛙趾新角藻＝蛙趾角藻	94
Neoceratium ranipes (Cleve) Gómez, Moreira & López-Garcia=*Ceratium ranipes* var. *palmatum* (Schröder) Jörgensen	蛙趾新角藻＝蛙趾角藻掌状变种	94
Neoceratium seta (Ehrenberg)=*Ceratium fusus* var. *seta* (Ehrenberg) Jörgensen	针状新角藻＝梭角藻针状变种	77
Neoceratium setaceum (Jörgensen) Gómez, Moreira & López-Garcia=*Ceratium setaceum* Jörgensen	刚毛新角藻＝刚毛角藻	72
Neoceratium sumatranum (Karsten)=*Ceratium vultur* var. *sumatranum* Karsten	苏门答腊新角藻＝兀鹰角藻苏门答腊变种	117
Neoceratium symmetricum (Pavillard) Gómez, Moreira & López-Garcia=*Ceratium symmetricum* Pavillard	对称新角藻＝对称角藻	108
Neoceratium teres (Kofoid) Gómez, Moreira & López-Garcia=*Ceratium teres* Kofoid	圆柱新角藻＝圆柱角藻	73
Neoceratium trichoceros (Ehrenberg) Gómez, Moreira & López-Garcia=*Ceratium trichoceros* (Ehrenberg) Kofoid	波状新角藻＝波状角藻	93
Neoceratium tripos (Müller) Gómez, Moreira & López-Garcia=*Ceratium tripos* (Müller) Nitzsch	三角新角藻＝三角角藻	109
Neoceratium tripos (Müller) Gómez, Moreira & López-Garcia=*Ceratium tripos* var. *neglectum* (Ostenfeld) Paulsen	三角新角藻＝三角角藻忽视变种	110
Neoceratium tripos var. *atlanticum* (Ostenfeld)=*Ceratium tripos* var. *atlanticum* (Ostenfeld) Paulsen	三角新角藻大西洋变种＝三角角藻大西洋变种	111

拉丁种名	中文名	页码
Neoceratium tripos var. *indicum* (Böhm)=*Ceratium tripos* var. *indicum* (Böhm) Taylor	三角新角藻印度变种＝三角角藻印度变种	112
Neoceratium tripos var. *semipulchellum* (Schröder)=*Ceratium tripos* var. *pulchellum* f. *semipulchellum* (Schröder) Jörgensen	三角新角藻亚美变种＝三角角藻美丽变种亚美变型	113
Neoceratium vultur (Cleve) Gómez, Moreira & López-Garcia=*Ceratium vultur* var. *japonicum* f. *robustum* (Ostenfeld et Schmidt) Taylor	兀鹰新角藻＝兀鹰角藻日本变种粗壮变型	115
Ornithocercus heteroporus Kofoid	异孔鸟尾藻	43
Ornithocercus magnificus Stein	大鸟尾藻	44
Ornithocercus quadratus Schütt	方鸟尾藻	45
Ornithocercus quadratus var. *simplex* Kofoid & Skogsberg	方鸟尾藻简单变种	47
Ornithocercus splendidus Schütt	美丽鸟尾藻	48
Ornithocercus steinii Schütt	斯氏鸟尾藻	49
Ornithocercus thumii (Schmidt) Kofoid & Skogsberg	中距鸟尾藻	50
Oxytoxum challengeroides Kofoid	查林尖甲藻	153
Oxytoxum crassum Schiller	厚尖甲藻	154
Oxytoxum milneri Murray & Whitting	米尔纳尖甲藻	155
Oxytoxum scolopax Stein	刺尖甲藻	156
Oxytoxum subulatum Kofoid	钻形尖甲藻	157
Oxytoxum turbo Kofoid	旋风尖甲藻	158
Palaeophalacroma sphaericum Taylor	球形古秃藻	121
Palaeophalacroma unicinctum Schiller	单围古秃藻	122
Palaeophalacroma verrucosum Schiller	疣突古秃藻	123
Podolampas bipes Stein	二足甲藻	164
Podolampas elegans Schütt	瘦长足甲藻	165
Podolampas palmipes Stein	掌状足甲藻	166
Podolampas spinifera Okamura	单刺足甲藻	167
Prorocentrum compressum (Ostenfeld) Abé	扁形原甲藻	5
Prorocentrum dentatum Stein	具齿原甲藻	6
Prorocentrum lenticulatum (Matzenauer) Taylor	扁豆原甲藻	7
Prorocentrum lima (Ehrenberg) Dodge	利玛原甲藻	8
Prorocentrum mexicanum Tafall	墨西哥原甲藻	9
Prorocentrum micans Ehrenberg	闪光原甲藻	10
Prorocentrum norrisianum Faust & Morton	诺里斯原甲藻	11
Prorocentrum sigmoides Böhm	反曲原甲藻	12
Prorocentrum triestinum Schiller	三鳍原甲藻	13
Protoceratium areolatum Kofoid	小窝原角藻	141
Protoceratium reticulatum (Claparède & Lachmann) Butschli	网状原角藻	142
Protoperidinium acutipes (Dangeard) Balech	尖脚原多甲藻	184

拉丁种名	中文名	页码
Protoperidinium cerasus (Paulsen) Balech	樱桃原多甲藻	169
Protoperidinium conicum (Gran) Balech	锥形原多甲藻	191
Protoperidinium crassipes (Kofoid) Balech	厚甲原多甲藻	185
Protoperidinium depressum (Bailey) Balech	扁平原多甲藻	196
Protoperidinium diabolum (Cleve) Balech	基刺原多甲藻	182
Protoperidinium divergens (Ehrenberg) Balech	歧分原多甲藻	186
Protoperidinium elegans var. *granulata* (Karsten) Balech	优美原多甲藻颗粒变种	188
Protoperidinium elegans var. *elegans* (Cleve) Balech	优美原多甲藻原变种	187
Protoperidinium globulus (Stein) Balech	球形原多甲藻	168
Protoperidinium grande (Kofoid) Balech	巨形原多甲藻	189
Protoperidinium heterocanthum (Dangeard) Balech	异轮原多甲藻	179
Protoperidinium hirobis (Abé) Balech	河滨原多甲藻	170
Protoperidinium inflatum (Okamura) Balech	膨大原多甲藻	171
Protoperidinium latispinum (Mangin) Balech	宽刺原多甲藻	172
Protoperidinium latissimum (Kofoid) Balech	宽阔原多甲藻	192
Protoperidinium leonis (Pavillard) Balech	里昂原多甲藻	193
Protoperidinium lomnickii (Woloszynska)	罗姆科原多甲藻	173
Protoperidinium metananum (Balech) Balech	梅坦原多甲藻	174
Protoperidinium murrayi (Kofoid) Hernández-Becerril	墨氏原多甲藻	197
Protoperidinium nipponicum (Abé) Balech	日本原多甲藻	180
Protoperidinium oblongum (Aurivillius) Parke & Dodge	长椭圆原多甲藻	198
Protoperidinium oceanicum (VanHöffen) Balech	海洋原多甲藻	202
Protoperidinium orientale (Matzenauer) Balech	东方原多甲藻	175
Protoperidinium parallelum Broch	平行原多甲藻	200
Protoperidinium parvum Abé	小型原多甲藻	176
Protoperidinium pentagonum (Gran) Balech	五角原多甲藻	195
Protoperidinium punctulatum (Paulsen) Balech	点刺原多甲藻	194
Protoperidinium rectum (Kofoid) Balech	直状原多甲藻	177
Protoperidinium schilleri (Paulsen) Balech	席勒原多甲藻	178
Protoperidinium solidicorne (Mangin) Balech	实角原多甲藻	183
Protoperidinium tenuissimum (Kofoid) Balech	细高原多甲藻	181
Protoperidinium tumidum (Okamura) Balech	肿胀原多甲藻	190
Scrippsiella trochoidea (Stein) Balech ex Loeblich III	锥状斯比藻	159
Spiraulax jolliffei (Murray & Whitting) Kofoid	乔利夫螺沟藻	140